T0313735

Annals of Mathematics Studies

Number 17

PROBLÈME GÉNÉRAL DE LA STABILITÉ DU MOUVEMENT

By

M. A. LIAPOUNOFF

PRINCETON
PRINCETON UNIVERSITY PRESS
LONDON: GEOFFREY CUMBERLEGE
OXFORD UNIVERSITY PRESS
1947

The present paper is a translation from the Russian of the original of Liapounoff and appeared in the *Annales de la Faculté des Sciences de Toulouse,* Second Series, Volume 9 (1907). It is being reproduced with the permission of the Editors, Edouard Privat and Company of Toulouse, a courtesy which the editors of the Annals of Mathematics Studies greatly appreciate.

Photo-Lithoprint Reproduction
EDWARDS BROTHERS, INC.
Lithoprinters
ANN ARBOR, MICHIGAN
1947

PROBLÈME GÉNÉRAL

DE

LA STABILITÉ DU MOUVEMENT,

PAR M. A. LIAPOUNOFF.

Traduit du russe par M. Édouard DAVAUX,

Ingénieur de la Marine à Toulon (¹).

PRÉFACE.

Dans cet Ouvrage sont exposées quelques méthodes pour la résolution des questions concernant les propriétés du mouvement et, en particulier, de l'équilibre, qui sont connues sous les dénominations de *stabilité* et d'*instabilité*.

Les questions ordinaires de ce genre, auxquelles est consacré cet Ouvrage, conduisent à l'étude d'équations différentielles de la forme

$$\frac{dx_1}{dt} = X_1, \qquad \frac{dx_2}{dt} = X_2, \qquad \ldots, \qquad \frac{dx_n}{dt} = X_n,$$

dont les seconds membres, dépendant du temps t et des fonctions inconnues x_1, x_2, ..., x_n de t, se développent, tant que les x_s sont assez petits en valeurs absolues, en séries suivant les puissances entières et positives des x_s, et s'annulent quand toutes ces variables sont égales à zéro.

Le problème revient à savoir s'il est possible de choisir les valeurs initiales des

(¹) M. Liapounoff a très gracieusement autorisé la publication en langue française de son Mémoire : Общая задача объ устойчивости движенія imprimé en 1892 par la Société mathématique de Kharkow. La traduction a été revue et corrigée par l'auteur, qui y a ajouté une Note rédigée d'après un Article paru en 1893 dans les *Communications de la Société mathématique de Kharkow*.

fonctions x_s suffisamment petites pour que, pendant tout le temps qui suit l'instant initial, ces fonctions demeurent, en valeurs absolues, inférieures à des limites données à l'avance, aussi petites qu'on veut.

Quand nous savons intégrer nos équations différentielles, ce problème ne présente pas assurément de difficultés. Mais il serait important d'avoir des méthodes qui permettraient de le résoudre, indépendamment de la possibilité de cette intégration.

On sait qu'il existe des cas où le problème considéré se ramène à un problème de maxima et de minima (¹). Mais le domaine des questions qui peuvent être résolues par ce procédé est très resserré, et dans la plupart des cas il est nécessaire de recourir à d'autres méthodes.

Le procédé dont on se sert d'ordinaire consiste à négliger, dans les équations différentielles étudiées, tous les termes d'ordre supérieur au premier par rapport aux quantités x_s et à considérer, au lieu des équations données, les équations linéaires ainsi obtenues.

C'est ainsi que la question est traitée dans l'Ouvrage de Thomson et Tait, *Treatise on natural Philosophy* (Vol. I, Part I, 1879), dans les Ouvrages de Routh, *A Treatise on the stability of a given state of motion* (1877) et *A Treatise on the dynamics of a system of rigid bodies* (Part II, 4ᵉ édition, 1884) et, enfin, dans l'Ouvrage de M. Joukovsky, *De la stabilité du mouvement* (*Mémoires scientifiques de l'Université de Moscou;* Section physico-mathématique, 4ᵉ Cahier, 1882).

Assurément le procédé qu'on vient d'indiquer entraîne une simplification importante, surtout dans les cas où les coefficients des équations différentielles sont des constantes. Mais la légitimité d'une telle simplification ne se justifie par rien *a priori*, car au problème considéré on en substitue ainsi un autre avec lequel il peut ne se trouver dans aucune dépendance. Du moins il est évident que, si la résolution du problème simplifié peut donner réponse à l'ancien, c'est seulement sous certaines conditions, et ces dernières ne sont pas indiquées d'ordinaire.

On doit toutefois remarquer que quelques auteurs (ainsi, par exemple, Routh), reconnaissant que ce procédé n'est pas rigoureux, ne se bornent pas à une première approximation, à laquelle conduit l'intégration des équations linéaires précitées, mais en considèrent également une seconde et quelques suivantes, obte-

---

(¹) Nous sous-entendons les cas où est applicable le théorème connu de Lagrange sur les maxima de la fonction de forces, se rapportant à la stabilité de l'équilibre, ainsi que les cas où est applicable un théorème plus général de Routh sur les maxima et les minima des intégrales des équations différentielles du mouvement, permettant de résoudre certaines questions relatives à la stabilité du mouvement (Voir *The advanced part of a Treatise on the dynamics of a system of rigid bodies*, 4ᵉ édition, 1884, p. 52, 53).

nues par les méthodes habituelles. Mais en opérant ainsi on avance peu, car, en général, par cette voie on obtient seulement une représentation plus exacte des fonctions x_s dans les limites d'un certain intervalle de temps; ce qui, assurément, ne donne pas de nouveaux éléments pour obtenir des conclusions quelconques sur la stabilité.

L'essai unique, autant que je sache, de solution rigoureuse de la question appartient à M. Poincaré, qui, dans le Mémoire remarquable sous bien des rapports *Sur les courbes définies par les équations différentielles* (*Journal de Mathématiques*, 3e série, t. VII et VIII; 4e série, t. I et II), et, en particulier, dans ses deux dernières Parties, considère des questions de stabilité relatives au cas des systèmes d'équations différentielles du second ordre et s'arrête aussi à quelques questions voisines, se rapportant à des systèmes du troisième ordre.

Bien que M. Poincaré se borne à des cas très particuliers, les méthodes dont il se sert permettent des applications beaucoup plus générales et peuvent encore conduire à beaucoup de nouveaux résultats. C'est ce qu'on verra par ce qui va suivre, car, dans une grande partie de mes recherches, je me suis guidé par les idées développées dans le Mémoire cité.

Le problème que je me suis posé, en entreprenant la présente étude, peut être formulé ainsi : indiquer les cas où la première approximation résout réellement la question de la stabilité, et donner des procédés qui permettraient de la résoudre, au moins dans certains cas, quand la première approximation ne suffit plus.

Pour arriver à quelques résultats, il était tout d'abord nécessaire de faire certaines hypothèses, relativement aux équations différentielles considérées.

La plus simple, et en même temps celle qui conviendrait aux applications les plus importantes et les plus intéressantes, consisterait en ce que les coefficients dans les développements des seconds membres de ces équations sont des quantités constantes. L'hypothèse plus générale que ces coefficients sont des fonctions périodiques du temps correspondrait aussi à des questions intéressantes très nombreuses.

C'est dans ces deux hypothèses que je traite principalement la question.

Du reste, je touche en partie le cas plus général où lesdits coefficients sont des fonctions quelconques du temps qui ne dépassent jamais, en valeurs absolues, certaines limites.

C'est dans cette hypothèse générale que la question est traitée dans le premier Chapitre de mon Ouvrage, où je démontre une proposition concernant l'intégration des équations différentielles considérées à l'aide de certaines séries (1) et où

(1) Les séries dont il est question ici ont été considérées, dans des hypothèses plus particulières, dans mon Mémoire *Sur les mouvements hélicoïdaux permanents d'un corps solide dans un liquide* (*Communications de la Société mathématique de Kharkow*,

j'indique quelques conclusions relatives à la stabilité qui en découlent. Dans la même hypothèse sont ici démontrées encore quelques autres propositions formant la base des conclusions ultérieures.

Le premier Chapitre forme seulement une sorte d'introduction où je démontre quelques propositions fondamentales, tandis que le deuxième et le troisième constituent la partie principale; et c'est là que l'on considère les cas des coefficients constants et périodiques.

Je débute, dans chacun de ces deux Chapitres, par quelques remarques concernant les équations différentielles linéaires qui correspondent à la première approximation, et dans le troisième Chapitre, où est traité le cas des coefficients périodiques, j'entre dans quelques détails au sujet de ce qu'on appelle *équation caractéristique*.

Passant ensuite à la question principale, je fais voir à quelles conditions elle se résout avec la première approximation et je viens ensuite aux cas *singuliers* où il est nécessaire pour cela de tenir compte des termes d'ordre supérieur au premier.

Or les cas de ce genre sont très variés, et dans chacun d'eux le problème a son caractère spécial, de sorte qu'il ne peut être question de méthodes générales qui pourraient embrasser tous les cas.

Donc les différents cas possibles sont à considérer séparément, et je me borne ici aux plus simples qui présentent les difficultés les moins sérieuses. C'est leur étude et l'exposé des méthodes qui leur correspondent, pour résoudre les questions de stabilité, qui constituent la plus grande partie des deux derniers Chapitres.

Sans entrer dans de plus longs détails sur le contenu de cet Ouvrage, je ferai encore remarquer que je traite dans le deuxième Chapitre la question des solutions périodiques des équations différentielles non linéaires. Cette question se trouve en étroite liaison avec les méthodes que j'ai proposées pour un des cas singuliers. D'ailleurs, son examen conduit à quelques conclusions sur la stabilité conditionnelle pour les cas les plus intéressants où les équations différentielles ont la forme canonique. Et ces conclusions constituent presque tout ce qu'on peut dire de général sur ces cas importants.

Le lecteur ne trouvera pas dans le présent Ouvrage la solution de tels ou tels problèmes de Mécanique. Selon le plan primitif, les applications de ce genre devaient former le quatrième Chapitre. Mais ensuite je renonçai au dessein de l'ajouter, ayant en vue les considérations suivantes.

2e série, t. I, 1888). J'ai appris dans la suite que M. Poincaré avait considéré ces séries, dans les mêmes hypothèses, dans sa Thèse *Sur les propriétés des fonctions définies par les équations aux différences partielles* (1879).

Toutes les questions de Mécanique les plus intéressantes et importantes (comme, par exemple, celles qui conduisent aux équations canoniques) sont telles que, dans les cas singuliers où la première approximation ne suffit pas, le problème devient des plus difficiles, et à présent on ne peut indiquer aucune méthode de le résoudre. C'est pourquoi, dans l'examen de ces questions, j'aurais eu à me borner seulement à des exemples de deux espèces : à ceux où la question se ramènerait à un problème de maxima et de minima (en vertu du théorème de Routh), ou bien à ceux où elle se résoudrait avec la première approximation. Mais ces exemples, bien qu'ils présenteraient un certain intérêt, ne se rapporteraient pas à l'objet principal de mes recherches qui, comme on l'a déjà dit, consiste dans l'examen des méthodes relatives à des cas singuliers de certaines catégories. Et pour ce qui concerne les exemples se rapportant à ces méthodes, on serait obligé de les choisir dans le domaine de ces questions de Mécanique où l'on considère des résistances du milieu. On pourrait sans doute citer autant d'exemples de cette sorte qu'on voudrait; mais ils ne présenteraient pas par eux-mêmes un grand intérêt et ne pourraient avoir d'importance que par la mise en lumière desdites méthodes. Or, si l'on a en vue exclusivement ce dernier but, les exemples de nature analytique que j'ai donnés à des endroits convenables des deux derniers Chapitres sont largement suffisants.

Je ferai remarquer, en terminant, que mon Ouvrage n'est pas un Traité de stabilité où la considération de problèmes de Mécanique de toute sorte serait obligatoire. Un pareil Traité devrait renfermer beaucoup de questions qui ne sont pas même abordées ici.

J'ai eu seulement en vue d'exposer dans cet Ouvrage ce que je suis parvenu à faire en ce moment et ce qui, peut-être, pourra servir de point de départ pour d'autres recherches de même genre.

Pendant l'impression de cet Ouvrage, laquelle s'étendit à plus de deux années, ont paru deux Ouvrages très intéressants de M. Poincaré, qui traitent de questions se rapprochant beaucoup de celles que j'ai considérées. Je parle de son Mémoire *Sur le problème des trois corps et les équations de la Dynamique*, paru dans les *Acta mathematica*, t. XIII, peu de temps après que j'eus commencé à faire imprimer mon Travail, ainsi que du premier Volume, qui vient de paraître, de son Traité intitulé : *Les méthodes nouvelles de la Mécanique céleste*, Paris, 1892.

Dans le premier se trouvent certains résultats analogues à ceux que j'ai obtenus, ce que j'indique aux endroits convenables de mon Ouvrage. Quant au second, je n'ai pas encore eu le temps de l'étudier en détail; mais, pour ce qui concerne les questions que j'ai considérées, il ne renferme pas, à ce qu'il paraît, de compléments essentiels au Mémoire des *Acta mathematica*.

Je dois faire mention d'une expression dont je me sers souvent, à l'instar des géomètres français et allemands, pour abréger le discours, à savoir, de celle-ci : séries satisfaisant *formellement* à telles ou telles équations.

Cette expression a un sens très vague; mais j'ai jugé superflu d'entrer à son sujet dans des éclaircissements, car il ne peut s'élever aucun doute relativement à sa signification dans les cas où il m'est arrivé de m'en servir.

Kharkow, 5 avril 1892.

A. LIAPOUNOFF.

CHAPITRE I.

ANALYSE PRÉLIMINAIRE.

GÉNÉRALITÉS SUR LA QUESTION ÉTUDIÉE.

1. Considérons un système matériel à k degrés de liberté.

Soient

$$q_1, \quad q_2, \quad \ldots, \quad q_k$$

k variables indépendantes par lesquelles nous convenons de définir sa position.

Nous supposerons qu'on a pris pour ces variables des quantités qui restent réelles pour chaque position du système.

En considérant lesdites variables comme des fonctions du temps t, nous désignerons leurs dérivées premières, par rapport à t, par

$$q'_1, \quad q'_2, \quad \ldots, \quad q'_k.$$

Dans chaque problème de dynamique, dans lequel les forces sont données d'une façon déterminée, ces fonctions satisferont à k équations différentielles du second ordre.

Supposons trouvée pour ces équations une solution particulière

$$q_1 = f_1(t), \qquad q_2 = f_2(t), \qquad \ldots, \qquad q_k = f_k(t),$$

dans laquelle les quantités q_j s'expriment par des fonctions réelles de t, ne donnant pour les q_j, quel que soit t, que des valeurs possibles (1).

A cette solution particulière correspondra un mouvement déterminé de notre système. En le comparant, sous un certain rapport, avec d'autres mouvements possibles pour ce système sous l'action des mêmes forces, nous l'appellerons *le mouvement non troublé,* et tous les autres, avec lesquels il est comparé, seront dits des *mouvements troublés*.

En entendant par t_0 un moment donné du temps, désignons les valeurs correspondantes des quantités q_j, q'_j, dans un mouvement quelconque, par q_{j0}, q'_{j0}.

(1) Il peut arriver que pour les quantités q_j, d'après le choix même de celles-ci, ne sont possibles que des valeurs comprises entre certaines limites.

Soient

$$q_{10} = f_1(t_0) + \varepsilon_1, \quad q_{20} = f_2(t_0) + \varepsilon_2, \quad \ldots, \quad q_{k0} = f_k(t_0) + \varepsilon_k,$$
$$q'_{10} = f'_1(t_0) + \varepsilon'_1, \quad q'_{20} = f'_2(t_0) + \varepsilon'_2, \quad \ldots, \quad q'_{k0} = f'_k(t_0) + \varepsilon'_k,$$

où ε_j, ε'_j sont des constantes réelles.

Ces constantes, que nous appellerons *perturbations,* définiront un mouvement troublé. Nous supposerons qu'on peut leur attribuer toutes les valeurs suffisamment petites.

En parlant des mouvements troublés *voisins* d'un mouvement non troublé, nous entendrons par là des mouvements pour lesquels les perturbations sont assez petites en valeur absolue.

Cela posé, soient Q_1, Q_2, ..., Q_n des fonctions données, réelles et continues, des quantités

$$q_1, \quad q_2, \quad \ldots, \quad q_k, \qquad q'_1, \quad q'_2, \quad \ldots, \quad q'_k.$$

Pour le mouvement non troublé elles deviendront des fonctions connues de t, que nous désignerons respectivement par F_1, F_2, ..., F_n. Pour un mouvement troublé elles seront des fonctions des quantités

$$t, \quad \varepsilon_1, \quad \varepsilon_2, \quad \ldots, \quad \varepsilon_k, \qquad \varepsilon'_1, \quad \varepsilon'_2, \quad \ldots, \quad \varepsilon'_k.$$

Quand tous les ε_j, ε'_j sont égaux à zéro, les quantités

$$Q_1 - F_1, \quad Q_2 - F_2, \quad \ldots, \quad Q_n - F_n$$

seront nulles pour chaque valeur de t. Mais si, sans rendre les constantes ε_j, ε'_j nulles, on les suppose toutes infiniment petites, la question se pose de savoir s'il est possible d'assigner aux quantités $Q_s - F_s$ des limites infiniment petites, telles que ces quantités ne les surpassent jamais en valeur absolue.

La solution de cette question, qui fera l'objet de nos recherches, dépend du caractère du mouvement non troublé considéré, ainsi que du choix des fonctions Q_1, Q_2, ..., Q_n et du moment du temps t_0. Donc, ce choix étant fixé, la réponse à cette question caractérisera, sous un certain rapport, le mouvement non troublé, et c'est elle qui en exprimera la propriété, que nous appellerons *stabilité,* ou la propriété contraire, qui sera appelée *instabilité.*

Nous nous occuperons exclusivement des cas où la solution de la question considérée ne dépend pas du choix de l'instant t_0 dans lequel se produisent les perturbations. C'est pourquoi nous adopterons ici la définition suivante :

Soient L_1, L_2, ..., L_n *des nombres positifs donnés. Si pour toutes les valeurs de ces nombres, quelque petites qu'elles soient, on peut choisir des nombres positifs*

$$E_1, \quad E_2, \quad \ldots, \quad E_k, \qquad E'_1, \quad E'_2, \quad \ldots, \quad E'_k,$$

tels que, les inégalités

$$|\varepsilon_j| < E_j, \qquad |\varepsilon'_j| < E'_j \text{ (1)} \qquad (j = 1, 2, \ldots, k)$$

étant remplies, on ait

$$|Q_1 - F_1| < L_1, \qquad |Q_2 - F_2| < L_2, \qquad \ldots, \qquad |Q_n - F_n| < L_n,$$

pour toutes les valeurs de t qui dépassent t_0, le mouvement non troublé sera dit stable PAR RAPPORT AUX QUANTITÉS Q_1, Q_2, ..., Q_n; *dans le cas contraire, il sera dit, par rapport aux mêmes quantités, instable.*

Citons des exemples :

Si un point matériel, attiré par un centre fixe en raison inverse du carré de la distance, décrit une trajectoire circulaire, son mouvement, par rapport au rayon vecteur, tracé à partir du centre d'attraction, et également par rapport à sa vitesse, est stable. Le même mouvement, par rapport aux coordonnées rectangulaires du point, est instable.

Si le même point décrit une trajectoire elliptique, son mouvement est instable, non seulement par rapport aux coordonnées rectangulaires, mais encore par rapport au rayon vecteur et à la vitesse. Mais il est stable, par exemple, par rapport à la quantité

$$r - \frac{p}{1 + e\cos\varphi},$$

où p et e sont le paramètre et l'excentricité de l'ellipse décrite par le point dans le mouvement non troublé, et r et φ le rayon vecteur du point dans le mouvement troublé et l'angle fait par ce rayon vecteur avec le plus petit rayon vecteur dans le mouvement non troublé.

Quand un corps solide a un point fixe et n'est soumis à aucune force, et qu'il tourne autour du plus grand ou du plus petit des axes de l'ellipsoïde d'inertie relatif à ce point, son mouvement est stable par rapport à la vitesse angulaire et aux angles que fait l'axe instantané avec des axes fixes ou avec ceux invariablement liés au corps. Au contraire, quand il tourne autour de l'axe moyen de l'ellipsoïde d'inertie, son mouvement par rapport à ces mêmes quantités est instable.

Il peut arriver qu'il soit impossible de trouver des limites E_j, E'_j satisfaisant à la définition précédente, quand les perturbations sont quelconques, mais qu'il soit

---

(1) En général, nous convenons d'entendre par $|x|$ la valeur absolue de la quantité x ou son module, quand elle est imaginaire.

possible de le faire, dès que les perturbations sont assujetties à des conditions de la forme

$$f = 0 \quad \text{ou} \quad f \gtreqq 0,$$

où f est une fonction des quantités

$$\varepsilon_1, \quad \varepsilon_2, \quad \ldots, \quad \varepsilon_k, \qquad \varepsilon'_1, \quad \varepsilon'_2, \quad \ldots, \quad \varepsilon'_k,$$

devenant nulle quand toutes ces quantités sont supposées être égales à zéro.

Dans de pareils cas nous dirons que le mouvement non troublé est stable pour des perturbations assujetties à de telles ou telles conditions.

C'est ainsi que, dans l'exemple précédent, le mouvement elliptique du point est stable par rapport à ses coordonnées rectangulaires ou à d'autres coordonnées quelconques, pour des perturbations satisfaisant à la condition de l'invariabilité de l'énergie totale ou, selon la terminologie de Thomson et Tait, pour des perturbations *conservatives*.

De cette façon, pour des mouvements instables, on pourra parler de *stabilité conditionnelle*.

2. La résolution de notre question dépend de l'étude des équations différentielles du mouvement troublé ou, si l'on veut, de l'étude d'équations différentielles auxquelles satisfont les fonctions

$$Q_1 - F_1 = x_1, \qquad Q_2 - F_2 = x_2, \qquad \ldots, \qquad Q_n - F_n = x_n.$$

L'ordre du système de ces dernières équations sera, en général, le même, c'est-à-dire $2k$; mais, dans certains cas, il peut être inférieur.

Nous supposerons le nombre n et les fonctions Q_s tels que l'ordre de ce système soit n et que celui-ci se ramène à la forme normale

$$\frac{dx_1}{dt} = X_1, \qquad \frac{dx_2}{dt} = X_2, \qquad \ldots, \qquad \frac{dx_n}{dt} = X_n, \tag{1}$$

et partout dans la suite nous raisonnerons sur ces dernières équations, en les appelant les équations différentielles du mouvement troublé.

Tous les X_s dans les équations (1) sont des fonctions connues des quantités

$$x_1, \quad x_2, \quad \ldots, \quad x_n, \quad t,$$

devenant nulles pour

$$x_1 = x_2 = \ldots = x_n = 0.$$

Nous ferons maintenant, à leur égard, quelques hypothèses, et partout dans la suite nous traiterons les équations (1) exclusivement dans ces hypothèses.

Nous admettrons que les fonctions X_s sont données non seulement pour des valeurs réelles, mais encore pour des valeurs complexes des quantités $x_1, x_2, \ldots, x_n$, dont les modules sont assez petits, et que, au moins pour chaque valeur de t réelle et supérieure ou égale à t_0, ces fonctions se développent suivant les puissances entières et positives des quantités $x_1, x_2, \ldots, x_n$, en des séries absolument convergentes pour toutes les valeurs des x_s satisfaisant aux conditions

$$|x_1| \leqq A_1, \qquad |x_2| \leqq A_2, \qquad \ldots, \qquad |x_n| \leqq A_n,$$

où $A_1, A_2, \ldots, A_n$ sont, ou des constantes non nulles, ou des fonctions de t ne s'annulant jamais.

De cette manière tous les X_s seront des fonctions *holomorphes* (¹) des quantités $x_1, x_2, \ldots, x_n$, au moins tant que t est réel et plus grand que t_0.

Soit

$$X_s = p_{s1}x_1 + p_{s2}x_2 + \ldots + p_{sn}x_n + \sum P_s^{(m_1, m_2, \ldots, m_n)} x_1^{m_1} x_2^{m_2} \ldots x_n^{m_n},$$

où la sommation s'étend à toutes les valeurs non négatives des entiers $m_1, m_2, \ldots, m_n$, satisfaisant à la condition

$$m_1 + m_2 + \ldots + m_n > 1.$$

Dans ces développements tous les coefficients $p_{s\sigma}$, $P_s^{(m_1, m_2, \ldots, m_n)}$ sont des fonctions de t, qui, conformément à notre hypothèse, doivent rester finies et, d'après la nature même du problème, réelles pour toute valeur réelle de t, supérieure ou égale à t_0. Nous supposerons, en outre, que pour toutes ces valeurs de t ce sont des fonctions continues.

En attribuant à t une quelconque desdites valeurs, et en considérant, dans le développement de X_s, l'ensemble des termes de dimensions supérieures à la première, pour toutes les valeurs complexes des quantités $x_1, x_2, \ldots, x_n$ dont les modules sont respectivement égaux à $A_1, A_2, \ldots, A_n$, désignons par M_s une limite supérieure pour le module de cet ensemble. Alors nous aurons, d'après un théorème connu,

$$(2) \qquad |P_s^{(m_1, m_2, \ldots, m_n)}| < \frac{M_s}{A_1^{m_1} A_2^{m_2} \ldots A_n^{m_n}}$$

(¹) En faisant usage de cette expression pour l'abréviation du discours dans tout ce qui suit, nous croyons nécessaire de dire d'une manière précise ce que nous entendons par là. En considérant une fonction des variables $x_1, x_2, \ldots, x_n$, nous l'appellerons *holomorphe* par rapport à ces variables, chaque fois qu'elle peut être présentée sous forme de série multiple d'ordre n, ordonnée suivant les puissances entières et positives des quantités x_s, au moins pour les valeurs de ces dernières dont les modules ne dépassent pas certaines limites non nulles.

En général, dans la suite nous ne considérerons que des valeurs réelles de t, non inférieures à t_0, et, si dans tel ou tel cas le besoin se présente de considérer d'autres valeurs de t, nous le dirons toujours expressément.

Remarquons que si, au lieu du temps, nous prenons pour variable indépendante une fonction réelle continue quelconque du temps, qui croisse indéfiniment avec celui-ci, cette fonction pourra jouer le même rôle que le temps dans les questions de la stabilité. C'est pourquoi la variable indépendante t dans les équations (1) pourra ne pas désigner le temps; mais, en tout cas, ce sera une fonction du temps, satisfaisant à la condition que nous venons d'énoncer.

Faisons encore la remarque suivante :

Soient $a_1, a_2, \ldots, a_n$ les valeurs des fonctions $x_1, x_2, \ldots, x_n$ pour $t = t_0$. Alors, à chaque système de valeurs réelles et suffisamment petites (¹) des quantités

$$(3) \qquad \varepsilon_1, \ \varepsilon_2, \ \ldots, \ \varepsilon_k, \qquad \varepsilon'_1, \ \varepsilon'_2, \ \ldots, \ \varepsilon'_k,$$

il correspondra un système de valeurs réelles des quantités

$$(4) \qquad a_1, \ a_2, \ \ldots, \ a_n.$$

D'ailleurs, quelque petit que soit un nombre positif donné A, on pourra toujours rendre les quantités (4) plus petites que A, en assujettissant les quantités (3) à la condition d'être, en valeur absolue, au-dessous d'une limite E suffisamment petite.

Nous supposerons maintenant que, quelque petit que soit le nombre positif donné E, il soit toujours possible de trouver un nombre positif A, tel qu'à chaque système de valeurs réelles des quantités (4) qui sont plus petites que A il corresponde un ou plusieurs systèmes de valeurs réelles des quantités (3), plus petites que E.

A cette condition, les quantités (4) peuvent jouer le même rôle dans la question de stabilité que les quantités (3), pourvu que les fonctions x_s satisfaisant aux équations (1) soient entièrement déterminées en donnant les quantités (4). Cette dernière condition, en vertu des hypothèses que nous faisons plus loin relativement aux équations (1) (nº **4**), sera toujours remplie. C'est pourquoi nous considérerons dans la suite au lieu des quantités (3) les quantités (4).

3. Pour l'intégration des équations (1) dans la question qui nous intéresse, se présente naturellement la méthode des approximations successives, fondée sur la

---

(¹) En disant qu'une quantité est petite, nous supposerons toujours qu'il s'agit de sa valeur absolue

supposition que les valeurs initiales (c'est-à-dire correspondant à $t = t_0$) des fonctions cherchées soient assez petites.

Cette méthode, sous sa forme la plus simple, conduit à des séries qui peuvent être obtenues de la manière suivante :

En posant

$$(5) \qquad x_s = x_s^{(1)} + x_s^{(2)} + x_s^{(3)} + \ldots \qquad (s = 1, 2, \ldots, n),$$

et en considérant les quantités $x_1^{(m)}, x_2^{(m)}, \ldots, x_n^{(m)}$, ainsi que leurs dérivées par rapport à t, comme possédant le $m^{\text{ième}}$ ordre, portons ces expressions des fonctions x_s dans les équations (1) et dans chacune de ces dernières égalons entre eux les ensembles des termes de même ordre de l'un et de l'autre membre de l'égalité. De cette manière nous obtiendrons les systèmes suivants d'équations différentielles :

$$(6) \qquad \frac{dx_s^{(1)}}{dt} = p_{s1}x_1^{(1)} + p_{s2}x_2^{(1)} + \ldots + p_{sn}x_n^{(1)} \qquad (s = 1, 2, \ldots, n),$$

$$(7) \qquad (m > 1) \qquad \frac{dx_s^{(m)}}{dt} = p_{s1}x_1^{(m)} + p_{s2}x_2^{(m)} + \ldots + p_{sn}x_n^{(m)} + R_s^{(m)} \qquad (s = 1, 2, \ldots, n).$$

Les $R_s^{(m)}$ sont ici des fonctions entières et rationnelles des quantités $x_\sigma^{(\mu)}$ avec des coefficients représentant des sommes de produits des fonctions $P_s^{(m_1, m_2, \ldots, m_n)}$ par des nombres entiers positifs. D'ailleurs, les $R_s^{(m)}$, correspondant à une valeur donnée de m, ne dépendent que des $x_\sigma^{(\mu)}$ pour lesquels $\mu < m$.

Par conséquent, les fonctions $x_s^{(m)}$, que nous avons introduites, pourront être calculées en donnant à m successivement les valeurs 1, 2, 3, ...

Le premier problème dont nous aurons à nous occuper alors consistera à intégrer le système (6) d'équations linéaires homogènes.

En tenant compte de la continuité admise des coefficients $p_{s\sigma}$, il n'est pas difficile de démontrer qu'il existera toujours un groupe de n^2 fonctions déterminées et continues pour toutes les valeurs de t considérées ([1]), ce groupe représentant un système de n solutions indépendantes pour le système d'équations (6).

Cette proposition pourra se démontrer en formant effectivement certaines expressions pour les fonctions $x_s^{(1)}$, satisfaisant aux équations considérées pour chaque valeur de t plus grande que t_0 et prenant des valeurs données pour $t = t_0$. Et de pareilles expressions peuvent être obtenues sous forme de séries, en considérant, par exemple, les équations qu'on déduit des équations (6) en multipliant les seconds membres par un paramètre ε, et en cherchant à satisfaire à ces nouvelles

---

(1) En parlant des valeurs de t, nous aurons toujours en vue des nombres déterminés. Aussi nous ne considérerons jamais l'infini comme valeur de t.

équations par des séries, ordonnées suivant les puissances entières et positives de ε. Si ces séries sont formées dans l'hypothèse que les valeurs des fonctions cherchées pour $t = t_0$ ne dépendent pas de ε, elles seront absolument convergentes pour toutes les valeurs considérées de t, *quel que soit* ε. En y faisant $\varepsilon = 1$, nous obtiendrons les expressions des fonctions $x_s^{(1)}$ dont on a parlé.

Supposons donc qu'on ait réussi à trouver par un moyen quelconque un système de n solutions particulières indépendantes pour les équations (6).

Soient

$$x_{s1}, \quad x_{s2}, \quad \ldots, \quad x_{sn}$$

les fonctions de t, représentant la fonction $x_s^{(1)}$ dans ces solutions.

Alors l'intégrale générale du système (6) s'exprimera par les équations

$$(8) \qquad x_s^{(1)} = a_1 x_{s1} + a_2 x_{s2} + \ldots + a_n x_{sn} \qquad (s = 1, 2, \ldots, n),$$

où $a_1, a_2, \ldots, a_n$ sont des constantes arbitraires.

Après qu'on aura trouvé les fonctions $x_s^{(1)}$, on pourra déterminer les autres $x_s^{(m)}$ par intégration successive des systèmes d'équations linéaires non homogènes (7), correspondant à $m = 2, 3, \ldots$.

Chacune de ces intégrations s'effectuera à l'aide de quadratures. D'ailleurs, chacune d'elles introduira n constantes arbitraires et, pour déterminer ces dernières, on pourra s'arrêter à une hypothèse quelconque, pouvu que les séries obtenues soient convergentes, au moins dans certaines limites.

Ces constantes seront entièrement déterminées si nous introduisons la condition que tous les $x_s^{(m)}$, pour lesquels $m > 1$, s'annulent pour $t = t_0$.

Cherchons, dans cette hypothèse, des formules pour déterminer les fonctions $x_s^{(m)}$, quand tous les $x_\sigma^{(\mu)}$, pour lesquels $\mu < m$, sont déjà trouvés.

Posons

$$\begin{vmatrix} x_{11} & x_{21} & \ldots & x_{n1} \\ x_{12} & x_{22} & \ldots & x_{n2} \\ \ldots & \ldots & \ldots & \ldots \\ x_{1n} & x_{2n} & \ldots & x_{nn} \end{vmatrix} = \Delta.$$

Ce déterminant sera une fonction de t, ne s'annulant pour aucune des valeurs considérées de t, car, d'après un théorème connu,

$$\Delta = Ce^{\int \sum_1^n p_{ss} dt},$$

où C est une constante différente de o.

Désignons le mineur de ce déterminant, correspondant à l'élément x_{ij}, par Δ_{ij}.

Alors les formules cherchées s'écriront ainsi :

$$(9)\qquad x_s^{(m)} = \sum_{i=1}^{n} \sum_{j=1}^{n} x_{sj} \int_{t_0}^{t} \frac{\Delta_{ij}}{\Delta} R_i^{(m)} dt \qquad (s = 1, 2, \ldots, n).$$

Les fonctions $x_s^{(m)}$, définies par ces formules, restent déterminées et continues pour toutes les valeurs considérées de t.

Relativement aux constantes $a_1, a_2, \ldots, a_n$ ce sont des fonctions entières et homogènes du $m^{\text{ième}}$ degré.

D'ailleurs, si le système choisi de solutions particulières des équations (6) est tel que pour $t = t_0$ tous les x_{ij} prennent des valeurs réelles, les coefficients dans ces fonctions restent réels pour toutes les valeurs de t considérées.

Après avoir obtenu, de cette manière, les fonctions $x_s^{(m)}$, venons à la question de la convergence des séries (5), qui se présenteront comme ordonnées suivant les puissances entières et positives des constantes a_s.

4. Nous avons déjà fait quelques hypothèses relativement aux coefficients dans les développements des seconds membres des équations (1). Maintenant ajoutons-en encore une.

Nous supposerons qu'on peut prendre pour les quantités $A_1, A_2, \ldots, A_n$, $M_1, M_2, \ldots, M_n$ des fonctions de t telles que pour chaque valeur de T, supérieure à t_0, t variant dans les limites t_0 et T, il existe pour chacune des fonctions A_s une limite inférieure non nulle et, pour chacune des fonctions M_s, une limite supérieure.

Dans cette hypothèse nous allons démontrer que pour toutes les valeurs de t, comprises entre t_0 et T, quelque grand que soit le nombre donné T, les séries précédentes (considérées comme ordonnées suivant les puissances des quantités a_s) seront absolument convergentes, tant que les modules des a_s ne dépassent pas une certaine limite dépendant de T.

Nous le démontrerons, comme d'autres théorèmes semblables que nous rencontrerons plus loin, à l'aide de la méthode communément employée dans de pareils cas, qui est due à Cauchy.

Remarquons tout d'abord que, t étant compris dans les limites t_0 et T, on peut assigner des limites supérieures constantes aux modules de tous les x_{ij} et $\frac{\Delta_{ij}}{\Delta}$ ou, si l'on veut, aux modules de tous les

$$(10)\qquad x_{ii} - 1, \qquad x_{ij} \qquad (i \lessgtr j),$$

$$(11)\qquad \frac{\Delta_{ii}}{\Delta} - 1, \qquad \frac{\Delta_{ij}}{\Delta} \qquad (i \lessgtr j).$$

Soient K une pareille limite supérieure pour les quantités (10) et K′ pour les quantités (11).

Si le système considéré de solutions particulières des équations (6) est défini par la condition que, pour $t = t_0$,

$$x_{ii} = 1, \qquad x_{ij} = 0 \qquad (i \lessgtr j),$$

on peut prendre pour K et K′ des fonctions continues de T qui s'annulent pour $t = t_0$.

Désignons, d'une façon générale, par $[u]$ le résultat du remplacement, dans une fonction entière quelconque u des quantités $a_1, a_2, \ldots, a_n$, de tous les termes par leurs modules.

Alors, en désignant par a la plus grande des quantités $|a_s|$, nous tirerons de (8) et (9) les inégalités suivantes :

$$[x_s^{(1)}] < (1 + n\mathrm{K})a,$$

$$[x_s^{(m)}] < \int_{t_0}^{\mathrm{T}} [\mathrm{R}_s^{(m)}]\,dt + (\mathrm{K} + \mathrm{K}' + n\mathrm{K}\mathrm{K}')\sum_{i=1}^{n} \int_{t_0}^{\mathrm{T}} [\mathrm{R}_i^{(m)}]\,dt.$$

Ces inégalités auront lieu pour toute valeur de t qui se trouve entre t_0 et T.

Nous remarquerons en outre que, par la nature de l'expression primitive de $\mathrm{R}_i^{(m)}$ en fonction des quantités $x_s^{(\mu)}$, $\mathrm{P}_i^{(m_1, \ldots, m_n)}$, en y remplaçant ces dernières par des limites supérieures des quantités

$$[x_s^{(\mu)}], \qquad |\mathrm{P}_i^{(m_1, m_2, \ldots, m_n)}|,$$

nous aurons une limite supérieure pour la quantité $[\mathrm{R}_i^{(m)}]$.

Si donc nous désignons par $x^{(\mu)}$ une limite supérieure commune des quantités

$$[x_1^{(\mu)}], \quad [x_2^{(\mu)}], \quad \ldots, \quad [x_n^{(\mu)}],$$

dans les limites considérées de t, et par $\mathrm{R}^{(m)}$ ce que devient chacune des fonctions

$$\mathrm{R}_1^{(m)}, \quad \mathrm{R}_2^{(m)}, \quad \ldots, \quad \mathrm{R}_n^{(m)},$$

quand on y remplace les $x_s^{(\mu)}$ par les $x^{(\mu)}$ et les $\mathrm{P}_i^{(m_1, m_2, \ldots, m_n)}$ par des limites supérieures $\mathrm{P}^{(m_1, \ldots, m_n)}$, indépendantes de i, pour leurs valeurs absolues dans les mêmes limites de t, nous obtiendrons

$$[x_s^{(m)}] < (1 + n\mathrm{K})(1 + n\mathrm{K}')(\mathrm{T} - t_0)\mathrm{R}^{(m)}.$$

On voit par là qu'on peut prendre

$$x^{(1)} = (1 + n\mathrm{K})a,$$

$$x^{(m)} = (1 + n\mathrm{K})(1 + n\mathrm{K}')(\mathrm{T} - t_0) \qquad (m = 2, 3, \ldots).$$

D'autre part, conformément aux inégalités (2), on peut prendre pour les $P^{(m_1,\dots,m_n)}$ les expressions suivantes :

$$P^{(m_1,m_2,\dots,m_n)} = \frac{M}{A^{m_1+m_2+\dots+m_n}},$$

où M est une limite supérieure commune pour toutes les fonctions M_s dans les limites considérées de t, et A une limite inférieure commune pour toutes les fonctions A_s dans les mêmes limites de t.

Or, si nous remplaçons par ces expressions les coefficients $P_s^{(m_1,\dots,m_n)}$, les ensembles de termes de degré supérieur au premier dans les fonctions X_s deviendront identiques au développement de la fonction

$$M\left[\frac{1}{\left(1-\frac{x_1}{A}\right)\left(1-\frac{x_2}{A}\right)\cdots\left(1-\frac{x_n}{A}\right)} - 1 - \frac{x_1+x_2+\dots+x_n}{A}\right].$$

Par conséquent, pour le choix fait des quantités $P^{(m_1,\dots,m_n)}$, la quantité $R^{(m)}$ représentera l'ensemble des termes de la $m^{\text{ième}}$ dimension relativement aux indices des quantités $x^{(s)}$ dans le développement de l'expression

$$M\left[\left(1-\frac{1}{A}\sum_{s=1}^{\infty}x^{(s)}\right)^{-n} - 1 - \frac{n}{A}\sum_{s=1}^{\infty}x^{(s)}\right].$$

Il résulte de là que, si nous considérons l'équation

$$(12) \qquad x = (1+nK)a + Ah\left[\left(1-\frac{x}{A}\right)^{-n} - 1 - n\frac{x}{A}\right],$$

où

$$h = (1+nK)(1+nK')\frac{M(T-t_0)}{A},$$

la série

$$x^{(1)} + x^{(2)} + x^{(3)} + \dots$$

représentera le développement suivant les puissances entières et positives de a de la racine x de cette équation s'annulant pour $a = 0$. Par suite cette série sera certainement convergente, si a est moindre que la quantité

$$g = \frac{A}{1+nK}\left\{1-(n+1)h\left[\left(\frac{1}{nh}+1\right)^{\frac{n}{n+1}} - 1\right]\right\},$$

représentant le plus petit des modules de toutes les valeurs de a pour lesquelles l'équation (12) a des racines multiples. Cette série sera d'ailleurs convergente même pour $a = g$, car elle possède des coefficients positifs, et, d'autre part, pour la racine dont il s'agit, quand a tend vers g, il existe une limite.

Or, d'après la définition même des quantités $x^{(m)}$, la convergence de la série considérée entraîne la convergence absolue des séries (5) pour toutes les valeurs de t comprises entre t_0 et T.

Nous pouvons donc conclure que, pour ces valeurs de t, les séries (5) seront absolument convergentes, si les modules des constantes a_s ne dépassent pas la quantité g.

Nous obtenons en même temps une limite supérieure pour les modules des sommes de ces séries, dans les conditions

$$(13) \qquad t_0 \leqq t \leqq T, \qquad |a_s| \leqq g \qquad (s = 1, 2, \ldots, n).$$

Cette limite est représentée par la valeur, correspondant à $a = g$, de la racine en question de l'équation (12) et, comme il est aisé de s'en convaincre, ne surpasse pas A.

Il résulte de cette dernière circonstance que, si l'on introduit les séries (5) dans les fonctions X_s, on pourra représenter ces fonctions par des séries, ordonnées suivant les puissances entières et positives des quantités a_s.

On pourra donc écrire, dans ces conditions, les égalités

$$X_s = p_{s1}x_1 + p_{s2}x_2 + \ldots + p_{sn}x_n + R_s^{(2)} + R_s^{(3)} + \ldots \qquad (s = 1, 2, \ldots, n),$$

qui, en vertu des équations (6) et (7), peuvent être présentées sous la forme

$$X_s = \frac{dx_s^{(1)}}{dt} + \frac{dx_s^{(2)}}{dt} + \frac{dx_s^{(3)}}{dt} + \ldots \qquad (s = 1, 2, \ldots, n).$$

Or les séries qui se trouvent aux seconds membres sont, dans les conditions considérées, convergentes uniformément pour toutes les valeurs de t comprises entre t_0 et T, et, par conséquent, elles représentent les dérivées des fonctions définies par les séries (5).

Donc enfin, dans les conditions (13), les séries (5) représentent des fonctions satisfaisant réellement aux équations (1).

Au sujet du nombre g, il est à observer que, pour $T = t_0$, il prend la valeur de la quantité

$$\frac{A}{1 + nK},$$

pour la même valeur de T. Et cette valeur, conformément à ce que nous avons remarqué plus haut, peut être supposée égale à la valeur correspondante de la quantité A, si le système que nous avons choisi de solutions particulières des équations (6) est tel que, pour $t = t_0$,

$$x_{ii} = 1, \qquad x_{ij} = 0 \qquad (i \lessgtr j).$$

Dans cette dernière hypothèse les constantes a_s sont les valeurs des fonctions x_s pour $t = t_0$.

Nous pouvons par conséquent affirmer que, A_0 étant la plus petite des valeurs prises par les fonctions A_s pour $t = t_0$, et les a_s représentant des nombres donnés quelconques dont les valeurs absolues sont au-dessous de A_0, on pourra trouver une limite T supérieure à t_0, telle que les fonctions x_s, satisfaisant aux équations (1) et prenant les valeurs a_s pour $t = t_0$, soient susceptibles d'être représentées par des séries absolument convergentes, ordonnées suivant les puissances croissantes des a_s, pour toute valeur de t comprise entre t_0 et T.

Remarque. — On peut certainement obtenir, pour représenter les fonctions x_s dans les mêmes limites de variation de t, une infinité d'autres séries absolument convergentes, ordonnées suivant les puissances entières et positives de constantes arbitraires.

Toutes les séries de cette espèce peuvent être déduites des précédentes à l'aide des substitutions de la forme

$$(14) \qquad a_s = f_s(\alpha_1, \alpha_2, \ldots, \alpha_n) \qquad (s = 1, 2, \ldots, n),$$

les f_s étant des fonctions holomorphes des quantités α_σ qu'on veut prendre pour de nouvelles constantes arbitraires.

En considérant de pareilles séries, admettons que toutes les fonctions f_s s'annulent pour $\alpha_1 = \alpha_2 = \ldots = \alpha_n = 0$, mais que le déterminant fonctionnel de ces fonctions par rapport aux quantités α_σ ne devienne pas nul dans cette hypothèse.

Alors, si nous prenons dans les séries dont il s'agit les ensembles des termes de degré non supérieur au $m^{\text{ième}}$ relativement aux constantes α_σ, ces ensembles représenteront ce que nous appellerons les expressions des fonctions x_s à la $m^{\text{ième}}$ approximation.

On sait que, dans les hypothèses faites relativement aux fonctions f_s, on peut toujours satisfaire aux équations (14), en prenant pour les α_σ certaines fonctions holomorphes des quantités a_s, s'annulant pour $a_1 = a_2 = \ldots = a_n = 0$, et que, les quantités $|\alpha_\sigma|$, $|a_s|$ étant assujetties à la condition de ne pas dépasser des limites suffisamment petites, cette solution sera la seule possible.

Par suite, les différentes $m^{\text{ièmes}}$ approximations, fournies par les diverses séries de l'espèce considérée, étant exprimées par les constantes a_s, seront développables en des séries, ordonnées suivant les puissances entières et positives des a_s, et ces séries ne différeront entre elles que par les termes de degré supérieur au $m^{\text{ième}}$.

5. Au point de vue général, auquel nous avons considéré jusqu'ici la question, nous avions seulement en vue d'établir qu'il existe toujours, au moins tant que t ne sort pas de certaines limites, des fonctions satisfaisant aux équations (1) et prenant à un instant donné des valeurs données suffisamment petites, et que la méthode des approximations successives fournit des séries qui, dans certaines conditions, peuvent servir pour déterminer ces fonctions. Mais, dès que nous en viendrons à des procédés de résolution des questions de stabilité, nous serons obligé d'abandonner ce point de vue, en nous bornant, dans notre étude, à des hypothèses plus précises relativement aux équations différentielles du mouvement troublé.

Nous considérerons principalement les deux cas suivants : 1° quand tous les coefficients $p_{s\sigma}$, $P_s^{(m_1, m_2, \ldots, m_n)}$ sont des quantités constantes, et 2° quand ce sont des fonctions périodiques de t à une seule et même période réelle.

Le premier cas pourrait être considéré comme un cas particulier du second. Nous préférons toutefois l'examiner séparément pour de nombreuses raisons.

Dans le premier cas, à l'exemple de M. Routh, nous appellerons le mouvement non troublé (pour les quantités par rapport auxquelles la stabilité est étudiée) *permanent* (steady); dans le second cas, nous l'appellerons *périodique*.

En considérant ces deux cas, nous verrons que, pour notre question, l'étude de la première approximation aura une grande importance.

Nous montrerons dans quelles conditions cette étude suffit pour résoudre complètement la question de la stabilité, et dans quelles conditions elle devient, en général, insuffisante. En même temps, nous donnerons des méthodes pour résoudre la question dans certains cas de cette dernière catégorie.

Mais, avant de passer à l'examen détaillé de la question, nous nous arrêterons à quelques propositions générales qui serviront de points de départ à nos recherches.

Tous les procédés que nous pouvons indiquer pour résoudre la question qui nous occupe peuvent se ranger en deux catégories.

Dans l'une, nous réunirons tous ceux qui se réduisent à l'étude immédiate du mouvement troublé, et qui, par suite, dépendent de la recherche des solutions générales ou particulières des équations différentielles considérées.

On aura, en général, à rechercher ces solutions sous forme de séries infinies, dont le type le plus simple est fourni par les séries considérées au numéro précédent. Ce sont des séries ordonnées suivant les puissances entières positives des constantes arbitraires. Mais nous rencontrerons aussi dans la suite certaines séries d'une autre nature.

L'ensemble de tous les procédés d'étude de la stabilité, se rapportant à cette catégorie, sera appelé *la première méthode*.

Dans l'autre, nous réunirons toute sorte de procédés qui sont indépendants de la recherche des solutions des équations différentielles du mouvement troublé.

Tel est, par exemple, le procédé connu d'examen de la stabilité de l'équilibre dans le cas où il existe une fonction de forces.

Ces procédés pourront se ramener à la recherche et à l'étude des intégrales des équations (1), et en général tous ceux d'entre eux que nous rencontrerons dans la suite seront basés sur la recherche des fonctions des variables x_1, x_2, ..., x_n, t, dont les dérivées totales par rapport à t, formées dans l'hypothèse que x_1, x_2, ..., x_n sont des fonctions de t satisfaisant aux équations (1), doivent satisfaire à telles ou telles conditions données.

L'ensemble de tous les procédés de cette catégorie sera appelé *la seconde méthode*.

Les principes de cette dernière, exprimés dans quelques théorèmes généraux, seront exposés à la fin de ce Chapitre. Quant à présent, nous nous arrêterons à l'application de la première méthode à un cas assez général d'équations différentielles du mouvement troublé, qui embrassera le cas des mouvements permanents aussi bien que celui des mouvements périodiques.

Ce cas est celui où l'on peut supposer que pour $t \geqq t_0$ il existe, pour les fonctions A_s, une limite inférieure non nulle A et, pour les fonctions M_s, une limite supérieure M, et où l'on peut assigner, pour les mêmes valeurs de t, une limite supérieure aux valeurs absolues de tous les coefficients $p_{s\sigma}$.

Nous commencerons par l'étude d'équations différentielles linéaires correspondant à la première approximation.

SUR CERTAINS SYSTÈMES D'ÉQUATIONS DIFFÉRENTIELLES LINÉAIRES.

6. Convenons tout d'abord de quelques expressions et démontrons quelques propositions auxiliaires.

Nous allons considérer des fonctions d'une variable réelle t, prenant des valeurs parfaitement déterminées pour toute valeur de t qui est supérieure ou égale à une certaine limite t_0. D'ailleurs, nous ne considérerons que des fonctions dont les modules admettent des limites supérieures, dès que t est assujetti à rester dans l'intervalle (t_0, T), T étant un nombre quelconque plus grand que t_0.

Si le module d'une pareille fonction admet une limite supérieure sous la seule condition $t > t_0$, nous dirons que c'est une fonction *limitée*. Si, au contraire, par un choix convenable de valeurs de t supérieures à t_0, le module de la fonction considérée peut être rendu supérieur à tout nombre donné, quelque grand qu'il soit, cette fonction sera appelée *illimitée*. Enfin, toute fonction limitée qui tend vers zéro, quand t croît indéfiniment, sera dite une fonction *évanouissante*.

Quand nous aurons à considérer, en même temps que la fonction x, la fonction $\frac{1}{x}$, nous supposerons que, T étant un nombre quelconque supérieur à t_0, la limite inférieure précise du module de la fonction x dans l'intervalle (t_0, T) soit différente de zéro.

Cela posé, nous aurons les propositions suivantes :

Lemme I. — *Si x est une fonction limitée de t, $xe^{-\lambda t}$ sera une fonction évanouissante, quelle que soit la constante positive λ.*

Ce lemme découle immédiatement des définitions précédentes.

Lemme II. — *Si x n'est pas une fonction évanouissante de t, $xe^{\lambda t}$ sera une fonction illimitée, quelle que soit la constante positive λ.*

En effet, si x n'est pas une fonction évanouissante, on pourra toujours trouver une constante positive a, telle que, par un choix convenable de valeurs de t supérieures à une limite T donnée arbitrairement, quelque grande soit-elle, le module de la fonction x puisse être rendu supérieur à a. Alors, en ne considérant que des valeurs de t choisies de cette manière, nous aurons

$$|xe^{\lambda t}| > ae^{\lambda T}.$$

Le lemme est par là démontré, car le second membre de l'inégalité peut être rendu aussi grand qu'on le veut en choisissant T suffisamment grand.

Lemme III. — *En entendant par x une fonction de t et par λ_1 et λ' des constantes réelles, admettons que la fonction $z = xe^{\lambda t}$ pour $\lambda = \lambda_1$ est évanouissante, et pour $\lambda = \lambda'$, illimitée. Alors on pourra trouver un nombre réel λ_0, tel que la fonction z, pour $\lambda = \lambda_0 + \varepsilon$, soit illimitée ou évanouissante, selon que ε est une constante positive ou négative, et cela, quelque petit que soit $|\varepsilon|$.*

En effet, il résulte des lemmes précédents que, s'il existe une valeur constante de λ pour laquelle la fonction z soit limitée non évanouissante, cette valeur sera la valeur cherchée.

Dans le cas contraire, en intercalant entre les nombres λ_1 et λ' une série de nombres intermédiaires et en passant successivement dans cette série des plus petits nombres aux plus grands, en partant de λ_1 (car λ_1 est nécessairement inférieur à λ'), nous ne rencontrerons d'abord que des nombres pour lesquels la fonction z est évanouissante, puis, que des nombres pour lesquels elle est illimitée.

Par conséquent, dans le dernier cas, nous pourrons toujours obtenir, par des intercalations successives de nombres intermédiaires selon une loi choisie d'une manière convenable, deux séries infinies de nombres : non décroissante

$$\lambda_1, \quad \lambda_2, \quad \lambda_3, \quad \ldots,$$

et non croissante

$$\lambda', \quad \lambda'', \quad \lambda''', \quad \ldots,$$

telles que tout nombre de la première série soit inférieur à tout nombre de la seconde, que la différence

$$\lambda^{(n)} - \lambda_n$$

puisse être rendue aussi petite qu'on le veut par le choix de n suffisamment grand, et que, pour toute valeur de n, la fonction

$$x\, e^{\lambda_n t}$$

soit évanouissante et la fonction

$$x\, e^{\lambda^{(n)} t}$$

illimitée.

Ces deux séries définissent un nombre λ_0, non inférieur à aucun des nombres de la première série et non supérieur à aucun des nombres de la seconde, qui sera le nombre cherché.

Nous appellerons le nombre λ_0 *nombre caractéristique* de la fonction x.

Remarque. — La fonction x, pour laquelle le produit $xe^{\lambda t}$ est une fonction évanouissante pour toute valeur de λ ou illimitée pour toute valeur de λ, n'a pas de nombre caractéristique. Mais nous pouvons convenir de dire que dans le premier cas le nombre caractéristique est $+\infty$, dans le second, $-\infty$. Avec cette convention, toute fonction aura un nombre caractéristique fini ou infini.

Citons des exemples :

Pour toute constante différente de zéro le nombre caractéristique est zéro, et pour zéro il est $+\infty$.

Pour la fonction	t^m	(m constant) le nombre caractéristique est égal à	0,
»	$e^{t \cos \frac{1}{t}}$	»	-1,
»	$e^{-t \cos \frac{1}{t}}$	»	$+1$,
»	$e^{\pm t \sin t}$	»	-1,
»	$e^{t e^{\sin t}}$	»	$-e$,
»	$e^{-t e^{\sin t}}$	»	$+\frac{1}{e}$,
»	t^t	»	$-\infty$,
»	t^{-t}	»	$+\infty$.

Remarque. — En général, si $f(t)$ est une fonction réelle et λ une constante réelle, telles qu'on puisse rendre aussi petite que l'on veut la quantité

$$|\lambda - f(t)|,$$

par un choix convenable de valeurs de t, supérieures à une limite arbitraire donnée, et si, en outre, pour toute constante positive ε, quelque petite qu'elle soit, on peut trouver une limite T, telle qu'on ait

$$\lambda - f(t) < \varepsilon,$$

t étant supérieur à T, λ sera le nombre caractéristique de la fonction

$$e^{-tf(t)}$$

Nous nous bornerons, dans la démonstration des propositions qui suivent, au cas où les nombres caractéristiques des fonctions considérées sont finis. Mais les lemmes IV, V et VIII seront aussi vrais dans tous les cas de nombres caractéristiques infinis, où ils conservent un sens déterminé.

Lemme IV. — *Le nombre caractéristique de la somme de deux fonctions est égal au plus petit des nombres caractéristiques des fonctions, quand ces nombres sont différents, et est non inférieur à ces nombres, quand ils sont égaux.*

En effet, soient λ_1 et λ_2 les nombres caractéristiques des fonctions x_1 et x_2, et soit $\lambda_1 \leqq \lambda_2$.

Les fonctions

$$x_1 e^{(\lambda_1+\varepsilon)t}, \quad x_2 e^{(\lambda_1+\varepsilon)t}$$

seront alors évanouissantes pour toute valeur négative de ε. Il en sera donc de même de leur somme. D'autre part, si l'on a $\lambda_1 < \lambda_2$, et si ε est assujetti aux inégalités

$$0 < \varepsilon < \lambda_2 - \lambda_1,$$

la première de ces fonctions sera illimitée, la seconde évanouissante; leur somme sera donc illimitée. Or cette dernière sera alors illimitée pour toute valeur positive de ε.

Par conséquent, le nombre caractéristique de la fonction $x_1 + x_2$, sans jamais être inférieur à λ_1, devient égal à λ_1, si $\lambda_1 < \lambda_2$.

Remarque. — Quand les fonctions composantes, ayant des nombres caractéristiques égaux, sont telles que leur rapport est une quantité imaginaire pure ou, en général, une quantité complexe à un argument constant, différent d'un multiple impair de π, le nombre caractéristique de la somme est toujours égal au nombre caractéristique des fonctions composantes.

Lemme V. — *Le nombre caractéristique du produit de deux fonctions n'est pas inférieur à la somme de leurs nombres caractéristiques.*

En effet, si λ_1 et λ_2 sont les nombres caractéristiques des fonctions x_1 et x_2, la fonction

$$x_1 x_2 e^{(\lambda_1+\lambda_2+\varepsilon)t} = x_1 e^{\left(\lambda_1+\frac{\varepsilon}{2}\right)t} x_2 e^{\left(\lambda_2+\frac{\varepsilon}{2}\right)t}$$

est évanouissante pour toute valeur négative de ε.

Que le nombre caractéristique du produit peut être supérieur à la somme des nombres caractéristiques des facteurs, cela ressort assez clairement des exemples cités plus haut.

Corollaire. — *La somme des nombres caractéristiques des fonctions x et $\frac{1}{x}$ n'est pas supérieure à zéro.*

Lemme VI. — *Si*

$$x = e^{-t(f+i\varphi)},$$

où $i=\sqrt{-1}$, f et φ étant des fonctions réelles de t, pour que la somme des nombres caractéristiques des fonctions x et $\frac{1}{x}$ soit égale à zéro, il est nécessaire et suffisant que la fonction f ait une limite, quand t croît indéfiniment.

En effet, si, t croissant indéfiniment, la fonction f tend vers un nombre λ, celui-ci représentera évidemment le nombre caractéristique de la fonction x, et $-\lambda$ sera le nombre caractéristique de la fonction $\frac{1}{x}$. La condition indiquée est donc suffisante.

Quant à la nécessité de la même condition, elle résulte de ce que, si λ et $-\lambda$ sont les nombres caractéristiques des fonctions x et $\frac{1}{x}$, les deux fonctions

$$e^{-t(\varepsilon-\lambda+f)} \quad \text{et} \quad e^{-t(\varepsilon+\lambda-f)}$$

seront évanouissantes pour toute valeur positive donnée de ε, quelque petite qu'elle soit; et cette dernière condition n'est possible que si l'on a

$$|\lambda - f| < \varepsilon,$$

pour toutes les valeurs de supérieures à une limite suffisamment grande.

Lemme VII. — *Si la somme des nombres caractéristiques des fonctions x*

et $\frac{1}{x}$ *est égale à zéro, le nombre caractéristique du produit* z *de la fonction* x *et d'une fonction quelconque* y *est égal à la somme des nombres caractéristiques de ces dernières.*

En effet, soient λ, μ, S les nombres caractéristiques des fonctions x, y, z, et supposons que le nombre caractéristique de la fonction $\frac{1}{x}$ soit égal à $-\lambda$.

Alors, en appliquant le lemme V à chacune des deux égalités

$$z = xy, \qquad y = z\frac{1}{x};$$

nous aurons

$$S \geqq \lambda + \mu, \qquad \mu \geqq S - \lambda,$$

d'où

$$S = \lambda + \mu.$$

Soit x une fonction intégrable de t.

En désignant par t_1 un nombre donné non inférieur à t_0, considérons l'intégrale

$$u = \int_{t_1}^{t} x\,dt,$$

si le nombre caractéristique de la fonction x est négatif ou égal à zéro, et l'intégrale

$$u = \int_{t}^{\infty} x\,dt,$$

si ce nombre caractéristique est positif.

On démontrera alors la proposition suivante :

Lemme VIII. — *Le nombre caractéristique d'une intégrale n'est pas inférieur au nombre caractéristique de la fonction à intégrer.*

Soit λ le nombre caractéristique de la fonction x. La fonction

$$x e^{(\lambda-\eta)t}$$

sera alors évanouissante et, par conséquent, limitée, toutes les fois que η est une constante positive. Désignons par M une limite supérieure de son module pour $t \geqq t_0$.

Si $\lambda > 0$, nous aurons, en supposant $\eta < \lambda$,

$$|u| < M\int_{t}^{\infty} e^{-(\lambda-\eta)t}\,dt = \frac{M}{\lambda-\eta}e^{-(\lambda-\eta)t},$$

d'où il résulte que

$$u\, e^{(\lambda-\varepsilon)t}$$

est une fonction évanouissante pour toute valeur de ε supérieure à η. Or, on peut supposer η aussi petit qu'on veut. Par conséquent, la fonction précédente est évanouissante pour toute valeur positive de ε.

Si $\lambda \leqq 0$, nous aurons

$$|u| < \mathrm{M} \int_{t_1}^{t} e^{-(\lambda-\eta)t}\, dt = \frac{\mathrm{M}}{\eta-\lambda} e^{-(\lambda-\eta)t} + \text{const.},$$

d'où il résulte que

$$u\, e^{(\lambda-\varepsilon)t}$$

est une fonction évanouissante pour toute valeur de ε supérieure à η, et, par suite, pour toute valeur positive de ε.

Dans la suite, nous aurons à considérer des groupes, composés de plusieurs fonctions, et nous nous servirons alors de l'expression *nombre caractéristique d'un groupe,* en appelant ainsi le plus petit des nombres caractéristiques des fonctions composant le groupe.

7. Considérons le système d'équations différentielles linéaires

$$(15)\qquad \frac{dx_s}{dt} = p_{s1}x_1 + p_{s2}x_2 + \ldots + p_{sn}x_n \qquad (s = 1, 2, \ldots, n),$$

en supposant que tous les coefficients $p_{s\sigma}$ sont donnés d'une manière déterminée au moins pour toutes les valeurs de t non inférieures à une certaine limite t_0, et qu'ils représentent des fonctions de t continues, réelles et limitées.

En parlant d'une solution de ce système d'équations, nous sous-entendrons qu'il s'agit d'un groupe de n fonctions

$$x_1, \quad x_2, \quad \ldots, \quad x_n,$$

satisfaisant simultanément à ces équations (et, par conséquent, déterminées et continues) pour chaque valeur de t non inférieure à t_0. De pareils groupes de fonctions, comme on l'a déjà fait remarquer plus haut, peuvent toujours être trouvés. Et l'on pourra d'ailleurs obtenir n groupes tels qu'on puisse en déduire un système de n solutions indépendantes.

Théorème I. — *Toute solution du système d'équations différentielles* (15), *autre que la solution évidente*

$$x_1 = x_2 = \ldots = x_n = 0,$$

a un nombre caractéristique fini.

Ne parlant que des solutions où les fonctions x_s ne sont pas toutes identiquement nulles, considérons d'abord des solutions réelles, c'est-à-dire telles que tous les x_s soient des fonctions réelles de t.

En entendant par λ une constante réelle, posons

$$(16) \qquad z_s = x_s e^{\lambda t} \qquad (s = 1, 2, \ldots, n).$$

Alors les équations (15) se transformeront dans les suivantes :

$$\frac{dz_s}{dt} = p_{s1} z_1 + p_{s2} z_2 + \ldots + (p_{ss} + \lambda) z_s + \ldots + p_{sn} z_n \qquad (s = 1, 2, \ldots, n),$$

d'où l'on déduit

$$\frac{1}{2} \frac{d}{dt} \sum_{s=1}^{n} z_s^2 = \sum_{s=1}^{n} (p_{ss} + \lambda) z_s^2 + \sum (p_{s\sigma} + p_{\sigma s}) z_s z_\sigma,$$

en supposant que la seconde somme dans le second membre s'étende à toutes les combinaisons possibles des nombres différents s et σ, pris dans la suite 1, 2, ..., n.

Le second membre de cette égalité est une forme quadratique des quantités $z_1, z_2, \ldots, z_n$, dans laquelle les coefficients dépendent de λ et de t.

Or, les fonctions $p_{s\sigma}$ étant limitées, il est clair qu'on pourra toujours trouver des valeurs de λ telles que cette forme soit définie positive pour toutes les valeurs considérées de t, en demeurant d'ailleurs plus grande que la forme

$$(17) \qquad \frac{1}{2} \mathrm{N}(z_1^2 + z_2^2 + \ldots + z_n^2),$$

N étant un nombre positif choisi arbitrairement. De même, il est évident qu'on pourra aussi trouver des valeurs de λ telles que, pour les mêmes valeurs de t, cette forme soit négative, en restant toujours, en valeur absolue, supérieure à la forme (17).

Pour chaque valeur de λ de la première sorte, nous aurons l'inégalité

$$\frac{d}{dt} \sum z_s^2 > \mathrm{N} \sum z_s^2,$$

de laquelle, en désignant par C une constante positive, nous tirerons

$$\sum z_s^2 > \mathrm{C} e^{\mathrm{N}t},$$

pour toute valeur de t supérieure à une certaine limite.

Pour les valeurs de λ de la deuxième sorte, nous aurons

$$\frac{d}{dt} \sum z_s^2 < -\mathrm{N} \sum z_s^2,$$

d'où (si C, comme précédemment, désigne une constante positive)

$$\sum z_s^2 < Ce^{-Nt},$$

aussi pour toute valeur de t supérieure à une certaine limite.

Donc, dans le premier cas, la quantité $\sum z_s^2$ croîtra indéfiniment avec t; dans le second, elle tendra pour $t = \infty$ vers zéro.

De cette manière on voit qu'il y aura toujours des valeurs de λ telles que, dans le groupe de fonctions (16), il s'en trouve qui soient illimitées, et que, d'autre part, il y aura des valeurs de λ telles que toutes ces fonctions soient évanouissantes.

De là nous concluons que, dans toute solution réelle

$$(18) \qquad x_1, \quad x_2, \quad \ldots, \quad x_n,$$

autre que la solution évidente $x_1 = x_2 = \ldots = x_n = 0$, on trouvera toujours des fonctions à des nombres caractéristiques finis, mais qu'on n'en trouvera aucune avec le nombre caractéristique $-\infty$. Par suite, le nombre caractéristique du groupe des fonctions (18) est toujours fini.

Maintenant, pour étendre le théorème au cas des solutions complexes, il suffit de remarquer qu'une pareille solution

$$(19) \quad x_1 = u_1 + \sqrt{-1}\, v_1, \qquad x_2 = u_2 + \sqrt{-1}\, v_2, \qquad \ldots, \qquad x_n = u_n + \sqrt{-1}\, v_n$$

du système d'équations (15) sera formée de deux solutions réelles

$$(20) \qquad \begin{cases} u_1, & u_2, & \ldots, & u_n, \\ v_1, & v_2, & \ldots, & v_n \end{cases}$$

du même système, et que, d'après le lemme IV et la remarque faite à son sujet, le nombre caractéristique du groupe de fonctions (19) sera égal au nombre caractéristique du groupe de fonctions (20).

Remarque. — Nous avons supposé que tous les coefficients $p_{s\sigma}$ dans les équations (15) étaient réels. Mais, ayant démontré le théorème dans cette hypothèse, il est évidemment facile de l'étendre au cas de coefficients complexes, pourvu que ce soient des fonctions de t continues et limitées. C'est pourquoi les propositions que nous démontrons plus loin, relativement aux équations (15), seront vraies aussi dans le cas des coefficients complexes.

Soient, pour les équations (15), trouvées k solutions

$$(21)\qquad \begin{cases} x_{11}, & x_{21}, & \ldots, & x_{n1}, \\ x_{12}, & x_{22}, & \ldots, & x_{n2}, \\ \ldots, & \ldots, & \ldots, & \ldots, \\ x_{1k}, & x_{2k}, & \ldots, & x_{nk}. \end{cases}$$

En posant

$$x_s = C_1 x_{s1} + C_2 x_{s2} + \ldots + C_k x_{sk} \qquad (s = 1, 2, \ldots, n),$$

où $C_1, C_2, \ldots, C_k$ sont des constantes, dont *aucune n'est nulle*, nous dirons que la solution

$$x_1, \quad x_2, \quad \ldots, \quad x_n$$

est une *combinaison linéaire* des solutions (21).

Du lemme IV il résulte que le nombre caractéristique d'une solution, représentant une combinaison linéaire de plusieurs solutions, n'est pas moindre que le nombre caractéristique du système de solutions combinées (c'est-à-dire, que le nombre caractéristique du groupe de fonctions, composant le système de solutions), et qu'il est égal à ce nombre, quand les nombres caractéristiques de toutes les solutions combinées sont différents.

On en conclut que, si l'on a plusieurs solutions dont les nombres caractéristiques sont distincts, ces solutions seront indépendantes.

On a donc la proposition suivante :

Théorème II. — *Le système d'équations* (15) *ne peut avoir plus de n solutions, autres que la solution évidente*

$$x_1 = x_2 = \ldots = x_n = 0,$$

dont les nombres caractéristiques soient tous distincts.

Dans ce qui suit, sans dire expressément que la solution où tous les x_s sont nuls doit être exclue, nous le sous-entendrons toujours.

8. Supposons que, pour le système d'équations (15), on ait trouvé un système de n solutions indépendantes. En formant avec ces solutions toutes les combinaisons linéaires possibles, nous pouvons en déduire tout autre système complet de solutions indépendantes.

Admettons que tout système trouvé de n solutions indépendantes est transformé dans un autre selon la règle suivante : chaque fois qu'avec des solutions de ce système il peut être formé une combinaison linéaire, dont le nombre caractéristique soit supérieur au nombre caractéristique du groupe de solutions combinées, une de ces dernières, et précisément une de celles dont les nombres caractéristiques sont égaux au nombre caractéristique du groupe, est remplacée, dans le système considéré, par cette combinaison linéaire.

Comme le nombre de nombres caractéristiques différents, que peuvent posséder les solutions du système d'équations (15), est limité, on arrivera, en opérant de cette manière, à un système de n solutions, tel que *toute combinaison linéaire des solutions dont il est composé aura un nombre caractéristique égal au nombre caractéristique du groupe de solutions combinées.*

Nous appellerons un pareil système de n solutions (qui évidemment seront indépendantes) un système *normal.*

Les coefficients $p_{s\sigma}$ dans les équations (15) étant supposés réels, on peut trouver pour ces équations un système de n solutions indépendantes réelles. En partant d'un tel système et ne se servant, dans la formation des combinaisons linéaires, que des coefficients réels, on pourrait obtenir un système de n solutions satisfaisant à la condition précédente pour toutes les combinaisons linéaires à des coefficients réels. Mais alors ce système satisfera à cette condition également pour des combinaisons linéaires à des coefficients complexes (lemme IV, remarque). Ce système sera par conséquent un système normal.

En vertu de cette remarque, nous pouvons supposer, si l'on en a besoin, que toutes les fonctions, entrant dans la composition d'un système normal, soient réelles.

De la définition d'un système normal il résulte que, si l'on peut trouver un système de n solutions, dont les nombres caractéristiques soient tous différents, ce système est un système normal.

De la même définition découle la proposition suivante :

Théorème I. — *Soit trouvé un système de n solutions indépendantes*

$$\begin{array}{cccc} x_{11}, & x_{21}, & \ldots, & x_{n1}, \\ x_{12}, & x_{22}, & \ldots, & x_{n2}, \\ \ldots, & \ldots, & \ldots, & \ldots, \\ x_{1n}, & x_{2n}, & \ldots, & x_{nn}. \end{array}$$

Considérons un nouveau système

$$(22)\qquad \left\{\begin{array}{cccc} z_{11}, & z_{21}, & \ldots, & z_{n1}, \\ z_{12}, & z_{22}, & \ldots, & z_{n2}, \\ \ldots, & \ldots, & \ldots, & \ldots, \\ z_{1n}, & z_{2n}, & \ldots, & z_{nn}, \end{array}\right.$$

en posant

$$z_{sk} = x_{sk} + \alpha_{k1} x_{s,k+1} + \alpha_{k2} x_{s,k+2} + \ldots + \alpha_{k,n-k} x_{sn},$$

et en entendant par $\alpha_{k1}, \alpha_{k2}, \ldots, \alpha_{k,n-k}$ *des constantes, telles que le nombre caractéristique de la solution*

$$x_1, \quad x_2, \quad \ldots, \quad x_n,$$

où

$$x_s = x_{sk} + \beta_1 x_{s,k+1} + \beta_2 x_{s,k+2} + \ldots + \beta_{n-k} x_{sn},$$

$\beta_1, \beta_2, \ldots, \beta_{n-k}$ *étant des constantes quelconques, ne soit pas supérieur au nombre caractéristique de la solution*

$$z_{1k}, \quad z_{2k}, \quad \ldots, \quad z_{nk}.$$

Alors le système de solutions (22) *est normal.*

Pour le démontrer, nous remarquons que, si le système (22) n'était pas un système normal, on pourrait trouver, parmi ses solutions, un groupe de solutions possédant un nombre caractéristique commun λ, et telles qu'on pourrait en déduire des combinaisons linéaires à un nombre caractéristique plus grand que λ. Or, par la définition même des quantités z_{sk}, il n'existe pas évidemment de pareilles solutions dans le système (22).

Soit k le nombre de tous les nombres caractéristiques *distincts* qui peuvent convenir aux solutions des équations (15), et soient

$$\lambda_1, \quad \lambda_2, \quad \ldots, \quad \lambda_k$$

ces nombres.

Désignons par n_s le nombre de solutions avec le nombre caractéristique λ_s dans un système quelconque de n solutions indépendantes. Quelques-uns des nombres n_s peuvent être nuls. Mais ils seront dans tous les cas tels que

$$n_1 + n_2 + \ldots + n_k = n.$$

En supposant que

$$\lambda_1 < \lambda_2 < \ldots < \lambda_k,$$

désignons encore par N_s la limite supérieure précise du nombre des solutions indépendantes avec le nombre caractéristique λ_s. Nous aurons évidemment

$$N_1 > N_2 > \ldots > N_k,$$

$$N_1 = n, \qquad n_s + n_{s+1} + \ldots + n_k \leqq N_s \qquad (s = 1, 2, \ldots, k).$$

Cela posé, on aura les propositions suivantes :

Théorème II. — *Pour tout système normal de solutions*

$$n_1 = n - N_2, \qquad n_2 = N_2 - N_3, \qquad \ldots, \qquad n_{k-1} = N_{k-1} - N_k, \qquad n_k = N_k.$$

En effet, chaque solution est une combinaison linéaire de certaines solutions du système normal. Et d'après la propriété de ce système, pour en déduire une solution possédant un nombre caractéristique λ_s, on doit considérer des combinaisons linéaires des solutions dont les nombres caractéristiques ne sont pas moindres que λ_s. Par suite, le nombre des solutions indépendantes avec le nombre caractéristique λ_s ne peut être plus grand que la quantité

$$n_s + n_{s+1} + \ldots + n_k,$$

correspondant à un système normal. Donc, pour ce dernier,

$$n_s + n_{s+1} + \ldots + n_k = N_s,$$

d'où découle le théorème.

THÉORÈME III. — *La somme*

$$S = n_1\lambda_1 + n_2\lambda_2 + \ldots + n_k\lambda_k$$

des nombres caractéristiques de toutes les solutions, constituant un système de n solutions indépendantes, atteint sa limite supérieure pour un système normal.

En effet, en posant

$$n_s + n_{s+1} + \ldots + n_k = N'_s,$$

nous aurons

$$S = n\lambda_1 + N'_2(\lambda_2 - \lambda_1) + N'_3(\lambda_3 - \lambda_2) + \ldots + N'_k(\lambda_k - \lambda_{k-1}).$$

Or, nous venons de voir que, pour un système normal, chacun des nombres N'_s atteint sa limite supérieure N_s. Donc, en remarquant que, dans l'expression de S, les coefficients des nombres N'_2, N'_3, ..., N'_k sont tous positifs, nous concluons que S atteint son maximum pour un système normal.

THÉORÈME IV. — *Chaque système de n solutions indépendantes, pour lequel la somme des nombres caractéristiques de toutes les solutions qui le composent atteint sa limite supérieure, est un système normal.*

Ce théorème résulte de la définition même d'un système normal, car, s'il était possible de former avec des solutions du système considéré une combinaison linéaire dont le nombre caractéristique soit supérieur au nombre caractéristique du groupe de solutions combinées, on pourrait trouver un système de n solutions indépendantes pour lequel la somme de tous les nombres caractéristiques serait supérieure à celle du système considéré.

THÉORÈME V. — *La somme des nombres caractéristiques des solutions indé-*

pendantes du système d'équations (15) *ne dépasse dans aucun cas le nombre caractéristique de la fonction*

$$e^{\int \sum_{s=1}^{n} p_{ss}\,dt}.$$

En effet, si Δ est le déterminant formé avec n solutions indépendantes quelconques, on a

$$e^{\int \sum p_{ss}\,dt} = C\Delta,$$

où C est une constante, et, en vertu des lemmes IV et V, le nombre caractéristique de Δ n'est pas moindre que

$$n_1\lambda_1 + n_2\lambda_2 + \ldots + n_k\lambda_k.$$

Corollaire. — *Chaque système de n solutions indépendantes, pour lequel la somme des nombres caractéristiques de toutes les solutions est égale au nombre caractéristique de la fonction*

$$e^{\int \sum p_{ss}\,dt}$$

est un système normale.

Il faut toutefois observer qu'il n'est pas toujours possible d'obtenir un système de n solutions indépendantes telles que ladite égalité ait lieu.

Ainsi, si nous avons le système d'équations

$$\frac{dx_1}{dt} = x_1 \cos\log t + x_2 \sin\log t, \qquad \frac{dx_2}{dt} = x_1 \sin\log t + x_2 \cos\log t,$$

nous aurons, en déterminant convenablement la constante arbitraire,

$$e^{\int \sum p_{ss}\,dt} = e^{t(\sin\log t + \cos\log t)},$$

ce qui représente une fonction dont le nombre caractéristique est $-\sqrt{2}$. Or, nos équations admettent le système suivant de solutions

$$x_{11} = e^{t\sin\log t}, \qquad x_{21} = e^{t\sin\log t},$$
$$x_{12} = e^{t\cos\log t}, \qquad x_{22} = -e^{t\cos\log t},$$

et il est facile de s'assurer que ce système est normal. Cependant la somme des nombres caractéristiques qui y correspond (et qui est égale à -2) est inférieure au nombre précédent.

9. Nous savons (lemme V, corollaire) que la somme des nombres caractéris-

tiques des fonctions

$$e^{\int \sum p_{ss} dt} \quad \text{et} \quad e^{-\int \sum p_{ss} dt}$$

n'est jamais supérieure à zéro.

Par suite, si μ est le nombre caractéristique de la seconde de ces fonctions, la somme S des nombres caractéristiques des solutions du système normal ne peut surpasser le nombre $-\mu$. D'ailleurs, l'égalité $S = -\mu$ n'est possible que si la somme des nombres caractéristiques des deux fonctions considérées est nulle.

Cette égalité

$$S + \mu = 0,$$

pour les équations à coefficients constants ou périodiques, a réellement lieu. Mais elle peut aussi avoir lieu dans beaucoup d'autres cas.

En général, si l'on a $S + \mu = 0$, le système d'équations différentielles linéaires sera dit *régulier*. Dans le cas contraire, il sera appelé *irrégulier*.

Ainsi, par exemple, le système d'équations

$$\frac{dx_1}{dt} = x_1 \cos at + x_2 \sin bt, \qquad \frac{dx_2}{dt} = x_1 \sin bt + x_2 \cos at$$

est régulier, quelles que soient les constantes réelles a et b.

A la fin du numéro précédent a été cité un exemple de système d'équations irrégulier.

Pour donner un exemple de caractère plus général, considérons le système suivant :

$$(23) \qquad \left\{ \begin{aligned} \frac{dx_1}{dt} &= p_{11} x_1, \\ \frac{dx_2}{dt} &= p_{21} x_1 + p_{22} x_2, \\ &\dots\dots\dots\dots\dots\dots, \\ \frac{dx_n}{dt} &= p_{n1} x_1 + p_{n2} x_2 + \dots + p_{nn} x_n, \end{aligned} \right.$$

dans lequel l'équation, contenant la dérivée $\frac{dx_s}{dt}$, ne contient pas les fonctions $x_{s'}$, pour lesquelles $s' > s$.

Au sujet des systèmes d'équations de cette forme on pourra établir la proposition suivante :

Théorème. — *Pour que le système d'équations* (23) *soit régulier, il faut et il suffit que la somme des nombres caractéristiques des fonctions*

$$e^{\int p_{ss} dt} \quad \text{et} \quad e^{-\int p_{ss} dt}$$

soit égale à zéro pour toute valeur de s.

Démontrons d'abord que cette condition est nécessaire.

On a, pour les équations (23), le système suivant de n solutions indépendantes :

$$1^\circ \qquad x_1 = e^{\int p_{11}dt}, \quad x_s = e^{\int p_{ss}dt} \int \sum_{i=1}^{s-1} p_{si} x_i e^{-\int p_{ss}dt} dt \quad (s = 2, 3, \ldots, n),$$

$$2^\circ \qquad x_1 = 0, \quad x_2 = e^{\int p_{22}dt}, \quad x_s = e^{\int p_{ss}dt} \int \sum_{i=2}^{s-1} p_{si} x_i e^{-\int p_{ss}dt} dt \quad (s = 3, 4, \ldots, n),$$

$$\ldots\ldots, \quad \ldots\ldots\ldots\ldots, \quad \ldots\ldots\ldots\ldots\ldots\ldots\ldots\ldots\ldots\ldots,$$

$$n^\circ \qquad x_1 = x_2 = \ldots = x_{n-1} = 0, \quad x_n = e^{\int p_{nn}dt}.$$

Pour fixer les idées, nous supposerons que toutes les intégrales

$$\int p_{ii}\,dt,$$

qui figurent en exposants, deviennent nulles pour $t = t_0$. Quant à d'autres intégrales, nous les supposerons telles que, dans la $k^{\text{ième}}$ solution, les fonctions

$$x_{k+1}, \quad x_{k+2}, \quad \ldots, \quad x_n$$

se réduisent, pour $t = t_0$, à des constantes données

$$\alpha_{k1}, \quad \alpha_{k2}, \quad \ldots, \quad \alpha_{k\,n-k}.$$

Alors, si

$$x_{1k}, \quad x_{2k}, \quad \ldots, \quad x_{nk}$$

est la $k^{\text{ième}}$ solution du système considéré *dans l'hypothèse que tous les α sont égaux à zéro,* dans la même solution, les α étant arbitraires, il viendra

$$x_s = x_{sk} + \alpha_{k1} x_{s\,k+1} + \alpha_{k2} x_{s\,k+2} + \ldots + \alpha_{k\,n-k} x_{sn} \qquad (s = 1, 2, \ldots, n).$$

De là, d'après le théorème I du numéro précédent, nous concluons que pour un choix convenable des constantes α le système considéré de solutions sera normal.

En supposant ces constantes choisies de cette manière, désignons les nombres caractéristiques des solutions considérées respectivement par

$$\mu_1, \quad \mu_2, \quad \ldots, \quad \mu_n.$$

En outre, désignons

le nombre caractéristique de la fonction $e^{\int p_{ss}dt}$ par λ_s ⎫
» $e^{-\int p_{ss}dt}$ » λ'_s ⎭ $(s = 1, 2, \ldots, n)$,
» $e^{\int \sum p_{ss}dt}$ » S,
» $e^{-\int \sum p_{ss}dt}$ » S'.

Nous aurons évidemment

$$\mu_s \leqq \lambda_s \qquad (s = 1, 2, \ldots, n).$$

Donc, si nous supposons que le système (23) est régulier, ce qui amène à l'égalité

$$\sum \mu_s = S,$$

et si nous remarquons qu'en vertu du lemme V la somme $\sum \lambda_s$ ne peut être supérieure à S, nous devons avoir

$$\sum \lambda_s = S.$$

Or, dans la même supposition, on doit avoir

$$S + S' = 0.$$

Par suite, en nous reportant au lemme VII, nous en concluons que le nombre caractéristique de la fonction

$$e^{\int \sum p_{ss} dt} e^{-\int p_{kk} dt}$$

est égal à $S + \lambda'_k$. Nous aurons donc (lemme V)

$$S + \lambda'_k \geqq \sum \lambda_s - \lambda_k,$$

et de là, en vertu de l'égalité ci-dessus, il résulte

$$\lambda_k + \lambda'_k \geqq 0.$$

Or, la somme $\lambda_k + \lambda'_k$ ne peut être positive. On devra donc avoir

$$\lambda_k + \lambda'_k = 0,$$

ce qui démontre la nécessité de la condition du théorème.

Pour démontrer que cette condition est suffisante, nous nous arrêterons à une autre détermination des intégrales, en supposant que toute intégrale de la forme

$$\int \sum_{i=1}^{s-1} p_{si} x_i e^{-\int p_{ss} dt} dt,$$

où le nombre caractéristique de la fonction à intégrer est positif, tende vers zéro quand t croît indéfiniment. Alors, dans le système considéré de solutions, chaque intégrale de cette forme possédera un nombre caractéristique non moindre que le nombre caractéristique de la fonction à intégrer (lemme VIII).

Par suite, si nous admettons que

$$\lambda_s + \lambda'_s = 0 \qquad (s = 1, 2, \ldots, n),$$

et si, en considérant la $k^{\text{ième}}$ solution (dans laquelle $x_1, x_2, \ldots, x_{k-1}$ sont égaux à zéro), nous remarquons que la fonction x_k y a pour nombre caractéristique le nombre λ_k, nous parviendrons facilement à la conclusion que les nombres caractéristiques de toutes les autres fonctions qui constituent cette solution seront non moindres que λ_k.

Il en résulte que λ_k est le nombre caractéristique de la $k^{\text{ième}}$ solution.

Or nous avons, d'une façon générale,

$$\sum \lambda_s \leqq S \leqq - S' \leqq - \sum \lambda'_s,$$

et, par suite de ce que nous avons admis,

$$\sum \lambda_s + \sum \lambda'_s = 0.$$

Nous obtenons donc l'égalité

$$\sum \lambda_s + S' = 0,$$

d'où l'on conclut : 1° que le système d'équations (23) est régulier, et 2° que le système de solutions trouvé est normal.

Remarque. — En vertu du lemme VI, la condition exprimée dans le théorème est équivalente à la suivante : *chacune des fonctions*

$$\frac{1}{t}\int_{t_0}^{t} p_{ss}\, dt \qquad (s = 1, 2, \ldots, n)$$

(et si les coefficients p_{ss} étaient des quantités complexes, la partie réelle de chacune de ces fonctions) *doit tendre vers une limite déterminée quand t croît indéfiniment.*

10. Soient $\lambda_1, \lambda_2, \ldots, \lambda_k$ tous les nombres caractéristiques distincts des solutions des équations (15), et soit n_s le nombre des solutions possédant le nombre caractéristique λ_s *dans un système normal.* Nous conviendrons de dire que

le système de ces équations possède

n_1 nombres caractéristiques égaux à λ_1,

n_2 » λ_2,

. . . . ,

n_k » λ_k.

De cette manière, à chaque système de n équations différentielles linéaires de la nature considérée correspondra un groupe de n nombres caractéristiques parmi lesquels quelques-uns peuvent être égaux.

Supposons que le système d'équations (15) soit transformé à l'aide d'une substitution linéaire,

$$z_s = q_{s1}x_1 + q_{s2}x_2 + \ldots + q_{sn}x_n \qquad (s = 1, 2, \ldots, n),$$

possédant les propriétés suivantes : 1° tous les coefficients $q_{s\sigma}$ sont des fonctions de t continues et limitées; 2° leurs premières dérivées sont des fonctions du même caractère; 3° la quantité inverse au déterminant formé à l'aide de ces coefficients est une fonction limitée de t.

Après une telle transformation, les coefficients dans les équations transformées jouiront des mêmes propriétés fondamentales que dans les équations primitives.

Il est facile de prouver que *le groupe de nombres caractéristiques du système d'équations transformé sera toujours identique avec le groupe de nombres caractéristiques du système primitif.*

En effet, par la nature de la substitution considérée non seulement ses coefficients, mais encore les coefficients de la substitution inverse sont des fonctions limitées de t. Par suite, si, en partant d'une solution quelconque d'un système d'équations, on en déduit une solution de l'autre, ces deux solutions auront un même nombre caractéristique. Et de là (en vertu de la notion même du système normal de solutions) il résulte que tout nombre, qui se rencontre un certain nombre de fois dans le groupe de nombres caractéristiques d'un système d'équations, se rencontrera nécessairement le même nombre de fois dans le groupe de nombres caractéristiques de l'autre.

De cette façon, les nombres caractéristiques d'un système d'équations différentielles linéaires possèdent, relativement aux transformations considérées, les propriétés des invariants. Et les mêmes propriétés appartiennent aux nombres caractéristiques des fonctions

$$e^{\int\sum p_{ss}dt} \quad \text{et} \quad e^{-\int\sum p_{ss}dt}$$

Il en résulte que le système transformé d'équations sera toujours du même genre (c'est-à-dire régulier ou irrégulier) que le système primitif.

Le système d'équations considéré peut être tel que, par un choix convenable de transformations du caractère considéré, on puisse le transformer dans un système d'équations à coefficients constants.

Dans ce cas nous l'appellerons le système d'équations *réductible*.

De ce que nous venons de remarquer il résulte que, seuls, les systèmes d'équations réguliers peuvent être réductibles.

Nous verrons plus loin (Chap. III) que tout système d'équations dans lequel les coefficients sont des fonctions périodiques de t à une même période réelle est un système réductible.

Considérons un système quelconque d'équations.

Soient $\lambda_1, \lambda_2, \ldots, \lambda_n$ tous ses nombres caractéristiques (parmi lesquels quelques-uns peuvent être égaux) et soit

$$\begin{array}{llll} x_{11}, & x_{21}, & \ldots, & x_{n1}, \\ x_{12}, & x_{22}, & \ldots, & x_{n2}, \\ \ldots, & \ldots, & \ldots, & \ldots, \\ x_{1n}, & x_{2n}, & \ldots, & x_{nn} \end{array}$$

un système normal de solutions, dans lequel la $j^{\text{ième}}$ solution a pour nombre caractéristique λ_j.

En désignant par Δ le déterminant formé avec les fonctions x_{ij}, supposons que toutes les fonctions

$$\frac{e^{-\sum_{s=1}^{n} \lambda_s t}}{\Delta}, \qquad x_{ij} e^{\lambda_j t} \qquad (i, j = 1, 2, \ldots, n)$$

soient limitées.

On peut démontrer que sous cette condition le système considéré d'équations est réductible.

En effet, en désignant le mineur du déterminant Δ, correspondant à l'élément x_{ij} par Δ_{ij}, nous concluons de la condition précédente que les fonctions

$$\frac{\Delta_{ij}}{\Delta} e^{-\lambda_j t} \qquad (i, j = 1, 2, \ldots, n)$$

sont limitées. Et il en sera alors de même de leurs dérivées premières par rapport à t, car on sait que les fonctions

$$\frac{\Delta_{1j}}{\Delta}, \quad \frac{\Delta_{2j}}{\Delta}, \quad \ldots, \quad \frac{\Delta_{nj}}{\Delta},$$

pour chaque valeur de j, satisfont à un système d'équations différentielles linéaires adjoint au système considéré.

Par suite, la substitution

$$z_s = \frac{\Delta_{1s}}{\Delta} e^{-\lambda_s t} x_1 + \frac{\Delta_{2s}}{\Delta} e^{-\lambda_s t} x_2 + \ldots + \frac{\Delta_{ns}}{\Delta} e^{-\lambda_s t} x_n \qquad (s = 1, 2, \ldots, n)$$

possède toutes les propriétés des substitutions considérées et, en l'appliquant, on transformera le système considéré dans le système d'équations

$$\frac{dz_s}{dt} + \lambda_s z_s = 0 \qquad (s = 1, 2, \ldots, n)$$

à coefficients constants.

SUR UN CAS GÉNÉRAL D'ÉQUATIONS DIFFÉRENTIELLES DU MOUVEMENT TROUBLÉ.

11. Revenons maintenant aux équations (1).

En ne considérant comme précédemment que des valeurs réelles de t non inférieures à une certaine limite t_0, nous supposerons tous les coefficients $p_{s\sigma}$, $P_s^{(m_1, m_2, \ldots, m_n)}$ des fonctions réelles, continues et limitées de t. Nous supposerons, en outre, qu'on peut trouver des constantes positives M et A telles que les inégalités

$$|P_s^{(m_1, m_2, \ldots, m_n)}| < \frac{M}{A^{m_1 + m_2 + \ldots + m_n}}$$

soient remplies pour toutes les valeurs considérées de t.

Supposons que le système d'équations différentielles linéaires correspondant à la première approximation soit régulier et désignons par

$$\lambda_1, \quad \lambda_2, \quad \ldots, \quad \lambda_n$$

les nombres caractéristiques de ce système.

Nous allons montrer qu'en choisissant, de ces nombres, k quelconques

(24) $$\lambda_1, \quad \lambda_2, \quad \ldots, \quad \lambda_k,$$

on peut formellement satisfaire aux équations (1) par des séries renfermant k constantes arbitraires

$$\alpha_1, \quad \alpha_2, \quad \ldots, \quad \alpha_k$$

et ayant la forme suivante :

(25) $$x_s = \sum L_s^{(m_1, m_2, \ldots, m_k)} \alpha_1^{m_1} \alpha_2^{m_2} \ldots \alpha_k^{m_k} e^{-\sum_{i=1}^{k} m_i \lambda_i t} \qquad (s = 1, 2, \ldots, n),$$

où $L_s^{(m_1, m_2, \ldots, m_k)}$ sont des fonctions continues de t indépendantes des constantes α_i, dont les nombres caractéristiques sont positifs ou nuls, et où la sommation s'étend à toutes les valeurs entières non négatives des nombres $m_1, m_2, \ldots, m_k$, qui sont assujetties à la condition

$$m_1 + m_2 + \ldots + m_k > 0.$$

Nous considérerons ensuite exclusivement le cas où les nombres caractéristiques choisis (24) sont tous positifs et, dans cette hypothèse, nous allons démontrer que, si les modules de $\alpha_1, \alpha_2, \ldots, \alpha_k$ ne surpassent pas une certaine limite, les séries (25) seront absolument convergentes et représenteront des fonctions satisfaisant réellement aux équations (1), pour toutes les valeurs de t plus grandes que t_0.

Reportons-nous aux formules du n° 3.

Admettons que le système de solutions particulières des équations (6), dont nous nous y sommes servi, est normal et que la solution

$$x_{1s}, \quad x_{2s}, \quad \ldots, \quad x_{ns}$$

possède le nombre caractéristique λ_s ($s = 1, 2, \ldots, n$).

Posons

$$x_s^{(1)} = \alpha_1 x_{s1} + \alpha_2 x_{s2} + \ldots + \alpha_k x_{sk} \qquad (s = 1, 2, \ldots, n),$$

et intégrons ensuite les systèmes d'équations (7), correspondant à $m = 2, 3, \ldots$.

Au n° 3 nous avions supposé que toutes les fonctions $x_s^{(m)}$, pour lesquelles $m > 1$, devaient devenir nulles pour $t = t_0$.

Ici nous ne maintiendrons plus cette hypothèse, en la remplaçant par une autre que nous allons tout de suite indiquer.

Supposons que toutes les fonctions $x_s^{(\mu)}$ pour lesquelles $\mu < m$ sont trouvées et représentent relativement aux constantes α_i des fonctions entières et homogènes du $\mu^{\text{ième}}$ degré. Alors les fonctions $R_i^{(m)}$, en vertu de leurs expressions par les quantités $x_s^{(\mu)}$, se présenteront relativement à ces mêmes constantes sous forme de fonctions entières et homogènes du $m^{\text{ième}}$ degré.

Soit

$$\frac{\Delta_{ij}}{\Delta} R_i^{(m)} = \sum T_{ij}^{(m_1, m_2, \ldots, m_k)} \alpha_1^{m_1} \alpha_2^{m_2} \ldots \alpha_k^{m_k},$$

les T étant des fonctions de t indépendantes des constantes α_s.

Alors, en faisant

$$x_s^{(m)} = \sum_{i=1}^{n} \sum_{j=1}^{n} x_{sj} \int \frac{\Delta_{ij}}{\Delta} R_i^{(m)} \, dt,$$

$$\int \frac{\Delta_{ij}}{\Delta} R_i^{(m)} \, dt = \sum \alpha_1^{m_1} \alpha_2^{m_2} \ldots \alpha_k^{m_k} \int T_{ij}^{(m_1, m_2, \ldots, m_k)} \, dt,$$

nous supposerons que celles des intégrales

$$\int T_{ij}^{(m_1, m_2, \dots, m_k)} dt$$

où la fonction à intégrer possède un nombre caractéristique positif soient prises dans les limites de $+\infty$ à t. Quant aux intégrales où la fonction à intégrer a un nombre caractéristique négatif ou nul, nous supposerons seulement qu'on a

$$\int T_{ij}^{(m_1, m_2, \dots, m_k)} dt = \int_{t_0}^{t} T_{ij}^{(m_1, m_2, \dots, m_k)} dt + C_{ij}^{(m_1, m_2, \dots, m_k)},$$

les C étant des constantes indépendantes des α_s.

Les intégrales dont il s'agit auront alors des nombres caractéristiques non inférieurs à ceux des fonctions à intégrer (lemme VIII).

En procédant ainsi à partir de $m = 2$, nous aurons, pour tous les $x_s^{(m)}$, des expressions entières et homogènes par rapport aux constantes $\alpha_1, \alpha_2, \dots, \alpha_k$.

Soient

$$x_s = x_s^{(1)} + x_s^{(2)} + \dots \qquad (s = 1, 2, \dots, n)$$

les séries obtenues dans cette supposition.

Pour leur donner la forme (25), on doit poser

$$L_s^{(m_1, m_2, \dots, m_k)} = e^{\sum_{i=1}^{k} m_i \lambda_i t} \sum_{i=1}^{n} \sum_{j=1}^{n} x_{sj} \int T_{ij}^{(m_1, m_2, \dots, m_k)} dt,$$

et de là il est facile de conclure que les nombres caractéristiques des fonctions $L_s^{(m_1, m_2, \dots, m_k)}$ ne seront pas inférieurs à zéro.

En effet, le système d'équations (6) étant supposé être régulier, le nombre caractéristique de la fonction $\frac{1}{\Delta}$ sera égal à

$$-(\lambda_1 + \lambda_2 + \dots + \lambda_n);$$

et, par conséquent, le nombre caractéristique de la fonction $\frac{\Delta_{ij}}{\Delta}$ ne sera pas inférieur à $-\lambda_j$.

Par suite, si nous admettons que ce qui a été dit relativement aux fonctions L est vrai lorsqu'on a

$$m_1 + m_2 + \dots + m_k < m,$$

nous pourrons conclure (lemmes IV, V) que le nombre caractéristique de la fonction $T_{ij}^{(m_1, m_2, \dots, m_k)}$, pour laquelle

$$m_1 + m_2 + \dots + m_k = m,$$

et par suite aussi celui de l'intégrale

$$\int T_{ij}^{(m_1, m_2, \ldots, m_k)} dt$$

sont non inférieurs à

$$m_1 \lambda_1 + m_2 \lambda_2 + \ldots + m_k \lambda_k - \lambda_j.$$

Or il en résulte que le nombre caractéristique de chaque fonction L, pour laquelle la somme des indices m_i est égal à m, est non inférieur à zéro.

Donc, la propriété en question des fonctions L, qui est vraie dans le cas de $\sum m_i = 1$, est vraie d'une façon générale.

Remarque. — Pour arriver à un tel résultat, il n'est pas nécessaire d'intégrer dans les limites de $+\infty$ à t chacune des fonctions $T_{ij}^{(m_1, m_2, \ldots, m_k)}$ à un nombre caractéristique positif. Il suffit de le faire seulement quand on a

$$m_1 \lambda_1 + m_2 \lambda_2 + \ldots + m_k \lambda_k - \lambda_j > 0.$$

12. En passant maintenant à la question de la convergence des séries (25), nous allons supposer que les nombres caractéristiques (24), qui ont été pris pour former ces séries, soient tous positifs.

Dans cette hypothèse, en admettant, pour plus de simplicité, $t_0 = 0$, nous allons démontrer la proposition suivante :

THÉORÈME. — *Si, en entendant par ε une constante positive et en posant*

$$\alpha_s e^{-(\lambda_s - \varepsilon)t} = q_s \qquad (s = 1, 2, \ldots, k),$$

nous remplaçons les α_s dans les séries (25) par leurs expressions au moyen des q_s, les nouvelles séries

$$(26) \qquad x_s = \sum Q_s^{(m_1, m_2, \ldots, m_k)} q_1^{m_1} q_2^{m_2} \ldots q_k^{m_k} \qquad (s = 1, 2, \ldots, n),$$

qui seront ordonnées suivant les puissances croissantes des q_s, jouiront de la propriété que, pour toute valeur de ε, quelque petite soit-elle, on pourra trouver des constantes positives $Q^{(m_1, m_2, \ldots, m_k)}$, telles que, t étant positif, on ait constamment

$$|Q_s^{(m_1, m_2, \ldots, m_k)}| < Q^{(m_1, m_2, \ldots, m_k)},$$

et que la série

$$(27) \qquad \sum Q^{(m_1, m_2, \ldots, m_k)} q_1^{m_1} q_2^{m_2} \ldots q_k^{m_k}$$

soit convergente, tant que les modules des quantités q_s ne surpassent pas une certaine limite q différente de zéro.

Ne considérons, pour ε, que des valeurs inférieures à chacun des nombres

$$\lambda_1, \quad \lambda_2, \quad \ldots, \quad \lambda_k.$$

Alors on pourra trouver un entier positif l, tel que toutes les expressions

$$m_1(\lambda_1-\varepsilon)+m_2(\lambda_2-\varepsilon)+\ldots+m_k(\lambda_k-\varepsilon)-\lambda_j+\varepsilon \qquad (j=1, 2, \ldots, n),$$

où $m_1, m_2, \ldots, m_k$ satisfont à la condition

$$m_1+m_2+\ldots+m_k \geqq l,$$

soient supérieures à un nombre positif H donné arbitrairement.

Soit η une constante positive inférieure à ε.

Les fonctions

$$(28) \qquad Q_s^{(m_1, m_2, \ldots, m_k)} e^{\eta t} = L_s^{(m_1, m_2, \ldots, m_k)} e^{-[(m_1+m_2+\ldots+m_k)\varepsilon-\eta]t}$$

seront évanouissantes. On pourra donc assigner au module de chacune de ces fonctions une limite supérieure constante, acceptable pour toutes les valeurs positives de t.

Supposons que l'on ait trouvé de pareilles limites pour toutes celles de ces fonctions pour lesquelles

$$m_1+m_2+\ldots+m_k < l,$$

et, en supposant que ces limites soient indépendantes de s, désignons-les par

$$Q^{(m_1, m_2, \ldots, m_k)}.$$

Parmi ces fonctions, il y aura, entre autres, celles-ci :

$$x_{ij}\, e^{(\lambda_j-\varepsilon+\eta)t}.$$

Or, si nous supposons encore $\eta > \frac{\varepsilon}{2}$, de pareilles limites supérieures s'obtiendront aussi pour les modules des fonctions

$$\frac{\Delta_{ij}}{\Delta} e^{-(\lambda_j+2\eta-\varepsilon)t}.$$

Soient K et K′ des constantes, telles qu'on ait

$$|x_{ij}|\, e^{(\lambda_j-\varepsilon+\eta)t} < K, \qquad \left|\frac{\Delta_{ij}}{\Delta}\right| e^{-(\lambda_j+2\eta-\varepsilon)t} < K'$$

pour toutes les valeurs de i et de j, prises dans la suite 1, 2, ..., n, et pour toute valeur positive de t.

Pour obtenir des limites supérieures des modules de celles des quantités (28) pour lesquelles la somme des indices $m_1, m_2, \ldots, m_k$ n'est pas inférieure à l, reportons-nous aux formules

$$(29) \qquad x_s^{(m)} = \sum_{i=1}^{n} \sum_{j=1}^{n} x_{sj} \int_{\infty}^{t} \frac{\Delta_{ij}}{\Delta} R_i^{(m)} dt \qquad (s = 1, 2, \ldots, n),$$

dans lesquelles, conformément à ce que nous avons admis, toutes les intégrales sont prises dans les limites de $+\infty$ à t, puisque pour $m \geqq l$ les nombres caractéristiques de toutes les fonctions à intégrer seront positifs.

Soit

$$R_i^{(m)} = \sum R_i^{(m_1, m_2, \ldots, m_k)} q_1^{m_1} q_2^{m_2} \ldots q_k^{m_k} \qquad (m_1 + m_2 + \ldots + m_k = m),$$

où les $R_i^{(m_1, m_2, \ldots, m_k)}$ sont des quantités indépendantes des constantes α_s.

Alors, en posant, pour abréger,

$$m_1 \lambda_1 + m_2 \lambda_2 + \ldots + m_k \lambda_k + m\varepsilon = N,$$

on déduira de (29)

$$(30) \qquad Q_s^{(m_1, m_2, \ldots, m_k)} = -e^{Nt} \sum_{i=1}^{n} \sum_{j=1}^{n} x_{sj} \int_{t}^{\infty} \frac{\Delta_{ij}}{\Delta} e^{-Nt} R_i^{(m_1, m_2, \ldots, m_k)} dt.$$

Supposons qu'en se servant de ces formules on ait trouvé des limites supérieures, valables pour toutes les valeurs positives de t, pour les modules des quantités

$$(31) \qquad Q_s^{(\mu_1, \mu_2, \ldots, \mu_k)},$$

où la somme des indices $\mu_1, \mu_2, \ldots, \mu_k$ est inférieure à m, et que ces limites supérieures, dans les cas où

$$\mu_1 + \mu_2 + \ldots + \mu_k \geqq l,$$

sont obtenues encore sous la forme

$$e^{-\eta t} Q^{(\mu_1, \mu_2, \ldots, \mu_k)},$$

les $Q^{(\mu_1, \mu_2, \ldots, \mu_k)}$ étant des constantes.

Formons à l'aide de ces limites des limites supérieures pour les modules de tous les $R_i^{(m_1, m_2, \ldots, m_k)}$ qui figurent dans les formules (30).

Pour cela nous remarquons que par la nature des expressions $R_i^{(m)}$ la quantité

$R_i^{(m_1, m_2, \ldots, m_k)}$ représente une fonction entière du $m^{\text{ième}}$ degré de celles des quantités (31) pour lesquelles la somme des indices μ_s est inférieure à m, et que les coefficients de cette fonction entière sont des formes linéaires à coefficients positifs de celles des quantités

$$P_i^{(\mu_1, \mu_2, \ldots, \mu_n)} \tag{32}$$

pour lesquelles la somme des indices $\mu_1, \mu_2, \ldots, \mu_n$ n'est pas supérieure à m. D'ailleurs, par rapport aux quantités (31), les degrés des termes de cette fonction ne sont pas au-dessous du deuxième.

Cela posé, si $R^{(m_1, m_2, \ldots, m_k)}$ est la constante que devient chacune des fonctions

$$R_1^{(m_1, m_2, \ldots, m_k)}, \quad R_2^{(m_1, m_2, \ldots, m_k)}, \quad \ldots, \quad R_n^{(m_1, m_2, \ldots, m_k)}$$

quand on y remplace les quantités (31) par les $Q^{(\mu_1, \mu_2, \ldots, \mu_k)}$ et les quantités (32) par certaines limites supérieures (indépendantes de i et de t) de leurs valeurs absolues, on aura, pour toutes les valeurs positives de t, ces inégalités

$$|R_i^{(m_1, m_2, \ldots, m_k)}| < e^{-2\eta t} R^{(m_1, m_2, \ldots, m_k)},$$

et les seconds membres représenteront les limites supérieures cherchées.

Maintenant, en nous servant des limites supérieures obtenues, nous tirons de la formule (30) cette inégalité

$$|Q_s^{(m_1, m_2, \ldots, m_k)}| < n K K' R^{(m_1, m_2, \ldots, m_k)} e^{Nt} \sum_{j=1}^{n} e^{-(\lambda_j - \varepsilon + \eta)t} \int_t^{\infty} e^{-(N - \lambda_j + \varepsilon)t}\, dt,$$

qui sera remplie pour toute valeur positive de t. D'ailleurs, en remarquant que

$$N - \lambda_j + \varepsilon = m_1(\lambda_1 - \varepsilon) + m_2(\lambda_2 - \varepsilon) + \ldots + m_k(\lambda_k - \varepsilon) - \lambda_j + \varepsilon > H$$

et que, par suite,

$$\int_t^{\infty} e^{-(N - \lambda_j + \varepsilon)t}\, dt < \frac{1}{H} e^{-(N - \lambda_j + \varepsilon)t},$$

nous pouvons la remplacer par celle-ci :

$$|Q_s^{(m_1, m_2, \ldots, m_k)}| < \frac{n^2 K K'}{H} R^{(m_1, m_2, \ldots, m_k)} e^{-\eta t}.$$

Nous en concluons que l'on peut poser

$$Q^{(m_1, m_2, \ldots, m_k)} = \frac{n^2 K K'}{H} R^{(m_1, m_2, \ldots, m_k)}$$

pour toutes les valeurs de $m_1, m_2, \ldots, m_k$ dont la somme n'est pas inférieure à l.

Or, en choisissant pour K et K' des quantités assez grandes, ou pour H une quantité assez petite, nous pouvons faire en sorte que les valeurs fournies par cette formule pour les Q, dans le cas où

$$1 < m_1 + m_2 + \ldots + m_k < l,$$

ne soient pas inférieures à celles qui ont été obtenues dans ce cas directement.

Par suite, en désignant par G une constante positive assez grande, nous pouvons prendre

$$(33) \qquad Q^{(m_1, m_2, \ldots, m_k)} = GR^{(m_1, m_2, \ldots, m_k)}$$

toutes les fois que la somme $m_1 + m_2 + \ldots + m_k$ est supérieure à 1; et quand cette somme est égale à 1, nous pouvons poser

$$Q^{(m_1, m_2, \ldots, m_k)} = K.$$

En le faisant, désignons par $x^{(m)}$ la somme

$$\sum Q^{(m_1, m_2, \ldots, m_k)} q_1^{m_1} q_2^{m_2} \ldots q_k^{m_k},$$

étendue à toutes les valeurs non négatives des entiers $m_1, m_2, \ldots, m_k$ qui satisfont à la condition

$$m_1 + m_2 + \ldots + m_k = m.$$

Alors, pour $m > 1$, l'égalité (33) donnera

$$x^{(m)} = GR^{(m)},$$

où $R^{(m)}$ est ce que devient $R_i^{(m)}$ quand on y remplace les $x_s^{(\mu)}$ par les $x^{(\mu)}$ et les quantités (32) par les limites supérieures adoptées plus haut.

Cela posé, la série

$$(34) \qquad x^{(1)} + x^{(2)} + x^{(3)} + \ldots,$$

ordonnée suivant les puissances croissantes des quantités q_s, possédera des termes, dont les modules seront supérieurs à ceux des termes correspondants des séries (26), pour toutes les valeurs positives de t (ils seront même supérieurs à ces modules multipliés par $e^{\gamma_1 t}$).

Or, la série (34) peut être considérée comme ordonnée suivant les puissances croissantes de la quantité

$$q_1 + q_2 + \ldots + q_k,$$

et si, conformément à ce qui a été observé au numéro précédent, nous prenons, pour limite supérieure des valeurs absolues des quantités (32), la suivante,

$$\frac{M}{A^{\mu_1+\mu_2+\ldots+\mu_n}},$$

notre série ne différera pas essentiellement de celle à laquelle nous sommes arrivé au n° **4**.

Donc, si nous nous arrêtons à cette hypothèse, on pourra certainement trouver un nombre positif q, tel que, $q_1, q_2, \ldots, q_k$ satisfaisant aux conditions

$$|q_s| \leqq q \qquad (s = 1, 2, \ldots, n),$$

la série (34) soit absolument convergente.

Le théorème est par conséquent démontré.

Corollaire. — *Il existe une constante positive* α, *telle que,* $\alpha_1, \alpha_2, \ldots, \alpha_k$ *satisfaisant aux conditions*

$$|\alpha_s| \leqq \alpha \qquad (s = 1, 2, \ldots, n),$$

les séries (25) *soient absolument convergentes pour toutes les valeurs positives de* t, *en représentant des fonctions continues de* t *vérifiant les équations* (1). *Ces fonctions,* t *croissant indéfiniment, tendront vers zéro.*

Remarque. — Si le système d'équations différentielles de la première approximation n'est pas régulier, alors, en désignant par S la somme de tous ses nombres caractéristiques et par μ le nombre caractéristique de la fonction $\frac{1}{\Delta}$, nous aurons

$$S + \mu = -\sigma,$$

où σ est un nombre positif.

Dans ce cas le nombre caractéristique de la fonction

$$\frac{\Delta_{ij}}{\Delta}$$

n'est pas inférieur à $-\lambda_j - \sigma$. Et en s'appuyant sur cela, on démontrera aisément que, si dans le cas considéré on forme, d'après la règle exposée au numéro précédent, des séries semblables à celles (25), le nombre caractéristique de la fonction

$$L_s^{(m_1, m_2, \ldots, m_k)}$$

ne sera pas inférieur à

$$-(m_1 + m_2 + \ldots + m_k - 1)\sigma.$$

Supposons que σ soit inférieur à chacun des nombres $\lambda_1, \lambda_2, \ldots, \lambda_k$.

Alors, par un choix convenable des nombres ε et η, on pourra satisfaire à toutes les inégalités

$$\lambda_s > \varepsilon > \eta > \frac{\varepsilon + \sigma}{2} \qquad (s = 1, 2, \ldots, k).$$

Et, ces dernières étant remplies, toutes les conditions de la démonstration précédente le seront également, ce dont il est facile de se convaincre, en tenant compte de ce que nous venons de dire au sujet des fonctions L.

Par suite, le théorème ne cessera pas d'être vrai quand le système d'équations différentielles de la première approximation n'est pas régulier, pourvu que chacun des nombres caractéristiques choisis pour la formation des séries (25) soit supérieur à σ, et que la condition $\varepsilon > 0$ y soit remplacée par celle $\varepsilon > \sigma$.

13. On peut tirer de ce qui vient d'être démontré les théorèmes suivants :

Théorème I. — *Si le système d'équations différentielles de la première approximation est régulier, et si tous ses nombres caractéristiques sont positifs, le mouvement non troublé est stable.*

Sous la condition indiquée on peut prendre $k = n$.

Alors, en désignant les valeurs des fonctions x_s pour $t = 0$ par les a_s et en faisant dans les équations (25) $t = 0$, nous aurons

$$a_s = f_s(\alpha_1, \alpha_2, \ldots, \alpha_n) \qquad (s = 1, 2, \ldots, n),$$

où les f_s sont des fonctions holomorphes des quantités α_j, devenant nulles pour

$$\alpha_1 = \alpha_2 = \ldots = \alpha_n = 0,$$

et d'ailleurs telles que leur déterminant fonctionnel par rapport aux quantités α_j ne s'annule pas quand tous les α_j s'annulent (car il prend alors la valeur du déterminant Δ pour $t = 0$).

Par suite, les équations précédentes sont résolubles par rapport aux quantités α_j, et quand les quantités a_s sont assez petites en valeurs absolues, nous pouvons en tirer

$$\alpha_s = \varphi_s(a_1, a_2, \ldots, a_n) \qquad (s = 1, 2, \ldots, n), \tag{35}$$

où les φ_s sont des fonctions holomorphes des quantités a_j, devenant nulles pour

$$a_1 = a_2 = \ldots = a_n = 0.$$

Soit x une quantité positive et arbitrairement petite.

Nous pouvons trouver une quantité positive r, telle que, pour toutes les valeurs des variables $q_1, q_2, \ldots, q_n$ satisfaisant aux conditions

$$|q_s| \leqq r \qquad (s = 1, 2, \ldots, n),$$

la série (27) (se rapportant à l'hypothèse que ε soit inférieur à chacun des nombres caractéristiques) soit absolument convergente, et que le module de sa somme soit inférieur à x.

Puis, nous pouvons trouver une quantité positive a, telle que, pour toutes les valeurs des quantités $a_1, a_2, \ldots, a_n$ satisfaisant aux conditions

$$(36) \qquad |a_s| \leqq a \qquad (s = 1, 2, \ldots, n),$$

les modules des quantités α_s, définies par les équations (35), ne soient pas plus grands que la quantité r.

Alors nous pouvons être certains que, si les circonstances initiales du mouvement troublé sont choisies conformément aux conditions (36), les inégalités

$$|x_s| < x \qquad (s = 1, 2, \ldots, n)$$

seront remplies pendant toute la durée du mouvement qui s'ensuit.

Et cela démontre le théorème.

Remarque. — Dans les conditions du théorème précédent, en tout mouvement troublé, assez proche du mouvement non troublé, les fonctions x_s, t croissant indéfiniment, tendent toutes vers zéro. Nous exprimerons cette circonstance en disant que *le mouvement troublé* (en tant qu'il est défini par les expressions des quantités x_s en fonction de t) *s'approche asymptotiquement du mouvement non troublé*.

Dans le même sens, nous parlerons aussi de mouvements s'approchant asymptotiquement d'un mouvement donné quelconque.

Théorème II. — *Si le système d'équations différentielles de la première approximation est régulier, et si, parmi ses nombres caractéristiques, il en existe de positifs, le mouvement non troublé jouira toujours d'une certaine stabilité conditionnelle. Alors, si le nombre des nombres caractéristiques positifs est k, il suffira, pour qu'il y ait stabilité, que les valeurs initiales a_1, $a_2, \ldots, a_n$ des fonctions inconnues satisfassent à certaines $n - k$ équations de la forme*

$$F_j(a_1, a_2, \ldots, a_n) = 0 \qquad (j = 1, 2, \ldots, n - k),$$

où les F_j sont des fonctions holomorphes des quantités a_s, s'annulant pour $a_1 = a_2 = \ldots = a_n = 0$. Ces équations sont d'ailleurs telles que l'on peut en *tirer tous les a_s comme des fonctions holomorphes réelles de certaines k quantités indépendantes réelles.*

Supposons que, pour former les séries (25), on ait pris, pour les équations (6), un système normal de solutions *réelles*.

Alors les calculs pourront être dirigés de telle manière que tous les coefficients L, dans ces séries, soient des fonctions réelles, et que, par suite, les α_j étant réels, les équations (25) définissent une solution reelle du système d'équations (1).

Cela posé, et en faisant, dans les équations (25), $t = 0$, nous aurons

$$a_s = f_s(\alpha_1, \alpha_2, \ldots, \alpha_k) \qquad (s = 1, 2, \ldots, n),$$

les f_s étant des fonctions holomorphes réelles des quantités α_j, s'annulant quand tous les α_j s'annulent. Ces fonctions seront d'ailleurs telles que, parmi les déterminants fonctionnels que l'on peut en déduire en combinant ces fonctions par groupes de k, il s'en trouvera au moins un qui ne s'annulera pas quand on pose

$$\alpha_1 = \alpha_2 = \ldots = \alpha_k = 0,$$

car ces déterminants se réduisent alors aux valeurs, correspondant à $t = 0$, des mineurs du déterminant Δ, formés avec les éléments des k premières lignes.

Par suite les $|a_s|$ étant assez petits, on peut tirer des équations précédentes celles-ci :

$$\alpha_j = \varphi_j(a_1, a_2, \ldots, a_n) \qquad (j = 1, 2, \ldots, k),$$

$$\text{(37)} \qquad F_s(a_1, a_2, \ldots, a_n) = 0 \qquad (s = 1, 2, \ldots, n - k),$$

où φ_j, F_s sont des fonctions holomorphes des quantités $a_1, a_2, \ldots, a_n$, devenant nulles quand toutes ces quantités s'annulent.

Pour pousser plus loin la démonstration, la marche serait la même que pour le théorème précédent, avec cette seule différence que nous devons avoir en vue ici $n - k$ équations (37) liant les quantités a_s.

On peut observer que, les perturbations étant assez petites, les mouvements troublés correspondant aux conditions (37) s'approcheront asymptotiquement du mouvement non troublé.

Remarque. — Si le système d'équations différentielles de la première approximation n'est pas régulier, mais qu'il possède k nombres caractéristiques supérieurs à la quantité σ (n° 12, remarque), il se trouvera $n - k$ conditions semblables aux précédentes, sous lesquelles le mouvement non troublé sera stable.

QUELQUES PROPOSITIONS GÉNÉRALES.

14. En passant maintenant à l'exposition des principes de la seconde méthode, appelons avant tout l'attention sur quelques conclusions générales qui peuvent être tirées de ce qui a été montré aux n°s 3 et 4.

Comme dans la Section précédente, nous allons considérer les équations (1) exclusivement dans l'hypothèse que pour les fonctions A_s, dont on a parlé aux n°s 2 et 4, t étant supérieur à sa valeur initiale t_0, il peut être assigné une limite inférieure non nulle A.

Dans cette hypothèse, en désignant par $a_1, a_2, \ldots, a_n$ des constantes choisies conformément aux inégalités

$$|a_s| < A,$$

considérons les fonctions x_s satisfaisant aux équations (1) et prenant les valeurs a_s pour $t = t_0$ (¹).

En nous basant sur ce qui précède, nous pouvons affirmer que de telles fonctions, au moins pour des valeurs de t assez proches de t_0, existent toujours et sont réelles, toutes les fois que les a_s sont réels (ce que nous supposerons ici), et que d'ailleurs on peut assigner une limite t_1, supérieure à t_0, telle que, dans l'intervalle de t_0 à t_1 inclusivement, ces fonctions soient représentées par des séries, ordonnées suivant les puissances entières et positives des constantes a_s.

Si les fonctions définies par ces séries satisfont pour $t = t_1$ aux inégalités

$$|x_s| < A \qquad (s = 1, 2, \ldots, n), \tag{38}$$

elles admettront des prolongements analytiques au delà de la limite t_1 et se représenteront alors par des séries semblables aux précédentes, qui seront ordonnées suivant les puissances des valeurs de ces fonctions pour $t = t_1$.

Ces nouvelles expressions des fonctions x_s ne seront valables en général que pour des valeurs de t ne dépassant pas une certaine limite t_2. Mais, si pour $t = t_2$ les inégalités (38) restent remplies, on pourra obtenir un nouveau prolongement analytique, sous forme de séries de même caractère.

(¹) En donnant les constantes a_s les fonctions x_s sont définies entièrement, au moins pour des valeurs de t assez voisines de t_0. Ceci résulte d'une proposition facile à démontrer, à savoir que, sauf la solution évidente

$$x_1 = x_2 = \ldots = x_n = 0,$$

le système (1) ne peut en avoir d'autre, où les valeurs initiales de toutes les fonctions inconnues seraient nulles.

De cette manière, en partant des valeurs initiales données a_s, on pourra suivre la variation continue de nos fonctions avec t, au moins tant que les inégalités (38) ne cessent d'être remplies.

Il peut arriver que, pour un certain choix des constantes a_s, ces inégalités seront remplies, si loin qu'on avance dans l'étude des fonctions x_s. Alors ces fonctions seront définies pour toutes les valeurs de t supérieures à t_0.

Dans d'autres cas, il existera pour t une limite supérieure t', telle que, pour $t = t'$, au moins une des inégalités (38) se changera en égalité.

Le prolongement analytique de nos fonctions au delà d'une telle limite t' exigerait certainement une recherche spéciale. Mais nous n'avons pas besoin de nous en occuper, attendu que pour notre but il suffira de considérer chaque mouvement troublé seulement tant que les quantités $|x_s|$ restent au-dessous des limites données aussi petites qu'on veut.

Dans tous les cas, on pourra choisir les constantes a_s suffisamment petites en valeurs absolues pour que nos expressions analytiques des fonctions x_s soient valables pour toutes les valeurs de t comprises entre t_0 et T, quelque grand que soit le nombre donné T, et pour que les valeurs $\xi_1, \xi_2, \ldots, \xi_n$ de ces fonctions pour $t = \mathrm{T}$ soient toutes aussi petites qu'on veut. D'ailleurs, si l'on voulait définir les fonctions x_s par leurs valeurs ξ_s pour $t = \mathrm{T}$, on pourrait, quelque grand que soit T, choisir les ξ_s assez petits en valeurs absolues pour qu'il y corresponde un seul système déterminé de valeurs initiales a_s, et pour que ces dernières soient toutes aussi petites qu'on le veut.

De cette dernière remarque il résulte que, pour la résolution des questions de stabilité, il suffira de ne considérer que les valeurs de t supérieures à une limite T, aussi grande qu'on veut, en remplaçant les valeurs initiales des fonctions x_s par leurs valeurs correspondant à $t = \mathrm{T}$.

Nous ne considérerons dans la suite les fonctions x_s que tant que les inégalités (38) ne cessent d'être remplies, et, en parlant des limites pour les quantités $|x_s|$, nous supposerons toujours ces limites inférieures à A.

15. Nous allons considérer ici des fonctions réelles des variables réelles

$$x_1, \quad x_2, \quad \ldots, \quad x_n, \quad t, \tag{39}$$

assujetties à des conditions de la forme

$$t \geqq \mathrm{T}, \qquad |x_s| \leqq \mathrm{H} \qquad (s = 1, 2, \ldots, n), \tag{40}$$

où T et H sont des constantes, qui pourront être supposées, la première, aussi grande qu'on veut, la seconde, aussi petite qu'on veut (mais non nulle).

D'ailleurs, nous parlerons seulement des fonctions qui, sous les conditions (40), restent continues et uniformes, et *qui s'annulent pour*

$$x_1 = x_2 = \ldots = x_n = 0.$$

Ces propriétés seront communes à toutes les fonctions que nous allons considérer (lors même qu'il n'en sera pas dit expressément). Mais nos fonctions pourront encore posséder certaines propriétés plus spéciales, et, quand il faudra le mettre en évidence, nous nous servirons de certaines expressions abrégées, dont nous allons tout d'abord définir le sens.

Supposons que la fonction considérée V soit telle que, sous les conditions (40), T étant assez grand et H suffisamment petit, elle ne puisse recevoir que des valeurs d'un seul signe.

Nous dirons alors que c'est une *fonction de signe fixe;* et quand il faudra indiquer son signe, nous dirons que c'est une *fonction positive* ou une *fonction négative*.

Si, de plus, la fonction V ne dépend pas de t, et si la constante H peut être choisie assez petite pour que, sous les conditions (40), l'égalité $V = 0$ ne puisse avoir lieu que si l'on a

$$x_1 = x_2 = \ldots = x_n = 0,$$

nous appellerons la fonction V, comme s'il s'agissait d'une forme quadratique, *fonction définie,* ou bien, en voulant appeler l'attention sur son signe, *fonction définie positive* ou *définie négative*.

Pour ce qui concerne les fonctions dépendant de t, nous nous servirons encore de ces termes. Mais alors nous appellerons la fonction V *définie* seulement à la condition qu'on puisse trouver une fonction W indépendante de t, qui soit définie positive et d'ailleurs telle que l'une des deux expressions

$$V - W \qquad \text{ou} \qquad -V - W$$

soit une fonction positive.

De cette façon, chacune des deux fonctions

$$x_1^2 + x_2^2 - 2x_1x_2\cos t, \qquad t(x_1^2 + x_2^2) - 2x_1x_2\cos t$$

sera de signe fixe. Mais la première n'est que de signe fixe, tandis que la seconde, si $n = 2$, est en même temps définie.

Nous appellerons *limitée* toute fonction V pour laquelle la constante H peut être choisie suffisamment petite pour que, sous les conditions (40), il existe une limite supérieure pour $|V|$.

En vertu des propriétés que possèdent toutes les fonctions que nous considérons ici, il en sera évidemment ainsi de toute fonction indépendante de t.

Une fonction limitée peut être telle que, ε étant un nombre positif choisi arbitrairement, on puisse assigner un autre nombre positif h, assez petit pour que, les variables satisfaisant aux conditions

$$t \geqq T, \qquad |x_s| \leqq h \qquad (s = 1, 2, \ldots, n),$$

on ait

$$|V| \leqq \varepsilon.$$

Telle sera, par exemple, toute fonction indépendante de t. Mais les fonctions dépendant de t, quoique limitées, peuvent ne pas satisfaire à la condition énoncée. C'est ce qui se présente, par exemple, pour la fonction

$$\sin[(x_1 + x_2 + \ldots + x_n)t].$$

Quand pour une fonction V la condition précédente sera remplie, nous dirons qu'elle *admet une limite supérieure infiniment petite*.

Telle est, par exemple, la fonction

$$(x_1 + x_2 + \ldots + x_n)\sin t.$$

Soit V une fonction admettant une limite supérieure infiniment petite. Alors, si nous savons que les variables satisfont aux conditions

$$t \geqq T, \qquad |V| \geqq l,$$

où l est un nombre positif, nous pourrons en conclure qu'il existe un autre nombre positif λ, auquel ne peut être inférieure la plus grande des quantités

$$|x_1|, \quad |x_2|, \quad \ldots, \quad |x_n|.$$

En même temps que la fonction V nous aurons à considérer souvent l'expression

$$V' = \frac{\partial V}{\partial x_1} X_1 + \frac{\partial V}{\partial x_2} X_2 + \ldots + \frac{\partial V}{\partial x_n} X_n + \frac{\partial V}{\partial t},$$

représentant sa dérivée totale par rapport à t, prise dans l'hypothèse que x_1, x_2, ..., x_n sont des fonctions de t satisfaisant aux équations différentielles du mouvement troublé.

Dans de pareils cas, nous supposerons toujours la fonction V telle que V', comme fonction des variables (39), soit continue et uniforme sous les conditions (40).

En parlant dans la suite de dérivée d'une fonction V, nous sous-entendrons qu'il s'agit de la dérivée totale en question.

16. Tout le monde connaît le théorème de Lagrange sur la stabilité de l'équi-

libre dans le cas où il existe une fonction de forces, ainsi que la démonstration élégante qui en a été proposée par Lejeune-Dirichlet. Cette dernière repose sur des considérations qui peuvent servir pour la démonstration de beaucoup d'autres théorèmes analogues.

En nous guidant par ces considérations, nous allons établir ici les propositions suivantes :

Théorème I. — *Si les équations différentielles du mouvement troublé sont telles qu'il est possible de trouver une fonction définie* V, *dont la dérivée* V' *soit une fonction de signe fixe et contraire à celui de* V, *ou se réduise identiquement à zéro, le mouvement non troublé est stable.*

Admettons, pour fixer les idées, que la fonction trouvée V soit définie positive et que sa dérivée V' représente une fonction négative ou soit identiquement nulle.

Alors on pourra trouver des constantes T et H telles que, pour toutes les valeurs des variables $x_1, x_2, \ldots, x_n, t$ qui satisfont aux conditions $t \geqq T$ et

$$(41) \qquad |x_s| \leqq H \qquad (s = 1, 2, \ldots, n),$$

on ait les inégalités suivantes :

$$(42) \qquad V' \leqq 0, \qquad V \geqq W,$$

où W est une certaine fonction positive des variables x_s, indépendante de t et ne s'annulant dans les conditions (41) que pour $x_1 = x_2 = \ldots = x_n = 0$.

En considérant les quantités x_s comme des fonctions de t satisfaisant aux équations différentielles du mouvement troublé, supposons que les valeurs ξ_s de ces fonctions pour $t = T$ satisfassent aux conditions (41) avec des signes d'inégalité. Alors, en vertu de la continuité de ces fonctions, les conditions (41) seront remplies pour toutes les valeurs de t assez voisines de T.

Cela posé, ne considérons que des valeurs de t non inférieures à T.

Alors, en désignant la valeur de la fonction V pour $t = T$ par V_0 et tenant compte de l'égalité

$$(43) \qquad V - V_0 = \int_T^t V'\, dt,$$

nous pourrons conclure que, si dans l'intervalle de T à t les conditions (41) sont constamment remplies, les fonctions x_s, dans le même intervalle, satisferont certainement à la condition

$$(44) \qquad W \leqq V_0,$$

dont on peut rendre le second membre aussi petit qu'on le veut, en faisant tous es ξ_s assez petits en valeurs absolues.

Désignons par x la plus grande des quantités $|x_1|, |x_2|, \ldots, |x_n|$ et par ε un nombre positif aussi petit qu'on veut (et, d'ailleurs, plus petit que H), et considérons tous les systèmes possibles de valeurs des quantités x_s satisfaisant à la condition

$$(45) \qquad x = \varepsilon.$$

Soit l la limite inférieure *précise* de la fonction W (comme fonction des variables indépendantes $x_1, x_2, \ldots, x_n$) sous cette condition.

Le nombre l sera nécessairement différent de zéro et positif, car, par la nature même de la fonction W, cette fonction ne peut devenir, sous la condition (45), ni négative, ni nulle, et que l, en vertu de la continuité de cette fonction, est nécessairement une des valeurs qu'elle peut prendre sous ladite condition.

Par suite, on pourra toujours rendre V_0 moindre que l, et d'ailleurs on pourra trouver un nombre positif λ, tel que l'inégalité $V_0 < l$ soit remplie toutes les fois que les ξ_s satisfont aux conditions

$$(46) \qquad |\xi_s| \leqq \lambda \qquad (s = 1, 2, \ldots, n).$$

Cela posé, admettons que les quantités ξ_s soient effectivement choisies d'après les conditions (46).

Comme le nombre λ est nécessairement inférieur à ε, les fonctions x_s satisferont alors aux inégalités

$$(47) \qquad |x_s| < \varepsilon \qquad (s = 1, 2, \ldots, n)$$

pour toutes les valeurs de t assez voisines de T.

Or, ces fonctions, qui varient continûment avec t, ne peuvent cesser de satisfaire aux inégalités (47) qu'après avoir atteint des valeurs satisfaisant à la condition (45). Et cela, vu que $V_0 < l$, est incompatible avec la condition (44).

Nous devons donc conclure que, quelles que soient les ξ_s, satisfaisant aux conditions (46), les fonctions x_s satisferont aux inégalités (47) pour toutes les valeurs de t supérieures à T.

De cette manière, nous pouvons regarder notre théorème comme démontré.

On voit que le théorème de Lagrange n'en est qu'un cas particulier.

Remarque I. — Si, pour les équations différentielles du mouvement troublé, on connaissait un certain nombre d'intégrales $U_1, U_2, \ldots, U_m$ (s'annulant, comme toutes les fonctions considérées ici, pour $x_1 = x_2 = \ldots = x_n = 0$), et si la fonction trouvée V ne satisfaisait aux conditions (42) (avec l'acception précédente de la lettre W) que pour des valeurs des variables soumises aux conditions

$$U_1 = 0, \quad U_2 = 0, \quad \ldots, \quad U_m = 0,$$

on pourrait conclure que le mouvement non troublé est stable au moins pour des perturbations qui satisfont à ces dernières conditions.

Le cas où la fonction V elle-même est une des intégrales, et où les fonctions V, $U_1, U_2, \ldots, U_m$ ne dépendent pas explicitement de t, constitue une proposition indiquée par Routh (¹).

Remarque II. — Si la fonction V, tout en satisfaisant aux conditions du théorème, admet une limite supérieure infiniment petite, et si sa dérivée représente une fonction définie, on peut démontrer que tout mouvement troublé, assez voisin du mouvement non troublé, s'en approchera asymptotiquement.

Dans ce but, considérons un mouvement troublé quelconque, où les quantités ξ_s sont assez petites en valeurs absolues pour que les conditions (41) soient remplies constamment à partir du moment $t = T$.

On se convainc facilement, en tenant compte des propriétés admises de la fonction V (que nous supposons, comme précédemment, définie positive), que, si la constante H est assez petite, il est impossible de trouver un nombre positif l qui soit inférieur à toutes les valeurs que la fonction V prend dans ce mouvement pour $t > T$.

En effet, si un pareil nombre existait, on pourrait trouver, vu que la fonction V admet une limite supérieure infiniment petite, un autre nombre positif λ, tel qu'on eût $x > \lambda$ (x représentant comme précédemment la plus grande des quantités $|x_s|$) pour toutes les valeurs de t supérieures à T. Et alors, pour la fonction $-V'$, il existerait, dans les mêmes conditions, une limite inférieure non nulle l'.

En effet, la fonction $-V'$, conformément à ce qu'on a admis, est définie positive. On peut donc toujours supposer les constantes T et H telles que, pour $t \geqq T$ et $x \leqq H$, on ait $-V' \geqq W'$, où W' est une certaine fonction positive des variables x_s, indépendante de t et ne s'annulant sous la condition $x \leqq H$ que dans le cas où $x = 0$. Or, ce dernier cas sera exclu si l'on assujettit les x_s à vérifier la condition

$$\lambda \leqq x \leqq H.$$

Donc, sous cette condition, la fonction W' admettra une certaine limite inférieure non nulle l'.

Or, si pour $t > T$ on a constamment $-V' > l'$, l'égalité (43) donnera

$$V < V_0 - l'(t - T)$$

(¹) *The advanced part of a Treatise on the Dynamics of a system of rigid bodies*, 4ᵉ édition, 1884, p. 52-53.

pour toutes les valeurs de t qui surpassent T. Et ceci est impossible, car le premier membre de l'inégalité est une fonction positive de t et le second devient négatif dès que t est suffisamment grand.

Ainsi, quelque petit que soit le nombre l, il arrivera toujours un moment où la fonction V deviendra inférieure à l. Et comme c'est une fonction décroissante de t, elle demeurera ensuite constamment inférieure à l.

Par suite, quelque petit que soit le nombre positif ε, il arrivera toujours un moment où la fonction V deviendra et restera ensuite inférieure à la limite inférieure exacte de la fonction W sous la condition

$$\varepsilon \leqq x \leqq H.$$

Et, au moins à partir de ce moment, les fonctions x_s resteront toujours en valeurs absolues inférieures à ε.

Nous en concluons que, les ξ_s étant suffisamment petits en valeurs absolues, les fonctions x_s tendront pour $t = \infty$ vers zéro.

Théorème II. — *Soit* V *une fonction des variables* x_s, t, *possédant les propriétés suivantes :*

1° *Elle admet une limite supérieure infiniment petite;*

2° *Sa dérivée* V′ *est une fonction définie;*

3° *Pour toute valeur de* t *supérieure à une certaine limite, la fonction* V *est susceptible de prendre le signe de* V′, *quelque petits que soient les* x_s *en valeurs absolues.*

Si une pareille fonction V *peut être formée à l'aide des équations différentielles du mouvement troublé, le mouvement non troublé est instable.*

Admettons que l'on ait trouvé une fonction V satisfaisant à ces conditions, et que sa dérivée V′ soit définie positive.

On pourra alors assigner des constantes T et H telles que, pour toutes les valeurs des variables satisfaisant aux conditions $t \geqq T$ et

$$(48) \qquad |x_s| \leqq H \qquad (s = 1, 2, \ldots, n),$$

on ait

$$(49) \qquad V' \geqq W, \qquad |V| < L,$$

où L est une constante positive et W une fonction des variables x_s indépendante de t, positive et ne s'annulant que si tous les x_s sont nuls.

Cela posé, admettons que les valeurs ξ_s des fonctions x_s pour $t = T$ satisfont aux conditions (48) avec des signes d'inégalité. Alors, en désignant la valeur de la fonction V pour la même valeur de t par V_0 et en nous reportant à l'égalité

$$V - V_0 = \int_T^t V' \, dt, \tag{50}$$

nous en déduirons

$$V \geqq V_0 \tag{51}$$

pour toutes les valeurs de t surpassant T et telles que, dans l'intervalle de T à t, les conditions (48) ne cessent d'être remplies.

Nous remarquons maintenant que, d'après la troisième propriété de la fonction V, on peut supposer la constante T suffisamment grande pour que, par un choix convenable des quantités ξ_s assujetties aux inégalités

$$|\xi_s| < \varepsilon \qquad (s = 1, 2, \ldots, n),$$

où ε est un nombre positif aussi petit que l'on veut, on puisse rendre la constante V_0 positive.

Or, si V_0 est une quantité positive, on pourra trouver, d'après la première propriété de la fonction V, un nombre positif λ qui soit inférieur à toutes les valeurs que la plus grande x des quantités $|x_s|$ peut recevoir sous la condition (51), t étant plus grand que T. Et alors, si l'on désigne par l un nombre positif quelconque qui soit inférieur à toutes les valeurs possibles pour la fonction W sous la condition

$$\lambda \leqq x \leqq H,$$

on aura, d'après (50) et (49),

$$V > V_0 + l(t - T), \tag{52}$$

et cette inégalité aura lieu pour $t > T$, pourvu que, dans l'intervalle de T à t, les conditions (48) soient constamment remplies.

Or, sous les mêmes conditions, la fonction V reste en valeur absolue au-dessous d'un nombre L, et cela ne peut avoir lieu simultanément avec l'inégalité (52) que pour des valeurs de t inférieures au nombre

$$\tau = T + \frac{L - V_0}{l}.$$

On doit donc admettre que, dans l'intervalle de T à τ, il existe une valeur de t à partir de laquelle au moins une des conditions (48) cesse d'être constamment remplie.

De cette manière nous arrivons à la conclusion que, si petit que soit le nombre ε, que ne doivent pas surpasser les valeurs absolues des quantités ξ_s, ces quantités peuvent toujours être choisies de telle façon que, pendant le mouvement qui s'ensuit, au moins une des quantités $|x_s|$ atteigne une limite *fixe* H. Et c'est ainsi que se manifeste l'instabilité du mouvement non troublé.

Exemple I. — Supposons que le système donné d'équations différentielles du mouvement troublé ait la forme suivante :

$$\frac{dx_1}{dt} = \frac{\partial V}{\partial x_1}, \qquad \frac{dx_2}{dt} = \frac{\partial V}{\partial x_2}, \qquad \ldots, \qquad \frac{dx_n}{dt} = \frac{\partial V}{\partial x_n},$$

où V est une fonction holomorphe des variables $x_1, x_2, \ldots, x_n$, ne dépendant pas explicitement de t et ne contenant pas dans son développement de termes au-dessous du second degré.

En vertu de ces équations nous avons

$$\frac{dV}{dt} = \left(\frac{\partial V}{\partial x_1}\right)^2 + \left(\frac{\partial V}{\partial x_2}\right)^2 + \ldots + \left(\frac{\partial V}{\partial x_n}\right)^2.$$

Nous pouvons donc conclure que, si V est une fonction définie négative, le mouvement non troublé sera stable. Au contraire, ce mouvement sera instable chaque fois que V n'est pas une telle fonction, à moins que l'on ne se trouve dans le cas où l'on peut satisfaire au système d'équations

$$\frac{\partial V}{\partial x_1} = 0, \qquad \frac{\partial V}{\partial x_2} = 0, \qquad \ldots, \qquad \frac{\partial V}{\partial x_n} = 0$$

par des valeurs réelles (non égales à zéro simultanément, mais aussi petites que l'on veut) des variables x_s.

Ce dernier cas sera incertain et demandera une recherche particulière. Du reste, il ne se présentera que si le hessien de la fonction V devient nul quand on pose

$$x_1 = x_2 = \ldots = x_n = 0.$$

Exemple II. — Considérons le système suivant d'équations différentielles d'ordre $2k$:

$$\frac{d}{dt}\frac{\partial F}{\partial x'_s} - \frac{\partial F}{\partial x_s} = 0, \qquad \frac{dx_s}{dt} = x'_s \qquad (s = 1, 2, \ldots, k),$$

où

$$F = \frac{1}{2}\sum_{i=1}^{k} x_i'^2 + \frac{1}{2}\sum_{i=1}^{k}\sum_{j=1}^{k} v_{ij}x'_i x'_j + U,$$

$v_{ij} = v_{ji}$ et U étant des fonctions holomorphes des variables $x_1, x_2, \ldots, x_k$, indépendantes de t et s'annulant quand toutes ces variables deviennent nulles. D'ailleurs, la fonction U est supposée telle que son développement ne contient pas de termes au-dessous du second degré.

Ce système se ramène évidemment au type de systèmes d'équations différentielles du mouvement troublé que nous considérons ici.

Soit

$$U = U_m + U_{m+1} + \ldots,$$

où U_i désigne, d'une façon générale, une fonction entière et homogène des quantités $x_1, x_2, \ldots, x_k$ de degré i.

Alors, en faisant

$$V = x_1 \frac{\partial F}{\partial x'_1} + x_2 \frac{\partial F}{\partial x'_2} + \ldots + x_k \frac{\partial F}{\partial x'_k},$$

nous aurons, en vertu de nos équations,

$$\begin{aligned}\frac{dV}{dt} &= \sum_{s=1}^{k} x_s \frac{\partial F}{\partial x_s} + \sum_{s=1}^{k} x'_s \frac{\partial F}{\partial x'_s} \\ &= \sum_{i=1}^{k} x_i'^2 + \sum_{i=1}^{k} \sum_{j=1}^{k} \left(v_{ij} + \frac{1}{2} \sum_{s=1}^{k} x_s \frac{\partial v_{ij}}{\partial x_s} \right) x'_i x'_j + m\, U_m + (m+1)\, U_{m+1} + \ldots.\end{aligned}$$

Supposons que U_m soit une fonction définie positive des variables $x_1, x_2, \ldots, x_k$ (ce qui exige que m soit un nombre pair).

Alors cette expression $\frac{dV}{dt}$ sera une fonction définie positive des variables x_1, $x_2, \ldots, x_k, x'_1, x'_2, \ldots, x'_k$, et toutes les conditions du théorème II seront remplies. Nous conclurons donc que le mouvement non troublé est instable.

Le cas considéré ici peut se présenter, par exemple, dans la question de la stabilité de l'équilibre (dans le sens ordinaire), quand il existe une fonction de forces (fonction U).

Chaque fois que pour une position d'équilibre la fonction de forces devient minimum, et que ce minimum se reconnaît par les termes de degré le moins élevé qu'on puisse trouver dans le développement de l'accroissement de cette fonction suivant les puissances des accroissements des coordonnées, nous conclurons que l'équilibre est instable.

THÉORÈME III. — *Soit* V *une fonction des variables* x_s, t, *possédant les propriétés suivantes :*

1° *C'est une fonction limitée;*

2° *Sa dérivée* V' *est de la forme*

$$V' = \lambda V + W, \tag{53}$$

λ étant une constante positive et W *une fonction de signe fixe* (laquelle fonction peut du reste se réduire identiquement à zéro);

3° *Pour toute valeur de t supérieure à une certaine limite, la fonction* V *est susceptible de prendre le signe de* W (en supposant que W n'est pas identiquement nul), *quelque petits que soient les x_s en valeurs absolues.*

Si les équations différentielles du mouvement troublé permettent de former une pareille fonction V, *le mouvement non troublé est instable.*

Supposons que la fonction trouvée V, satisfaisant à ces conditions, soit telle que W soit une fonction positive.

Alors on pourra choisir les nombres T et H de telle manière que, pour les valeurs des variables satisfaisant aux conditions $t \geqq T$,

$$(54) \qquad |x_s| \leqq H \qquad (s = 1, 2, \ldots, n),$$

on ait

$$|V| < L, \qquad W \geqq 0,$$

où L est une constante positive. On pourra d'ailleurs supposer le nombre T assez grand pour que, par un choix convenable des valeurs ξ_s que doivent prendre les fonctions x_s pour $t = T$, et en laissant tous les $|\xi_s|$ aussi petits qu'on veut, on puisse rendre positive la valeur correspondante V_0 de la fonction V.

Ne considérant que des valeurs de t non inférieures à T, et en nous reportant à l'égalité (53), nous en conclurons que, si l'on considère V, en vertu des équations différentielles du mouvement, comme fonction de t, cette fonction vérifiera l'inégalité

$$\frac{dV}{dt} - \lambda V \geqq 0,$$

pour toutes les valeurs de t pour lesquelles les conditions (54) restent remplies.

Donc, si de T à t ces conditions ne cessent d'être remplies, nous aurons

$$V \geqq V_0 e^{\lambda(t-T)}$$

et, par suite,

$$L > V_0 e^{\lambda(t-T)}.$$

Or, V_0 étant positif, cette dernière inégalité ne peut avoir lieu que pour des valeurs de t inférieures à la quantité

$$\tau = T + \frac{1}{\lambda} \log \frac{L}{V_0}.$$

Donc, dans l'intervalle de T à τ les conditions (54) ne peuvent être constamment remplies.

De là, comme dans la démonstration du théorème précédent, nous concluons que le mouvement non troublé est instable.

En faisant varier les conditions auxquelles doivent satisfaire les fonctions cherchées, on pourrait certainement proposer beaucoup d'autres théorèmes semblables aux précédents. Mais, pour les applications que nous avons en vue, les théorèmes que nous avons donnés sont pleinement suffisants. C'est pourquoi nous pouvons nous y borner.

Remarque. — Jusqu'à présent, nous avons supposé que, pour les variables x_s, toutes les valeurs réelles suffisamment petites soient possibles. Mais il peut se rencontrer des cas où, d'après la signification même de ces variables, à quelques-unes d'entre elles il ne pourra convenir que des valeurs d'un signe déterminé (nous ne considérerons pas des conditions plus complexes).

Pour qu'il en soit ainsi, les équations différentielles (1) doivent être telles que ces conditions, qui seront de la forme

$$x_i \geqq 0, \qquad x_j \leqq 0, \tag{55}$$

soient remplies pendant toute la durée du mouvement, dès qu'on les suppose remplies au moment initial.

Dans de pareils cas, en appliquant les théorèmes II et III, il faudra prendre garde pour que la fonction V ne perde pas la troisième propriété, quand on tient compte des conditions (55). Du reste, on pourra sous-entendre ces conditions dans toutes les définitions et dans toutes les propositions précédentes, ainsi que nous l'avons fait pour ce qui concerne les conditions (40).

CHAPITRE II.

ÉTUDE DES MOUVEMENTS PERMANENTS.

DES ÉQUATIONS DIFFÉRENTIELLES LINÉAIRES A COEFFICIENTS CONSTANTS.

17. Considérons le système d'équations différentielles linéaires

$$\frac{dx_s}{dt} = p_{s1}x_1 + p_{s2}x_2 + \ldots + p_{sn}x_n \qquad (s = 1, 2, \ldots, n) \tag{1}$$

à coefficients constants $p_{s\sigma}$.

L'intégration de ce système dépend de la résolution de l'équation algébrique

$$\begin{vmatrix} p_{11}-\varkappa & p_{12} & \ldots & p_{1n} \\ p_{21} & p_{22}-\varkappa & \ldots & p_{2n} \\ \ldots & \ldots\ldots & \ldots & \ldots \\ p_{n1} & p_{n2} & \ldots & p_{nn}-\varkappa \end{vmatrix} = 0,$$

du $n^{\text{ième}}$ degré relativement à l'inconnue $\varkappa$.

Nous appellerons cette équation *déterminante*, et le déterminant constituant son premier membre sera dit *fondamental*. En considérant ce dernier comme une fonction de $\varkappa$, nous le désignerons par $D(\varkappa)$.

A chaque racine de l'équation déterminante correspond une solution du système (1) de la forme

$$(2) \qquad x_1 = K_1 e^{\varkappa t}, \quad x_2 = K_2 e^{\varkappa t}, \quad \ldots, \quad x_n = K_n e^{\varkappa t},$$

où les K_s sont des constantes, parmi lesquelles au moins quelques-unes sont différentes de zéro; et, quand l'équation déterminante n'a pas de racines multiples, on aura, en considérant toutes ses racines, n solutions de la forme (2), qui seront indépendantes.

Dans le cas des racines multiples, le système d'équations (1) admettra, en général, des solutions du type suivant :

$$x_1 = f_1(t)e^{\varkappa t}, \quad x_2 = f_2(t)e^{\varkappa t}, \quad \ldots, \quad x_n = f_n(t)e^{\varkappa t},$$

où $f_s(t)$ sont des fonctions entières de t, dont les degrés ne dépassent pas le nombre qu'on obtient en diminuant d'une unité le degré de multiplicité de la racine $\varkappa$.

Si l'on considère les solutions du type (2) comme étant renfermées dans ce dernier type, à chaque racine $\varkappa$ de degré de multiplicité μ correspondront μ solutions indépendantes d'une telle forme.

D'ailleurs, si parmi ces solutions il s'en trouve une telle que les degrés au moins de quelques-unes des fonctions $f_s(t)$ atteignent leur limite supérieure $\mu-1$, on pourra, en partant de cette solution, obtenir toutes les μ solutions indépendantes qui correspondent à la racine $\varkappa$. Il n'y aura, à cet effet, qu'à remplacer les fonctions $f_s(t)$ par leurs dérivées $f_s^{(r)}(t)$ par rapport à t de divers ordres. De cette manière on parviendra aux μ solutions indépendantes suivantes :

$$\begin{array}{llll} f_1(t)e^{\varkappa t}, & f_2(t)e^{\varkappa t}, & \ldots, & f_n(t)e^{\varkappa t}, \\ f_1'(t)e^{\varkappa t}, & f_2'(t)e^{\varkappa t}, & \ldots, & f_n'(t)e^{\varkappa t}, \\ \ldots\ldots, & \ldots\ldots, & \ldots, & \ldots\ldots, \\ f_1^{(\mu-1)}(t)e^{\varkappa t}, & f_2^{(\mu-1)}(t)e^{\varkappa t}, & \ldots, & f_n^{(\mu-1)}(t)e^{\varkappa t}. \end{array}$$

Nous dirons que, dans ce cas, il correspond à la racine $\varkappa$ un seul groupe de solutions.

Ce cas se présentera chaque fois que la racine considérée $\varkappa$ ne rend pas nul au moins *un* des mineurs premiers du déterminant fondamental.

Il peut arriver que la racine $\varkappa$, de degré de multiplicité μ, rende nuls tous les mineurs de ce déterminant, jusqu'à l'ordre $k-1$ inclusivement, sans annuler au moins un des mineurs d'ordre k.

Alors à cette racine il correspondra k groupes de solutions indépendantes, formés semblablement au groupe ci-dessus.

Le nombre k a pour limite supérieure le nombre μ. Cette limite peut être atteinte, et alors toutes les solutions correspondant à la racine $\varkappa$ seront du type (2).

On peut regarder tous ces théorèmes comme si bien connus de tous, qu'il serait superflu d'en donner des démonstrations, qui d'ailleurs ne présentent pas les moindres difficultés.

Remarquons que, $\varkappa_1, \varkappa_2, \ldots, \varkappa_n$ étant toutes les racines de l'équation déterminante, les parties réelles des nombres

$$-\varkappa_1, \quad -\varkappa_2, \quad \ldots, \quad -\varkappa_n$$

représenteront pour les équations (1) ce que nous avons appelé les *nombres caractéristiques du système d'équations différentielles linéaires*.

18. Pour le système d'équations (1) on peut trouver n intégrales indépendantes de la forme

$$y_1 x_1 + y_2 x_2 + \ldots + y_n x_n,$$

où les y_s sont des fonctions de t.

Ces fonctions satisferont au système d'équations

$$\frac{dy_s}{dt} + p_{1s} y_1 + p_{2s} y_2 + \ldots + p_{ns} y_n = 0 \qquad (s = 1, 2, \ldots, n) \tag{3}$$

adjoint à (1), et, si

$$\begin{matrix} y_{11}, & y_{21}, & \ldots, & y_{n1}, \\ y_{12}, & y_{22}, & \ldots, & y_{n2}, \\ \ldots, & \ldots, & \ldots, & \ldots, \\ y_{1n}, & y_{2n}, & \ldots, & y_{nn} \end{matrix}$$

est un système quelconque de n solutions indépendantes du système adjoint, les n fonctions

$$\begin{gathered} y_{11}x_1 + y_{21}x_2 + \ldots + y_{n1}x_n, \\ y_{12}x_1 + y_{22}x_2 + \ldots + y_{n2}x_n, \\ \ldots\ldots\ldots\ldots\ldots\ldots, \\ y_{1n}x_1 + y_{2n}x_2 + \ldots + y_{nn}x_n \end{gathered}$$

seront des intégrales indépendantes du système (1).

Le déterminant fondamental du système d'équations (3) s'obtient en remplaçant, dans le déterminant fondamental du système (1), $\varkappa$ par $-\varkappa$ et en le multipliant par $(-1)^n$. Il en résulte que les racines de l'équation déterminante du système (3) ne différeront que par les signes des racines de l'équation déterminante du système (1).

Soient

$$-\varkappa_1, \quad -\varkappa_2, \quad \ldots, \quad -\varkappa_k$$

toutes les racines de l'équation déterminante du système (3), dans l'hypothèse que chaque racine multiple est répétée autant de fois qu'il lui correspond de groupes de solutions.

Alors, à chacun des nombres $-\varkappa_s$ on pourra faire correspondre un groupe de solutions, en sorte que toutes les solutions considérées soient indépendantes.

Soit n_s le nombre de solutions dans le groupe correspondant à la racine $-\varkappa_s$, de sorte qu'on ait

$$n_1 + n_2 + \ldots + n_k = n.$$

En prenant pour les quantités $y_{s\sigma}$ les fonctions entrant dans la composition de ces groupes, nous aurons, pour chaque racine $-\varkappa_s$, les n_s intégrales suivantes du système d'équations (1) :

$$(4) \qquad \left(z_1^{(s)}\frac{t^m}{m!} + z_2^{(s)}\frac{t^{m-1}}{(m-1)!} + \ldots + z_m^{(s)}t + z_{m+1}^{(s)}\right)e^{-\varkappa_s t} \qquad (m = 0, 1, 2, \ldots, n_s - 1),$$

où les $z_j^{(s)}$ sont des formes linéaires relativement aux quantités $x_1, x_2, \ldots, x_n$ avec des coefficients constants et $m!$ représente, suivant l'usage, le produit $1.2.3\ldots m$, quand m n'est pas nul, et 1, quand $m = 0$.

Les n intégrales que nous obtiendrons, en donnant ici à s toutes les valeurs entières de 1 à k inclusivement, seront, dans notre hypothèse, indépendantes.

Il en résulte que les n formes $z_j^{(s)}$ seront nécessairement aussi indépendantes, et l'on pourra, par conséquent, les prendre pour nouvelles fonctions inconnues au lieu de $x_1, x_2, \ldots, x_n$.

En le faisant, nous obtenons les équations suivantes :

$$(5) \qquad \left\{\begin{aligned} \frac{dz_1^{(s)}}{dt} &= \varkappa_s z_1^{(s)} \\ \frac{dz_j^{(s)}}{dt} &= \varkappa_s z_j^{(s)} - z_{j-1}^{(s)} \end{aligned}\right. \qquad \left(\begin{aligned} j &= 2, 3, \ldots, n_s \\ s &= 1, 2, \ldots, k \end{aligned}\right),$$

auxquelles évidemment doivent satisfaire les quantités $z_j^{(s)}$, les expressions (4) représentant les intégrales des équations (1).

On en conclut que, par une substitution linéaire à coefficients constants, le système (1) peut être ramené à la forme (5).

Supposons que tous les coefficients $p_{s\sigma}$ dans les équations (1) soient des nombres réels, et que, dans les transformations de ces équations, on ne veuille considérer que des substitutions à des coefficients également réels. Alors la transformation précédente ne sera possible que si toutes les racines de l'équation déterminante du système (1) sont des nombres réels. Et quant au cas où il existe des racines imaginaires, la forme la plus simple à laquelle ces équations pourront se réduire sera quelque peu différente.

Pour montrer une telle transformation, nous remarquons que, dans l'hypothèse admise, à chaque racine imaginaire en correspondra une racine conjuguée du même degré de multiplicité, et que, si l'on a trouvé toutes les formes linéaires $z_j^{(s)}$ qui correspondent à une racine imaginaire quelconque, on aura, en y remplaçant $\sqrt{-1}$ par $-\sqrt{-1}$, de nouvelles formes, qu'on pourra prendre pour les quantités z dans le cas de la racine conjuguée.

Supposons donc que, pour les deux racines conjuguées

$$\varkappa_1 = \lambda + \mu\sqrt{-1}, \qquad \varkappa_2 = \lambda - \mu\sqrt{-1},$$

on ait ces valeurs des z :

$$z_j^{(1)} = u_j + v_j\sqrt{-1}, \qquad z_j^{(2)} = u_j - v_j\sqrt{-1} \qquad (j = 1, 2, \ldots, \nu).$$

Alors, pour nouvelles fonctions inconnues, on pourra prendre au lieu de $z_j^{(1)}$, $z_j^{(2)}$ les quantités u_j, v_j, qui seront des formes linéaires des quantités x_s à coefficients constants et réels.

Les équations différentielles auxquelles ces fonctions doivent satisfaire se déduisent facilement de celles (5) et ont la forme suivante :

$$\frac{du_1}{dt} = \lambda u_1 - \mu v_1, \qquad \frac{dv_1}{dt} = \lambda v_1 + \mu u_1,$$

$$\frac{du_j}{dt} = \lambda u_j - \mu v_j - u_{j-1}, \qquad \frac{dv_j}{dt} = \lambda v_j + \mu u_j - v_{j-1} \qquad (j = 2, 3, \ldots, \nu).$$

Nous obtiendrons de tels groupes d'équations pour chaque couple de racines imaginaires conjuguées, et, pour des racines réelles, nous aurons des groupes de la forme (5).

Remarque. — A l'occasion de la transformation indiquée, remarquons que, en s'appuyant sur elle, on peut démontrer une proposition qui se rattache à la théorie des équations différentielles linéaires, dont les éléments ont été exposés dans le Chapitre précédent. En effet (en revenant aux hypothèses du n° 10), il est facile d'établir que, *pour chaque système réductible d'équations, où tous les coefficients sont des fonctions réelles de t, la transformation en un système à coefficients constants peut être effectuée au moyen d'une substitution* (du caractère défini au n° 10) *dans laquelle tous les coefficients soient aussi des fonctions réelles de t* (¹).

(¹) On le démontrera de la manière suivante :

Admettons que le système (1) (dans lequel les coefficients $p_{s\sigma}$ sont supposés des fonctions réelles de t) soit réductible. En vertu de ce que nous venons de montrer, nous pouvons alors supposer que, par une substitution satisfaisant aux conditions du n° 10, il soit ramené à la forme (5). Nous pouvons d'ailleurs évidemment supposer que tous les $\varkappa_s$ soient réels.

Cela posé, soit

$$z_j^{(s)} = u_j^{(s)} + v_j^{(s)}\sqrt{-1},$$

les $u_j^{(s)}$, $v_j^{(s)}$ étant des formes linéaires des quantités x_σ, dont les coefficients sont des fonctions réelles de t. En considérant les k paires de fonctions suivantes :

$$u_1^{(1)},\ v_1^{(1)};\quad u_1^{(2)},\ v_1^{(2)};\quad \ldots;\quad u_1^{(k)},\ v_1^{(k)},$$

et n'en prenant, de chaque paire, qu'*une* fonction, formons toutes les combinaisons possibles contenant, chacune, k fonctions. Comme, par la propriété des substitutions considérées (n° 10), le déterminant fonctionnel formé avec les dérivées partielles des $z_j^{(s)}$ par rapport aux x_σ ne sera pas une fonction évanouissante de t, nous rencontrerons alors *au moins une* combinaison, telle qu'on ne puisse former, avec les fonctions qui y entrent, aucune expression linéaire à coefficients constants (non égaux à zéro simultanément) qui soit identiquement nulle, ou dans laquelle tous les coefficients, dont sont affectées les variables x_σ, soient des fonctions de t évanouissantes. Pour fixer les idées, admettons que cette condition soit remplie pour la combinaison suivante :

$$u_1^{(1)},\ u_1^{(2)},\ \ldots,\ u_1^{(k)}.$$

Nous remarquons maintenant que, dans nos hypothèses, toute intégrale (4) du système (1) donne une nouvelle intégrale du même système, quand tous les $z_j^{(s)}$ y sont remplacés par les quantités $u_j^{(s)}$. Et, dans la supposition que nous venons d'admettre, toutes ces intégrales seront indépendantes. En effet, s'il n'en était pas ainsi, on pourrait former, avec ces intégrales, une expression linéaire à coefficients constants (non égaux à zéro simultanément) qui fût identiquement nulle. Or cette expression se présentera sous forme d'une somme de produits des quantités $t^\mu e^{-\varkappa_s t}$ par des expressions linéaires formées avec les $u_j^{(s)}$; et, si nous désignons par $\varkappa$ le plus petit des nombres $\varkappa_s$ correspondant à celles des intégrales considérées qui figurent réellement dans l'expression linéaire en question, et par m le plus grand parmi les exposants des puissances de t, qu'on rencontre dans celles de ces dernières intégrales pour lesquelles $\varkappa_s = \varkappa$, nous devrons conclure que, pour que notre expression soit identiquement nulle, il faudra que l'expression qui y est multipliée par $t^m e^{-\varkappa t}$, ou soit aussi identiquement nulle, ou représente une forme des quantités x_σ dans laquelle tous les coeffi-

19. Considérons le problème suivant :

Soit donnée une équation aux dérivées partielles

$$\sum_{s=1}^{n}(p_{s1}x_1 + p_{s2}x_2 + \ldots + p_{sn}x_n)\frac{\partial V}{\partial x_s} = \varkappa V, \tag{6}$$

dans laquelle $\varkappa$ désigne une constante. On demande de trouver toutes les valeurs de $\varkappa$ pour lesquelles on puisse satisfaire à cette équation en prenant pour V une fonction entière et homogène des variables $x_1, x_2, \ldots, x_n$ d'un degré donné m.

Il est facile de former l'équation algébrique à laquelle doivent satisfaire les valeurs cherchées de $\varkappa$.

Soit N le nombre des coefficients dans la fonction V, de sorte que

$$N = \frac{n(n+1)\ldots(n+m-1)}{1.2.3\ldots m} = \frac{(m+1)(m+2)\ldots(m+n-1)}{1.2.3\ldots(n-1)}.$$

Tel sera aussi le nombre des équations linéaires et homogènes par rapport à ces coefficients qu'on obtiendra en égalant les coefficients des mêmes produits de la forme

$$x_1^{m_1}x_2^{m_2}\ldots x_n^{m_n}$$

dans les deux membres de l'équation (6).

En éliminant entre ces équations les coefficients de la fonction V, nous obtiendrons l'équation algébrique cherchée, qui sera de la forme suivante :

$$\begin{vmatrix} a_{11}-\varkappa & a_{12} & \ldots & a_{1N} \\ a_{21} & a_{22}-\varkappa & \ldots & a_{2N} \\ \ldots & \ldots\ldots & \ldots & \ldots \\ a_{N1} & a_{N2} & \ldots & a_{NN}-\varkappa \end{vmatrix} = 0,$$

où les a_{ij} représentent certaines formes linéaires des coefficients $p_{s\sigma}$.

---

cients soient des fonctions évanouissantes de t. Mais ni l'un ni l'autre n'est possible, car ladite expression sera nécessairement une combinaison linéaire à coefficients constants des formes $u_1^{(s)}$. Donc nos intégrales seront indépendantes et, par conséquent, le déterminant fonctionnel des quantités $u_j^{(s)}$ par rapport aux quantités x_σ ne sera pas identiquement nul. Mais alors ce déterminant sera nécessairement tel que la quantité qui lui est inverse représentera une fonction limitée de t, car ledit déterminant ne peut différer que par un facteur constant du déterminant fonctionnel des quantités $z_j^{(s)}$.

De cette manière la substitution qui remplace les variables x_σ par les variables $u_j^{(s)}$ satisfait à toutes les conditions des substitutions du n° 10. Elle possède d'ailleurs des coefficients réels, et le système d'équations (1) se transforme, par cette substitution, en un système à coefficients constants.

Cette équation sera ainsi de degré N.

Désignons par $D_m(x)$ le déterminant qui figure au premier membre.

En donnant à m successivement les valeurs 1, 2, 3, ..., nous aurons une suite indéfinie de déterminants

$$D_1(x), \quad D_2(x), \quad D_3(x), \quad \ldots,$$

où le premier terme ne différera pas du déterminant que nous avons désigné par $D(x)$, et que nous avons appelé *fondamental.* Tous les autres termes seront appelés *déterminants dérivés,* de sorte que $D_m(x)$ sera le déterminant dérivé du rang $m-1$.

Connaissant toutes les racines de l'équation déterminante, il est facile de trouver toutes les racines de l'équation $D_m(x)=0$, car on peut démontrer la proposition suivante :

Théorème. — *Si*

$$x_1, \quad x_2, \quad \ldots, \quad x_n$$

sont les racines de l'équation déterminante, toutes les racines de l'équation

$$D_m(x)=0$$

s'obtiendront par la formule

$$x = m_1 x_1 + m_2 x_2 + \ldots + m_n x_n, \tag{7}$$

en donnant aux nombres $m_1, m_2, \ldots, m_n$ *toutes les valeurs entières et non négatives qui satisfont à la relation*

$$m_1 + m_2 + \ldots + m_n = m,$$

et en faisant attention à ce qu'un seul et même système de valeurs ne se rencontre pas plus d'une fois.

Pour le démontrer, supposons d'abord les coefficients $p_{s\sigma}$ tels qu'il n'existe aucune relation de la forme

$$\mu_1 x_1 + \mu_2 x_2 + \ldots + \mu_n x_n = 0$$

où $\mu_1, \mu_2, \ldots, \mu_n$ soient des entiers satisfaisant aux conditions

$$\mu_1 + \mu_2 + \ldots + \mu_n = 0,$$
$$|\mu_s| \leqq m \qquad (s = 1, 2, 3, \ldots, n)$$

et n'étant pas nuls tous à la fois.

Alors les valeurs de x définies par la formule (7) seront toutes distinctes. Nous admettrons de plus qu'aucune d'entre elles n'est nulle.

Cela posé, et en entendant par $\varkappa$ un nombre différent de zéro, désignons par v_1, v_2, ..., v_n les intégrales indépendantes du système d'équations différentielles linéaires qu'on déduit de (1) en posant

$$t = \frac{1}{\varkappa}\log V.$$

Alors, Φ étant une fonction quelconque, l'équation

$$(8) \qquad \Phi(v_1, v_2, \ldots, v_n) = 1,$$

dès qu'elle est résoluble par rapport à V, fournira une solution de l'équation (6).

Supposons que toutes les intégrales v_s soient linéaires par rapport aux variables $x_1, x_2, \ldots, x_n$.

Comme, dans les hypothèses admises, tous les $\varkappa_s$ seront distincts, ces intégrales seront toutes de la forme

$$v_s = (\alpha_{s1}x_1 + \alpha_{s2}x_2 + \ldots + \alpha_{sn}x_n)\,V^{-\frac{\varkappa_s}{\varkappa}},$$

où les α_{sj} sont des constantes.

Par suite, si nous faisons

$$\Phi(v_1, v_2, \ldots, v_n) = v_1^{m_1}v_2^{m_2}\ldots v_n^{m_n},$$

en entendant par les m_s des entiers non négatifs, dont la somme est égale à m, et si nous posons, en outre,

$$\varkappa = m_1\varkappa_1 + m_2\varkappa_2 + \ldots + m_n\varkappa_n,$$

l'équation (8) conduira à la solution

$$V = \prod_{s=1}^{n}(\alpha_{s1}x_1 + \alpha_{s2}x_2 + \ldots + \alpha_{sn}x_n)^{m_s},$$

représentant une fonction entière et homogène des quantités x_s de degré m.

Il en résulte que toutes les valeurs de $\varkappa$ de la forme considérée satisfont à l'équation

$$D_m(\varkappa) = 0.$$

Or, d'après ce que nous avons admis, le nombre des valeurs distinctes de cette forme est égal au degré N de l'équation ci-dessus. Donc aucune autre valeur de $\varkappa$ ne pourra satisfaire à cette équation.

Maintenant, pour démontrer le théorème en toute sa généralité, il suffit de remarquer que les cas que nous avons laissés de côté peuvent être considérés comme des cas limites pour celui que nous venons d'examiner. Ils ne présenteront donc pas d'exception; seulement, dans ces cas, l'équation $D_m(x) = 0$ pourra avoir des racines multiples ou des racines égales à zéro.

Remarque. — Attirons l'attention sur la propriété suivante des déterminants dérivés :

Quand l'équation déterminante n'a pas de racines multiples et aussi quand, dans le cas de pareilles racines, chacune d'entre elles annule tous les mineurs du déterminant fondamental jusqu'à l'ordre le plus élevé possible pour la multiplicité de la racine, chaque racine multiple de l'équation $D_m(x) = 0$ possédera les mêmes propriétés par rapport aux mineurs du déterminant $D_m(x)$.

Cette propriété se démontrera en remarquant que, sous la condition indiquée, à chaque racine de l'équation $D_m(x) = 0$, d'ordre de multiplicité μ, il correspondra μ solutions linéairement indépendantes de l'équation (6), sous forme de fonctions entières et homogènes de degré m.

20. Nous pouvons démontrer maintenant les propositions suivantes :

Théorème I. — *Quand les racines $x_1, x_2, \ldots, x_n$ de l'équation déterminante sont telles que, sous la condition $m_1 + m_2 + \ldots + m_n = m$, m étant un entier positif donné, on ne peut avoir aucune relation de la forme*

$$m_1 x_1 + m_2 x_2 + \ldots + m_n x_n = 0$$

avec des valeurs entières non négatives des m_s, on pourra toujours trouver, et cela d'une seule manière, une forme V de degré m des variables x_1, $x_2, \ldots, x_n$ satisfaisant à l'équation

$$\sum_{s=1}^{n} (p_{s1} x_1 + p_{s2} x_2 + \ldots + p_{sn} x_n) \frac{\partial V}{\partial x_s} = U, \tag{9}$$

U étant une forme donnée quelconque du même degré m.

En effet, pour déterminer les coefficients de la forme cherchée V, nous aurons un système d'équations linéaires dont le nombre sera égal à celui des coefficients. D'ailleurs, le déterminant de ce système, qui est $D_m(0)$, ne sera pas nul dans les conditions du théorème.

Remarque. — La condition du théorème sera par exemple remplie, et cela pour chaque valeur de m, quand les parties réelles des nombres x_s sont différentes de zéro et ont les mêmes signes.

Dans les deux théorèmes suivants, nous supposerons les quantités x_s réelles, soit que nous les considérions comme des variables indépendantes, ou comme des fonctions de t satisfaisant aux équations (1). Ceci est possible par suite de la réalité supposée des coefficients $p_{s\sigma}$.

Théorème II. — *Quand les parties réelles de toutes les racines* $\varkappa_s$ *sont négatives, et quand, dans l'équation* (9), *la fonction* U *est une forme définie d'un degré pair* m, *la forme* V *de même degré, satisfaisant à cette équation, sera également définie, et son signe sera d'ailleurs contraire à celui de* U.

Pour le démontrer, nous remarquons que, les quantités x_s étant considérées comme des fonctions de t satisfaisant aux équations (1), nous pouvons présenter l'équation (9) sous la forme suivante :

$$\frac{dV}{dt} = U.$$

De là nous concluons que pour chaque solution du système d'équations (1), différente de celle $x_1 = x_2 = \ldots = x_n = 0$, la forme V devient une fonction de t, variant constamment, quand t croît, dans un même sens : elle croît, si U est positif, et décroît, si U est négatif. Or, dans l'hypothèse admise relativement aux quantités $\varkappa_s$, les fonctions x_s satisfaisant aux équations (1) seront nécessairement telles que, t croissant indéfiniment, elles tendront vers zéro. La même chose aura donc aussi lieu pour la fonction V dont il s'agit. Et ceci, en vertu de ce que nous venons de remarquer, n'est possible qu'à condition que pour toute solution, différente de $x_1 = x_2 = \ldots = x_n = 0$, la fonction V devienne une fonction de t, telle que pour aucune valeur de t elle ne puisse prendre le signe de la fonction U ou devenir nulle. Or cette condition est, évidemment, équivalente à ce que, pour aucun choix des quantités x_s, la fonction V ne puisse prendre une valeur de même signe que U ou s'annuler, si l'on n'a pas $x_1 = x_2 = \ldots = x_n = 0$.

Théorème III. — *Si, parmi les racines* $\varkappa_s$, *il s'en trouve dont les parties réelles sont positives et si,* m *étant un nombre pair donné, ces racines satisfont à la condition du théorème I, alors,* U *étant une forme définie de degré* m, *la forme de même degré* V *satisfaisant à l'équation* (9) *ne sera certainement pas de signe fixe et contraire à celui de* U.

En effet, en considérant les quantités x_s comme fonctions de t satisfaisant aux équations (1), et en présentant l'équation (9) sous la forme

$$\frac{dV}{dt} = U,$$

nous pouvons conclure que, si par un choix convenable des quantités x_s, non égales à zéro simultanément, on peut rendre nulle la fonction V, on pourra aussi lui donner une valeur de même signe que U. Par suite, si la fonction V ne pouvait recevoir des valeurs de même signe que U, elle serait nécessairement définie. Et alors on se trouverait dans les conditions du théorème I du n° 16, et l'on pourrait conclure que, dans *toute* solution des équations (1), les fonctions x_s seraient limitées (ne considérant, comme auparavant, que des valeurs de t dépassant sa valeur initiale).

Or cette conclusion serait en désaccord avec l'hypothèse que, parmi les quantités $\varkappa_s$, il s'en trouve dont les parties réelles sont positives, car, dans cette hypothèse, il existera toujours des solutions du système (1) dans lesquelles au moins quelques-unes des fonctions x_s ne seront pas limitées.

Donc la fonction V sera nécessairement telle que, par un choix convenable des quantités x_s, on pourra toujours lui donner le signe de la fonction U.

Remarque. — Pour que la condition du théorème I puisse être remplie pour une valeur quelconque de m, l'équation déterminante ne doit pas avoir de racines nulles. D'ailleurs, pour que cette condition puisse être remplie pour une valeur paire de m, il faut que, parmi les racines de l'équation déterminante, il ne se trouve aucun couple de racines dont la somme soit nulle.

21. Considérons un système canonique d'équations différentielles linéaires

$$\frac{dx_s}{dt} = -\frac{\partial H}{\partial y_s}, \qquad \frac{dy_s}{dt} = \frac{\partial H}{\partial x_s} \qquad (s = 1, 2, \ldots, k), \tag{10}$$

où H est une forme quadratique des variables

$$x_1, \quad x_2, \quad \ldots, \quad x_k, \qquad y_1, \quad y_2, \quad \ldots, \quad y_k$$

à coefficients constants.

Si nous posons d'une façon générale

$$\frac{\partial^2 H}{\partial x_i \partial x_j} = A_{ij}, \qquad \frac{\partial^2 H}{\partial y_i \partial y_j} = B_{ij}, \qquad \frac{\partial^2 H}{\partial x_i \partial y_j} = C_{ij},$$

le déterminant fondamental, correspondant à ce système, ne différera que par le facteur $(-1)^k$ du déterminant

$$\begin{vmatrix}
C_{11}+\varkappa & C_{21} & \ldots & C_{k1} & B_{11} & B_{21} & \ldots & B_{k1} \\
C_{12} & C_{22}+\varkappa & \ldots & C_{k2} & B_{12} & B_{22} & \ldots & B_{k2} \\
\ldots & \ldots\ldots & \ldots & \ldots & \ldots & \ldots & \ldots & \ldots \\
C_{1k} & C_{2k} & \ldots & C_{kk}+\varkappa & B_{1k} & B_{2k} & \ldots & B_{kk} \\
A_{11} & A_{21} & \ldots & A_{k1} & C_{11}-\varkappa & C_{12} & \ldots & C_{1k} \\
A_{12} & A_{22} & \ldots & A_{k2} & C_{21} & C_{22}-\varkappa & \ldots & C_{2k} \\
\ldots & \ldots & \ldots & \ldots & \ldots & \ldots\ldots & \ldots & \ldots \\
A_{1k} & A_{2k} & \ldots & A_{kk} & C_{k1} & C_{k2} & \ldots & C_{kk}-\varkappa
\end{vmatrix}.$$

Or, en vertu des relations

$$A_{ij} = A_{ji}, \qquad B_{ij} = B_{ji},$$

ce dernier déterminant ne changera pas de valeur en changeant $\varkappa$ en $-\varkappa$. Pour s'en rendre compte, il suffit, après le remplacement indiqué, de mettre les lignes à la place des colonnes et d'opérer ensuite des substitutions convenables aussi bien de lignes que de colonnes.

Par suite, l'équation déterminante du système (10) ne contient que des puissances paires de $\varkappa$, et, par conséquent, à chacune de ses racines $\varkappa$ correspondra la racine $-\varkappa$.

De cette manière, pour le système canonique d'équations, nous tombons dans ce cas singulier où la condition du théorème I (numéro précédent) n'est remplie pour aucune valeur paire de m.

On peut remarquer que, H étant une forme *définie* des variables x_s, y_s, toutes les racines de l'équation déterminante du système (10) seront purement imaginaires. D'ailleurs chaque racine multiple d'un degré μ de multiplicité annulera tous les mineurs du déterminant fondamental jusqu'à l'ordre $\mu - 1$ inclusivement.

Routh démontre cette proposition algébriquement (¹). Mais elle est une conséquence immédiate de cette circonstance que H est une des intégrales du système (10).

Dans le cas où H est une somme de deux formes quadratiques : X, des variables x_s, et Y, des variables y_s, et où au moins une des formes, X ou Y, est définie, les équations (10) ont toutes les propriétés des équations différentielles linéaires par lesquelles sont définies, dans une première approximation, les petites oscillations d'un système matériel au voisinage d'une position d'équilibre, quand il existe une fonction de forces. Vu cela et en nous basant sur les théorèmes connus de la théorie des petites oscillations, nous pouvons affirmer que, dans ce cas, l'équation déterminante n'aura que des racines dont les carrés seront réels, et que ces racines

---

(¹) Cette proposition est présentée par Routh sous une autre forme, parce qu'au lieu du système canonique d'équations il considère le suivant :

$$\frac{d}{dt}\frac{\partial L}{\partial x'_s} = \frac{\partial L}{\partial x_s}, \qquad \frac{dx_s}{dt} = x'_s \qquad (s = 1, 2, \ldots, k),$$

où L est une forme quadratique des variables x_s, x'_s. Le rôle de la fonction H est joué alors par la fonction

$$L - \sum \frac{\partial L}{\partial x'_s} x'_s.$$

Voir *The advanced part of a Treatise on the Dynamics of a system of rigid bodies* (4ᵉ édition, 1884, p. 68).

pourront être toutes purement imaginaires seulement à la condition que la forme H soit définie.

Quand H ne se présente pas sous la forme X + Y, avec la signification précédente des lettres X et Y, toutes les racines peuvent être purement imaginaires sans que H soit une forme définie.

Supposons, d'une façon générale, la fonction H réelle et telle que l'équation déterminante du système (10) ait seulement des racines purement imaginaires. Soient

$$\lambda_1\sqrt{-1},\quad \lambda_2\sqrt{-1},\quad \ldots,\quad \lambda_k\sqrt{-1},\quad -\lambda_1\sqrt{-1},\quad -\lambda_2\sqrt{-1},\quad \ldots,\quad -\lambda_k\sqrt{-1}$$

ces racines, les λ_s désignant des nombres réels différents de zéro.

Admettons que toutes ces racines soient distinctes. Alors on aura pour le système (10) $2k$ intégrales indépendantes de la forme

$$(11)\qquad (u_s + iv_s)e^{-i\lambda_s t},\quad (u_s - iv_s)e^{i\lambda_s t}\quad (s = 1, 2, \ldots, k),$$

où $i = \sqrt{-1}$, et u_s, v_s sont des formes linéaires des variables x_j, y_j à coefficients constants réels.

Désignons pour deux fonctions quelconques φ et ψ des variables x_j, y_j (ces fonctions peuvent également contenir t) par le symbole (φ, ψ) la quantité

$$\sum_{j=1}^{k}\left(\frac{\partial\varphi}{\partial x_j}\frac{\partial\psi}{\partial y_j} - \frac{\partial\varphi}{\partial y_j}\frac{\partial\psi}{\partial x_j}\right).$$

Alors, si φ et ψ sont des intégrales du système (10), (φ, ψ) sera, comme on le sait, ou aussi une intégrale de ce système ou une constante déterminée. Mais, si les fonctions φ et ψ sont prises de la série des intégrales (11), le dernier cas est seul possible évidemment.

C'est pourquoi, et en remarquant que, par suite de l'hypothèse faite, aucun des nombres $\lambda_s \pm \lambda_\sigma$, s et σ étant différents, ne sera nul, nous devons conclure que toutes les quantités

$$(u_s + iv_s,\ u_\sigma + iv_\sigma),\quad (u_s + iv_s,\ u_\sigma - iv_\sigma),\quad (u_s - iv_s,\ u_\sigma - iv_\sigma),$$

pour lesquelles s et σ sont différents, seront nulles. Quant aux quantités

$$(u_s + iv_s,\ u_s - iv_s)\qquad (s = 1, 2, \ldots, k),$$

elles seront certainement toutes non nulles, car dans le cas contraire les intégrales (11) ne seraient pas indépendantes.

Nous en concluons que toutes les parenthèses (u_s, u_σ), (v_s, v_σ) et aussi, pour s et σ différents, toutes celles (u_s, v_σ) seront nulles, pendant que tous les (u_s, v_s) seront des constantes réelles différentes de zéro. Nous pouvons d'ailleurs supposer ces constantes égales à 1, car on peut toujours supposer que chacune des fonctions u_s et v_s renferme, en facteur, une même constante réelle arbitraire, dont on puisse disposer de façon que (u_s, v_s) devienne égale à 1 en valeur absolue; et par un choix convenable du signe du nombre λ_s (qui est resté jusqu'à présent indéterminé), on pourra rendre la quantité (u_s, v_s) positive.

De cette manière, en attribuant un signe convenable à chacun des nombres λ_s, nous pouvons toujours supposer les intégrales (11) telles qu'on ait les égalités

$$\left.\begin{array}{lll}(u_s, u_\sigma) = 0, & (v_s, v_\sigma) = 0, & \\ (u_s, v_s) = 1, & (u_s, v_\sigma) = 0 & (\sigma \lesseqgtr s)\end{array}\right\} \quad (s, \sigma = 1, 2, \ldots, k).$$

Or ce sont des égalités bien connues, d'où l'on peut conclure que, si l'on forme les dérivées partielles des fonctions u_s, v_s par rapport aux variables x_j, y_j, et qu'ensuite, considérant ces dernières comme des fonctions des premières, on forme les dérivées partielles des fonctions x_j, y_j par rapport aux variables u_s, v_s, on aura les relations suivantes, dues à Jacobi :

$$\left.\begin{array}{ll}\dfrac{\partial u_s}{\partial x_j} = \dfrac{\partial y_j}{\partial v_s}, & \dfrac{\partial u_s}{\partial y_j} = -\dfrac{\partial x_j}{\partial v_s} \\ \dfrac{\partial v_s}{\partial y_j} = \dfrac{\partial x_j}{\partial u_s}, & \dfrac{\partial v_s}{\partial x_j} = -\dfrac{\partial y_j}{\partial u_s}\end{array}\right\} \quad (s, j = 1, 2, \ldots, k).$$

Il en résulte que tout système canonique d'équations

$$\frac{dx_s}{dt} = -\frac{\partial F}{\partial y_s}, \qquad \frac{dy_s}{dt} = \frac{\partial F}{\partial x_s} \qquad (s = 1, 2, \ldots, k)$$

(où F est une fonction quelconque des variables x_s, y_s), quand on introduit, à la place des variables x_s, y_s, les variables u_s, v_s, se présente encore sous la forme canonique

$$\frac{du_s}{dt} = -\frac{\partial F}{\partial v_s}, \qquad \frac{dv_s}{dt} = \frac{\partial F}{\partial u_s} \qquad (s = 1, 2, \ldots, k).$$

Or le système (10) se ramène de cette façon à la forme

$$\frac{du_s}{dt} = -\lambda_s v_s, \qquad \frac{dv_s}{dt} = \lambda_s u_s \qquad (s = 1, 2, \ldots, k).$$

Par suite, la fonction H, exprimée au moyen des variables u_s, v_s, sera

$$H = \frac{\lambda_1}{2}(u_1^2 + v_1^2) + \frac{\lambda_2}{2}(u_2^2 + v_2^2) + \ldots + \frac{\lambda_k}{2}(u_k^2 + v_k^2).$$

L'analyse précédente, à de petites modifications près, s'applique aussi au cas où l'équation déterminante du système (10) a des racines multiples, pourvu que chaque racine multiple annule tous les mineurs du déterminant fondamental jusqu'à l'ordre le plus élevé possible.

Pour le démontrer, considérons deux racines, $\lambda\sqrt{-1}$ et $-\lambda\sqrt{-1}$, chacune de degré de multiplicité m.

Sous la condition indiquée, à ces racines correspondront $2m$ intégrales indépendantes du système (10) de la forme suivante :

$$(12)\qquad \begin{cases} U_1 e^{-i\lambda t}, & U_2 e^{-i\lambda t}, & \ldots, & U_m e^{-i\lambda t}, \\ V_1 e^{i\lambda t}, & V_2 e^{i\lambda t}, & \ldots, & V_m e^{i\lambda t}, \end{cases}$$

où i, comme auparavant, représente $\sqrt{-1}$, tous les U_s et V_s étant des formes linéaires des variables x_j, y_j à coefficients constants. On peut d'ailleurs supposer que, pour chaque paire de formes U_s, V_s, les coefficients de l'une se déduisent des coefficients de l'autre en changeant $\sqrt{-1}$ en $-\sqrt{-1}$.

En formant un pareil système d'intégrales pour chaque paire de racines conjuguées, nous aurons un système complet de $2k$ intégrales indépendantes des équations (10).

Cela posé, et en considérant toutes les parenthèses possibles, formées avec les fonctions U_s, V_s, nous obtiendrons évidemment

$$(U_s, U_\sigma) = 0, \qquad (V_s, V_\sigma) = 0 \qquad (s, \sigma = 1, 2, \ldots, m).$$

Nous trouverons aussi que toutes les parenthèses s'annuleront, qu'on peut former en combinant chacune des fonctions U_s ou V_s avec chacune des fonctions analogues qui correspondent à d'autres racines.

Il en résulte que, pour chaque nombre s pris dans la suite $1, 2, \ldots, m$, il se trouvera, dans la même suite, un nombre σ, tel que les parenthèses (U_s, V_σ) représentent une constante non nulle. En effet, si toutes les parenthèses

$$(U_s, V_1), \quad (U_s, V_2), \quad \ldots, \quad (U_s, V_m)$$

étaient nulles, il en serait de même de toutes les $2k-1$ parenthèses qu'on peut former en combinant l'intégrale $U_s e^{-i\lambda t}$ avec toutes les autres intégrales linéaires du système complet d'intégrales indépendantes. Et ceci, évidemment, est impossible.

Il peut arriver que, parmi les parenthèses de la forme (U_s, V_s), il s'en trouve qui ne soient pas nulles.

Admettons par exemple que (U_1, V_1) ne soit pas nul. Alors on peut transformer le système (12) dans un système d'intégrales équivalent et de même caractère,

$$U_1 e^{-i\lambda t}, \quad V_1 e^{i\lambda t}, \quad U'_\sigma e^{-i\lambda t}, \quad V'_\sigma e^{i\lambda t} \qquad (\sigma = 2, 3, \ldots, m),$$

pour lequel toutes les parenthèses

$$(U'_\sigma, V_1), \quad (U_1, V'_\sigma), \qquad (\sigma = 2, 3, \ldots, m)$$

seront nulles. Pour cela, il n'y a qu'à poser

$$U'_\sigma = U_\sigma + \alpha_\sigma U_1, \qquad V'_\sigma = V_\sigma + \beta_\sigma V_1,$$

en attribuant aux constantes α_σ, β_σ les valeurs suivantes :

$$\alpha_\sigma = -\frac{(U_\sigma, V_1)}{(U_1, V_1)}, \qquad \beta_\sigma = -\frac{(U_1, V_\sigma)}{(U_1, V_1)};$$

et alors la fonction V'_σ se déduira de la fonction U'_σ par le changement de $\sqrt{-1}$ en $-\sqrt{-1}$.

Admettons maintenant que toutes les parenthèses de la forme (U_s, V_s) soient nulles.

Comme, parmi les parenthèses (U_1, V_σ), il s'en trouve certainement qui sont différentes de zéro, soit (U_1, V_2) non nul. Alors, en posant

$$U'_1 = U_1 + i(U_1, V_2)\,U_2, \qquad V'_1 = V_1 + i(U_2, V_1)\,V_2$$

et tenant compte des égalités $(U_1, V_1) = 0$, $(U_2, V_2) = 0$, nous aurons

$$(U'_1, V'_1) = 2i(U_1, V_2)(U_2, V_1)$$

et cette quantité ne sera certainement pas nulle, car (U_2, V_1) est une quantité conjuguée avec $-(U_1, V_2)$, qui n'est pas nulle.

Par suite, si nous remplaçons les intégrales de la première colonne du Tableau (12) par les intégrales

$$U'_1 e^{-i\lambda t}, \quad V'_1 e^{i\lambda t},$$

ce qui conduit à un nouveau système de $2m$ intégrales indépendantes de même caractère (car la fonction V_1 se déduit de la fonction U'_1 en changeant i en $-i$), nous retomberons sur le cas que nous venons d'examiner.

Ainsi nous pouvons supposer que, pour le système d'intégrales (12), les parenthèses (U_1, V_1) représentent une constante différente de zéro, et que toutes les parenthèses (U_1, V_σ) et (U_σ, V_1) où $\sigma > 1$ soient nulles. Et alors on pourra appliquer les raisonnements précédents au système de $2(m-1)$ intégrales, qu'on aura, en effaçant la première colonne du Tableau (12).

On voit par là que le système d'intégrales (12) peut toujours être supposé tel que toutes les parenthèses (U_s, V_σ), pour lesquelles s et σ sont différents, soient nulles, et qu'aucune des quantités (U_s, V_s) ne soit nulle.

Après avoir formé de tels systèmes d'intégrales pour chaque paire de racines conjuguées, nous pouvons ensuite raisonner tout comme dans le cas des racines simples.

De cette manière nous arrivons à la conclusion que, si l'équation déterminante du système (10) a seulement des racines purement imaginaires, dont les carrés soient

$$-\lambda_1^2, \quad -\lambda_2^2, \quad \ldots, \quad -\lambda_k^2,$$

et que d'ailleurs, dans le cas de racines multiples, chacune de ces dernières annule tous les mineurs du déterminant fondamental jusqu'à l'ordre le plus élevé possible, alors, à l'aide d'une substitution linéaire à coefficients constants réels, tout système canonique d'équations de la forme

$$\frac{dx_s}{dt} = -\frac{\partial(H+F)}{\partial y_s}, \qquad \frac{dy_s}{dt} = \frac{\partial(H+F)}{\partial x_s} \qquad (s = 1, 2, \ldots, k)$$

pourra être transformé dans un système canonique de la forme suivante :

$$\frac{du_s}{dt} = -\lambda_s v_s - \frac{\partial F}{\partial v_s}, \qquad \frac{dv_s}{dt} = \lambda_s u_s + \frac{\partial F}{\partial u_s} \qquad (s = 1, 2, \ldots, k),$$

pourvu qu'on entende par chaque λ_s un nombre de signe convenable.

On peut remarquer qu'une transformation semblable à la précédente est possible dans le cas aussi où l'équation déterminante, outre des racines purement imaginaires, a une racine nulle, pourvu que la condition indiquée ci-dessus soit remplie pour chacune des racines multiples, au nombre desquelles la racine nulle appartiendra toujours.

ÉTUDE DES ÉQUATIONS DIFFÉRENTIELLES DU MOUVEMENT TROUBLÉ.

22. Soient

$$(13) \qquad \frac{dx_s}{dt} = p_{s1}x_1 + p_{s2}x_2 + \ldots + p_{sn}x_n + X_s \qquad (s = 1, 2, \ldots, n)$$

les équations différentielles proposées du mouvement troublé.

Tous les X_s désignent ici des fonctions holomorphes données des variables x_1, x_2, ..., x_n, dont les développements

$$X_s = \sum P_s^{(m_1, m_2, \ldots, m_n)} x_1^{m_1} x_2^{m_2} \ldots x_n^{m_n} \qquad (s = 1, 2, \ldots, n)$$

ne renferment pas de termes de degré inférieur au second, et les coefficients $p_{s\sigma}$, $P_s^{(m_1, m_2, \ldots, m_n)}$ sont des constantes réelles.

Pour ce qui concerne la variable indépendante t, tant qu'il ne sera pas besoin de lui attribuer des valeurs complexes, nous la supposerons comme précédemment réelle.

Si nous omettons, dans les équations (13), les termes de degré supérieur au premier, nous aurons un système d'équations différentielles linéaires correspondant à la première approximation. En formant, pour ce système, l'équation déterminante, nous dirons que c'est l'équation déterminante du système (13).

Soient $\varkappa_1, \varkappa_2, \ldots, \varkappa_n$ toutes les racines de cette équation.

En intégrant le système (13) par le procédé exposé au n° 3 nous obtiendrons, pour les fonctions x_s, des séries

$$x_s^{(1)} + x_s^{(2)} + x_s^{(3)} + \ldots \qquad (s = 1, 2, \ldots, n),$$

dont les $m^{\text{ièmes}}$ termes seront de la forme suivante :

$$x_s^{(m)} = \sum \mathrm{T}_s^{(m_1, m_2, \ldots, m_n)} e^{(m_1\varkappa_1 + m_2\varkappa_2 + \ldots + m_n\varkappa_n)t}. \tag{14}$$

La sommation s'étend ici à toutes les valeurs des entiers non négatifs m_1, $m_2, \ldots, m_n$, satisfaisant à la condition

$$0 < m_1 + m_2 + \ldots + m_n \leqq m,$$

et les coefficients T (entiers et homogènes de degré m par rapport aux constantes arbitraires) sont ou des quantités constantes, ou des fonctions entières de t, dont les degrés ne surpassent pas une certaine limite dépendant de m ([1]).

Nous appellerons les coefficients de cette seconde espèce *séculaires;* et nous nous servirons de la même expression pour désigner les termes où ils se rencontrent, quand les nombres

$$m_1\varkappa_1 + m_2\varkappa_2 + \ldots + m_n\varkappa_n,$$

qui y correspondent, sont nuls ou représentent des quantités purement imaginaires.

Si on laisse de côté la condition introduite au n° 3 que toutes les fonctions $x_s^{(m)}$, pour lesquelles $m > 1$, doivent s'annuler pour une seule et même valeur donnée de t, on pourra diriger le calcul de telle façon que les expressions (14) deviennent homogènes de degré m par rapport aux fonctions exponentielles

$$e^{\varkappa_1 t}, \quad e^{\varkappa_2 t}, \quad \ldots, \quad e^{\varkappa_n t}. \tag{15}$$

([1]) Il est aisé de se convaincre que ces degrés ne surpassent pas le nombre $(2\mu + 1)m - \mu - 1$, où μ est le plus élevé de ces degrés dans le cas de $m = 1$.

En même temps, on pourra donner aux coefficients T la forme

$$T_s^{(m_1, m_2, \ldots, m_n)} = K_s^{(m_1, m_2, \ldots, m_n)} \alpha_1^{m_1} \alpha_2^{m_2} \ldots \alpha_n^{m_n},$$

$\alpha_1, \alpha_2, \ldots, \alpha_n$ étant des constantes arbitraires, dont ne dépendent pas les coefficients K, qui représentent ou des quantités constantes, ou des fonctions entières de t.

Alors, en faisant quelques-unes des constantes α_s nulles, nous obtiendrons des séries où ne figureront que quelques-unes des fonctions (15).

Toutefois, si l'on désire que les séries obtenues soient convergentes, au moins dans certaines limites de la variable t et pour des valeurs suffisamment petites des $|\alpha_s|$, on ne devra, en général, conduire les calculs de cette manière que jusqu'à une certaine limite $m = N$ (du reste, tout à fait arbitraire), et pour $m > N$ il faudra revenir à l'hypothèse du n° 3. Dès lors, dans les expressions des fonctions $x_s^{(m)}$, paraîtront de nouveau toutes les fonctions (15) et, relativement à ces dernières, les expressions des $x_s^{(m)}$ ne seront plus homogènes.

Les cas où l'on peut ne pas assigner la limite N présentent un intérêt particulier. Quelques-uns d'entre eux, les plus importants pour notre problème, seront indiqués au numéro suivant.

On doit remarquer que la condition, pour que les fonctions $x_s^{(m)}$ soient homogènes relativement aux quantités (15), ne suffit pas toujours pour déterminer complètement les constantes qu'on introduira par l'intégration des équations dont dépendent ces fonctions. Dans de tels cas, il restera encore un certain nombre de constantes dont on pourra disposer à volonté.

Considérons les séries où doivent figurer les fonctions exponentielles relatives aux k racines

$$(16) \qquad \varkappa_1, \quad \varkappa_2, \quad \ldots, \quad \varkappa_k$$

de l'équation déterminante.

Il est facile de s'assurer que, si les coefficients séculaires n'entrent en aucune des $m - 1$ premières approximations

$$x_s^{(1)} + x_s^{(2)} + \ldots + x_s^{(\mu)} \qquad \begin{pmatrix} \mu = 1, 2, \ldots, m-1 \\ s = 1, 2, \ldots, n \end{pmatrix},$$

et si, par le choix des entiers non négatifs $m_1, m_2, \ldots, m_k$, satisfaisant à la condition

$$m_1 + m_2 + \ldots + m_k = m,$$

on ne peut satisfaire à aucune relation de la forme

$$m_1 \varkappa_1 + m_2 \varkappa_2 + \ldots + m_k \varkappa_k = \varkappa_s \qquad (s = 1, 2, \ldots, n),$$

de pareils coefficients n'entreront pas non plus dans la $m^{\text{ième}}$ approximation.

Pour cette raison, si les racines (16) ont toutes des parties réelles d'un même signe, l'absence ou la présence dans les séries considérées de coefficients séculaires pourra toujours être décelée à l'aide d'un nombre limité d'opérations algébriques élémentaires ([1]).

Dans la suite, nous considérerons souvent, au lieu des équations (13) elles-mêmes, leurs différentes transformations à l'aide des substitutions linéaires à coefficients constants ([2]), en nous guidant pour le choix de ces substitutions par cette considération que, dans les équations transformées, les ensembles des termes du premier degré prennent une forme particulière aussi simple que possible. Telles sont les substitutions envisagées au n° **18**.

Nous rencontrerons des questions où la condition de la réalité des coefficients dans les équations différentielles ne jouera aucun rôle. Dans de tel cas, à l'aide des substitutions indiquées, on pourra ramener les équations (13) à la forme

$$(17)\qquad \begin{cases} \dfrac{dz_1}{dt} = \varkappa_1 z_1 + Z_1, \\[2ex] \dfrac{dz_s}{dt} = \varkappa_s z_s + \sigma_{s-1} z_{s-1} + Z_s \qquad (s = 2, 3, \ldots, n), \end{cases}$$

où les Z_j sont des fonctions holomorphes des variables $z_1, z_2, \ldots, z_n$ dont les développements suivant les puissances de ces dernières commencent par des termes de degré non inférieur au second et possèdent des coefficients constants; $\varkappa_1, \varkappa_2, \ldots, \varkappa_n$ sont les racines de l'équation déterminante correspondant au système (13), et $\sigma_1, \sigma_2, \ldots, \sigma_{n-1}$ sont des constantes, que l'on pourra supposer nulles si tous les $\varkappa_j$ sont distincts.

23. Supposons que l'on ait formé les séries satisfaisant formellement aux équations (13), ordonnées suivant les puissances croissantes de k constantes arbitraires $\alpha_1, \alpha_2, \ldots, \alpha_k$ et contenant les fonctions exponentielles relatives aux k racines de l'équation déterminante

$$(18)\qquad \varkappa_1, \quad \varkappa_2, \quad \ldots, \quad \varkappa_k.$$

([1]) Tout système d'équations différentielles dont dépendent les fonctions $x_s^{(m)}$, pour lesquelles $m > 1$, pourra être intégré à l'aide des coefficients indéterminés. Alors toute l'affaire aboutira chaque fois à la résolution de certains systèmes d'équations algébriques du premier degré.

([2]) Nous ne considérerons, cela s'entend, que des substitutions qui permettent d'exprimer à volonté aussi bien les nouvelles variables par les anciennes que les anciennes par les nouvelles.

Supposons que ces séries soient

$$(19)\quad x_s = \sum K_s^{(m_1, m_2, \ldots, m_k)} \alpha_1^{m_1} \alpha_2^{m_2} \ldots \alpha_k^{m_k} e^{(m_1\varkappa_1 + m_2\varkappa_2 + \ldots + m_k\varkappa_k)t} \qquad (s = 1, 2, \ldots, n),$$

les coefficients K ne dépendant pas des α_j et représentant des quantités constantes ou des fonctions entières de t. Quant à la sommation, elle s'étend à toutes les valeurs des entiers non négatifs $m_1, m_2, \ldots, m_k$ dont la somme n'est pas inférieure à 1.

Ce sera un cas particulier des séries (25) considérées au n° **11**.

Cela posé et en nous reportant au théorème du n° **12**, nous pouvons en déduire la proposition suivante :

THÉORÈME. — *En nous plaçant dans le cas où les parties réelles*

$$-\lambda_1, \quad -\lambda_2, \quad \ldots, \quad -\lambda_k$$

des racines (18) *sont toutes non nulles et ont un même signe, désignons par* τ *un nombre réel, choisi arbitrairement, et ne considérons que des valeurs de* t *satisfaisant à la condition*

$$(20)\qquad \pm(t - \tau) \geqq 0,$$

le signe supérieur correspondant au cas où $\lambda_1, \lambda_2, \ldots, \lambda_k$ *sont des nombres positifs, le signe inférieur, à celui où ce sont des nombres négatifs. Alors, si en entendant par* ε *un nombre réel de même signe que les* λ_j [*lequel nombre, si tous les coefficients* K *dans les séries* (19) *sont des constantes, peut être supposé nul*], *nous posons*

$$\alpha_j e^{(\varkappa_j + \varepsilon)t} = q_j \qquad (j = 1, 2, \ldots, k)$$

et que nous portions ensuite les valeurs des α_j *qui en résultent dans les séries* (19), *les nouvelles séries*

$$(21)\qquad x_s = \sum Q_s^{(m_1, m_2, \ldots, m_k)} q_1^{m_1} q_2^{m_2} \ldots q_k^{m_k} \qquad (s = 1, 2, \ldots, n),$$

ordonnées suivant les puissances des q_j, *jouiront de cette propriété que, les nombres* τ *et* ε *étant fixés, on pourra assigner un nombre positif* q, *tel que, les modules des* q_j *ne dépassant pas* q, *les séries* (21) *seront convergentes, et cela uniformément pour toutes les valeurs de* t *qui satisfont à la condition* (20).

Supposons d'abord que tous les λ_j soient positifs.

Alors, si $\tau = 0$, cette proposition sera une conséquence immédiate du théorème du n° **12**, car les quantités q_j, que nous considérons maintenant, ne diffèrent de celles auxquelles nous avions affaire dans ce numéro que par des facteurs dont les modules sont égaux à 1.

Quant au cas où τ n'est pas nul, on démontrera la proposition considérée, en appliquant le théorème du n° **12**, au lieu des séries (19), à celles qui s'en déduisent en remplaçant

$$t \quad \text{par} \quad t+\tau,$$
$$\alpha_j \quad \text{par} \quad \alpha_j e^{-(\varkappa_j+\varepsilon)\tau} \qquad (j=1, 2, \ldots, k)$$

[et qui, par conséquent, satisfont aussi formellement aux équations (13)]. En effet, dans les séries (21), correspondant à ces nouvelles séries, les coefficients Q se déduiront des anciens en remplaçant t par $t+\tau$.

Si tous les λ_j étaient négatifs, on ramènerait ce cas au précédent. Pour cela il suffirait seulement, dans les séries (19) et dans les équations (13), de remplacer t par $-t$.

Quant à ce qui touche la possibilité de l'hypothèse $\varepsilon=0$, quand tous les coefficients K sont des quantités constantes, elle est évidente sans éclaircissements.

Du théorème considéré, en appliquant des raisonnements analogues à ceux du n° **4**, on peut conclure que, si les racines (18) prises pour former les séries (19) ont des parties réelles d'un même signe, par ces séries est définie une solution du système d'équations (13), soit pour toute valeur de t supérieure à une certaine limite, si les parties réelles des racines (18) sont toutes négatives, soit pour chaque valeur de t inférieure à une certaine limite, si ces parties réelles sont toutes positives. Quant à ces limites, elles dépendent des constantes α_s de telle façon qu'en faisant les $|\alpha_s|$ suffisamment petits, on pourra les rendre telles qu'on voudra.

Ces solutions renfermeront k constantes arbitraires, et le nombre de ces dernières ne pourra pas être diminué quand, pour former les séries (19), on prend k solutions *indépendantes*

$$\begin{array}{llll}
\mathrm{K}_1^{(1,0,\ldots,0)} e^{\varkappa_1 t}, & \mathrm{K}_2^{(1,0,\ldots,0)} e^{\varkappa_1 t}, & \ldots, & \mathrm{K}_n^{(1,0,\ldots,0)} e^{\varkappa_1 t}, \\
\mathrm{K}_1^{(0,1,\ldots,0)} e^{\varkappa_2 t}, & \mathrm{K}_2^{(0,1,\ldots,0)} e^{\varkappa_2 t}, & \ldots, & \mathrm{K}_n^{(0,1,\ldots,0)} e^{\varkappa_2 t}, \\
\ldots\ldots\ldots, & \ldots\ldots\ldots, & \ldots, & \ldots\ldots\ldots, \\
\mathrm{K}_1^{(0,0,\ldots,1)} e^{\varkappa_k t}, & \mathrm{K}_2^{(0,0,\ldots,1)} e^{\varkappa_k t}, & \ldots, & \mathrm{K}_n^{(0,0,\ldots,1)} e^{\varkappa_k t}
\end{array}$$

du système d'équations différentielles de la première approximation.

En parlant des solutions de cette espèce nous le supposerons toujours.

Dans le cas où les parties réelles de *toutes* les racines de l'équation déterminante sont différentes de zéro et ont un même signe, nous pouvons poser $k=n$, et alors les séries (19) définiront une intégrale générale du système d'équations (13).

Remarque. — Si nous nous trouvons dans ce dernier cas, nous pouvons, en formant les séries (19) dans la supposition de $k = n$, en déduire n intégrales indépendantes du système (13) de la forme

$$(22)\qquad e^{-\varkappa_s t}\sum L_s^{(m_1, m_2, \dots, m_n)} x_1^{m_1} x_2^{m_2} \dots x_n^{m_n} \qquad (s = 1, 2, \dots, n),$$

où la sommation s'étend à toutes les valeurs des entiers non négatifs m_1, m_2, ..., m_n dont la somme n'est pas inférieure à 1, et où les coefficients L sont des quantités constantes ou des fonctions entières de t, dont les degrés ne dépassent pas une certaine limite dépendant du nombre $m_1 + m_2 + \dots + m_n$.

Les séries (22) seront absolument convergentes pour toute valeur donnée de t, tant que les modules des quantités x_s ne dépassent pas une certaine limite, qui dépendra en général de t (et pourra tendre vers zéro, quand $|t|$ croît indéfiniment).

Le cas où tous les coefficients L sont des quantités constantes présente un intérêt particulier. Pour qu'il ait lieu, il faut et il suffit que tous les coefficients K dans les séries (19) soient également constants.

Comme on l'a déjà remarqué au numéro précédent, il est toujours facile, dans les conditions considérées, de reconnaître si nous avons affaire avec ce cas.

Pour qu'il soit possible, toute racine multiple de l'équation déterminante doit annuler tous les mineurs du déterminant fondamental jusqu'à l'ordre le plus élevé possible.

Admettons que cette condition soit remplie et supposons de plus que, m_1, m_2, ..., m_n étant des entiers non négatifs dont la somme est supérieure à 1, il n'existe aucune relation de la forme

$$(23)\qquad m_1\varkappa_1 + m_2\varkappa_2 + \dots + m_n\varkappa_n = \varkappa_j \qquad (j = 1, 2, \dots, n).$$

Alors nous pouvons être certains que tous les coefficients K et L seront des constantes.

En général, toutes les fois que les coefficients L sont des constantes, nous aurons, pour le système d'équations différentielles tiré de (13) en éliminant dt, le système suivant d'équations intégrales :

$$(24)\qquad \left(\frac{\varphi_1}{\alpha_1}\right)^{\frac{1}{\varkappa_1}} = \left(\frac{\varphi_2}{\alpha_2}\right)^{\frac{1}{\varkappa_2}} = \dots = \left(\frac{\varphi_n}{\alpha_n}\right)^{\frac{1}{\varkappa_n}},$$

où φ_1, φ_2, ..., φ_n sont des fonctions holomorphes des variables x_1, x_2, ..., x_n, définies par les séries que l'on déduit de celles (22) en divisant par $e^{-\varkappa_s t}$.

En y associant une quelconque des équations de la forme

$$\varphi_s = \alpha_s e^{\varkappa_s t}$$

et en supposant que l'on ne donne à t que des valeurs supérieures ou inférieures à une certaine limite (dépendant des constantes α_j), selon que les parties réelles de tous les $\varkappa_j$ sont négatifs ou positifs, nous obtiendrons un système complet d'équations intégrales pour le système (13).

Le résultat que nous venons d'indiquer représente un théorème donné par M. Poincaré dans sa Thèse : *Sur les propriétés des fonctions définies par les équations aux différences partielles* (Paris, Gauthier-Villars, 1879, p. 70) [1]. En faisant certaines hypothèses [2] [et entre autres, que les racines $\varkappa_s$ ne satisfont à aucune relation de la forme (23)], M. Poincaré démontre l'existence des équations intégrales de la forme (24), sans passer au préalable par les équations (19). Et précisément, il les obtient, en considérant les équations aux dérivées partielles

$$\sum_{j=1}^{n} (p_{j1}x_1 + p_{j2}x_2 + \ldots + p_{jn}x_n + X_j)\frac{\partial \varphi_s}{\partial x_j} = \varkappa_s \varphi_s \qquad (s = 1, 2, \ldots, n),$$

et en montrant que, dans certaines conditions, ces équations admettent des solutions holomorphes en $x_1, x_2, \ldots, x_n$.

24. Du théorème du numéro précédent, ou immédiatement des théorèmes du n° 13, on peut tirer les suivants :

Théorème I. — *Quand l'équation déterminante, correspondant à un système d'équations différentielles du mouvement troublé, n'a que des racines à des parties réelles négatives, le mouvement non troublé est stable, et cela de telle façon que tout mouvement troublé, pour lequel les perturbations sont assez petites, s'approchera asymptotiquement du mouvement non troublé.*

Théorème II. — *Quand l'équation déterminante admet des racines à parties réelles négatives, alors, quelles que soient les autres racines, il y aura une certaine stabilité conditionnelle. Et précisément, si le nombre de ces racines est k, le mouvement non troublé sera stable, pourvu que les valeurs initiales a_s des fonctions x_s satisfassent à certaines $n - k$ équations*

---

(1) Au sujet de ce théorème, M. Poincaré remarque qu'il lui fut communiqué par M. Darboux.

(2) Au lieu de notre hypothèse que les parties réelles de toutes les racines $\varkappa_s$ sont d'un même signe, M. Poincaré en fait une plus générale, à savoir que les points du plan coordonné, représentant ces racines, sont tous situés d'un même côté d'une ligne droite passant par l'origine des coordonnées. Mais si l'on considère, non les quantités $\varkappa_s$ elles-mêmes, mais seulement leurs rapports mutuels [et c'est précisément ce qu'il faut pour les équations (24)], la dernière hypothèse ne différera pas essentiellement de la première.

de la forme

$$F_j(a_1, a_2, \ldots, a_n) = 0 \qquad (j = 1, 2, \ldots, n-k),$$

où les premiers membres sont des fonctions holomorphes des a_s, s'annulant quand tous les a_s s'annulent, et d'ailleurs telles que tous les a_s pourront être exprimés en fonctions holomorphes de certains k paramètres arbitraires.

A ces théorèmes nous pouvons ajouter maintenant le suivant :

Théorème III. — *Quand, parmi les racines de l'équation déterminante, il s'en trouve dont les parties réelles sont positives, le mouvement non troublé est instable.*

Admettons d'abord que parmi les racines il y en a de réelles et positives.

S'il en existe plusieurs, soit $\varkappa$ la plus grande d'entre elles. Alors $m\varkappa$, pour $m > 1$, ne sera certainement pas une racine de l'équation déterminante. Et, par conséquent, si nous formons les séries (19) dans la supposition $k = 1$, en prenant, pour première approximation, la solution du système (1) de la forme

$$x_1^{(1)} = K_1 \alpha e^{\varkappa t}, \qquad x_2^{(1)} = K_2 \alpha e^{\varkappa t}, \qquad \ldots, \qquad x_n^{(1)} = K_n \alpha e^{\varkappa t},$$

où tous les K_s soient des quantités constantes, tous les coefficients K dans les séries (19) seront également constants.

Nous supposerons, comme il est permis, ces coefficients réels et indépendants de la constante arbitraire α.

Soit

$$x_1 = f_1(\alpha e^{\varkappa t}), \qquad x_2 = f_2(\alpha e^{\varkappa t}), \qquad \ldots, \qquad x_n = f_n(\alpha e^{\varkappa t})$$

la solution du système (13) ainsi obtenue.

Tous les f_s sont ici des fonctions holomorphes de l'argument $\alpha e^{\varkappa t}$, s'annulant quand ce dernier devient nul et ne prenant que des valeurs réelles quand cet argument reste réel.

A cette solution, α étant réel, il correspondra un certain mouvement, et ce mouvement sera défini ainsi, tant que la valeur absolue de $\alpha e^{\varkappa t}$ reste assez petite pour que les séries représentant les fonctions f_s soient convergentes et que les valeurs absolues de leurs sommes ne dépassent pas une certaine limite.

Supposons que cela a lieu tant que

$$|\alpha e^{\varkappa t}| \leq l,$$

l étant un nombre positif indépendant de α.

Alors notre mouvement sera défini pour toutes les valeurs de t qui ne dépassent pas la limite suivante :

$$\tau = \frac{1}{\varkappa} \log \frac{l}{|\alpha|}.$$

De cette manière, si $|\alpha|$ est assez petit pour que cette limite soit supérieure à la valeur initiale de t, nous obtiendrons un mouvement troublé que nous pourrons suivre depuis le moment initial jusqu'au moment où $t = \tau$.

Ce mouvement est tel que les valeurs initiales correspondantes des fonctions x_s, en faisant $|\alpha|$ suffisamment petit, deviennent toutes aussi petites en valeurs absolues qu'on le veut, tandis que leurs valeurs pour $t = \tau$

$$x_1 = f_1(\pm l), \qquad x_2 = f_2(\pm l), \qquad \dots, \qquad x_n = f_n(\pm l),$$

parmi lesquelles il s'en trouve certainement qui sont différentes de zéro (¹), ne dépendent pas de la valeur absolue de α.

Nous devons donc conclure que le mouvement non troublé est instable.

Admettons maintenant que l'équation déterminante n'a pas de racines positives, mais qu'elle a des racines complexes à parties réelles positives.

Choisissons-en deux racines conjuguées

$$\varkappa_1 = \lambda + \mu\sqrt{-1}, \qquad \varkappa_2 = \lambda - \mu\sqrt{-1},$$

ayant la partie réelle λ la plus grande possible.

Comme les expressions de la forme

$$m_1\varkappa_1 + m_2\varkappa_2 = (m_1 + m_2)\lambda + (m_1 - m_2)\mu\sqrt{-1},$$

m_1 et m_2 satisfaisant à la condition $m_1 + m_2 > 1$, ne seront certainement pas racines de l'équation déterminante, nous aurons, pour le système (13), une solution sous forme des séries (19), avec deux constantes arbitraires α_1 et α_2, où tous les coefficients K seront des constantes.

Soit cette solution

$$x_s = f_s(\alpha_1 e^{\varkappa_1 t}, \alpha_2 e^{\varkappa_2 t}) \qquad (s = 1, 2, \dots, n),$$

les f_s étant des fonctions holomorphes des arguments $\alpha_1 e^{\varkappa_1 t}$ et $\alpha_2 e^{\varkappa_2 t}$ s'annulant quand ces arguments deviennent nuls.

Nous pouvons supposer les fonctions f_s telles que chacune des fonctions

$$f_s(\xi + \eta\sqrt{-1}, \xi - \eta\sqrt{-1}) \qquad (s = 1, 2, \dots, n),$$

ξ et η étant réels, soit réelle.

(¹) Si les valeurs des fonctions x_s correspondant à une certaine valeur de t sont toutes nulles, ces fonctions seront nécessairement nulles pour toute valeur de t (*voir* le renvoi du n° 14). Et nous supposons assurément que, parmi les fonctions f_s, il en existe qui ne sont pas nulles identiquement.

Alors, à toute paire de valeurs complexes conjuguées de α_1 et α_2, il correspondra un certain mouvement, qui sera défini au moins pour les valeurs de t satisfaisant à des inégalités de la forme

$$|\alpha_1 e^{\varkappa_1 t}| \leqq l, \qquad |\alpha_2 e^{\varkappa_2 t}| \leqq l,$$

où l désigne un nombre constant positif indépendant de α_1 et α_2.

Soit α le module de α_1 et α_2, de sorte que, i désignant $\sqrt{-1}$, l'on ait

$$\alpha_1 = \alpha e^{i\beta}, \qquad \alpha_2 = \alpha e^{-i\beta}.$$

N'attribuant à α que des valeurs non nulles, posons

$$\beta = -\frac{\mu}{\lambda}\log\frac{l}{\alpha}.$$

Alors, α étant suffisamment petit, notre solution définira un mouvement troublé correspondant à des perturbations aussi petites en valeurs absolues qu'on le veut, et cependant tel que, dans le moment

$$t = \frac{1}{\lambda}\log\frac{l}{\alpha},$$

les fonctions x_s prendront les valeurs

$$x_s = f_s(l, l) \qquad (s = 1, 2, \ldots, n)$$

indépendantes de α.

Donc, comme dans le cas précédent, nous devons conclure que le mouvement non troublé est instable.

De cette manière, nous pouvons considérer le théorème comme démontré ([1]).

25. De ce qui a été démontré se déduit un complément au théorème de Lagrange sur la stabilité de l'équilibre dans le cas où il y a une fonction de forces.

Ce théorème donne, comme on le sait, une condition suffisante pour la stabilité, qui consiste en ce que la fonction de forces doit atteindre, dans la position d'équilibre, un maximum.

([1]) Ce théorème fut démontré de la même manière dans mon Mémoire *Sur les mouvements hélicoïdaux permanents d'un corps solide dans un liquide* (*Communications de la Société mathématique de Kharkow*, 2e série, t. I, 1888). Dans ce Mémoire, en faisant voir que, sous certaines conditions, les équations différentielles du mouvement troublé admettent des solutions de la forme (19), je n'ai pas fait mention de l'Ouvrage cité plus haut de M. Poincaré (n° 23), parce que cet Ouvrage ne m'était pas connu à cette époque.

Mais, en constatant que cette condition est suffisante, le théorème en question ne permet pas de conclure à la nécessité de la même condition.

C'est pourquoi la question se pose : la position d'équilibre sera-t-elle instable si la fonction de forces n'est pas maximum ?

Posée dans sa forme générale, cette question n'est pas résolue jusqu'à présent. Mais, dans certaines suppositions de caractère assez général, on peut y répondre d'une manière précise; car le dernier théorème du numéro précédent conduit à une proposition que l'on peut considérer, sous certaines conditions, comme la réciproque du théorème de Lagrange. Ces conditions sont d'ailleurs celles avec lesquelles on a le plus souvent affaire dans les applications.

Soient

$$q_1, \quad q_2, \quad \ldots, \quad q_k$$

les variables indépendantes définissant la position du système matériel considéré.

Nous les supposerons choisies de façon que, pour la position d'équilibre examinée, elles deviennent toutes nulles.

La fonction de forces U peut dépendre de toutes ces variables ou seulement de quelques-unes d'entre elles. Admettons qu'elle dépende seulement des m suivantes :

$$(25) \qquad q_1, \quad q_2, \quad \ldots, \quad q_m,$$

et supposons de plus qu'elle en soit une fonction holomorphe.

La force vive de notre système, laquelle sera une forme quadratique des dérivées

$$q'_1, \quad q'_2, \quad \ldots, \quad q'_k$$

des variables q_j par rapport à t, avec des coefficients dépendant des q_j, sera supposée également holomorphe par rapport aux q_j.

Dans notre supposition au sujet de la fonction de forces, la position d'équilibre considérée fera partie d'une série de positions d'équilibre en nombre infini, lesquelles positions s'obtiendront en attribuant aux variables

$$q_{m+1}, \quad q_{m+2}, \quad \ldots, \quad q_k$$

des valeurs constantes quelconques et en faisant nulles les variables (25).

Si U, comme fonction de m variables indépendantes (25), pour

$$q_1 = q_2 = \ldots = q_m = 0,$$

devenait maximum, chacune de ces positions d'équilibre, d'après le théorème de Lagrange, serait, par rapport aux quantités (25), stable.

Supposons maintenant que, les m variables en question étant toutes nulles, la fonction de forces ne devienne pas maximum.

Nous allons montrer que, *si cette circonstance se manifeste par cela que l'ensemble des termes du second degré dans le développement de* U *suivant les puissances des quantités q_j peut recevoir des valeurs positives, la position d'équilibre considérée, aussi bien que les autres positions d'équilibre indiquées ci-dessus, tant qu'elles en sont suffisamment voisines, seront instables,* et que l'instabilité aura même lieu par rapport aux quantités (25).

En effet, par la théorie des petites oscillations, on sait que, sous ladite condition, l'équation déterminante a toujours au moins une racine positive. Par suite, d'après ce qui précède, l'instabilité aura certainement lieu par rapport à quelques-unes des $2k$ quantités suivantes :

$$q_1, \quad q_2, \quad \ldots, \quad q_k, \quad q'_1, \quad q'_2, \quad \ldots, \quad q'_k.$$

Il ne reste donc qu'à montrer qu'elle aura lieu par rapport aux m premières d'entre ces quantités.

Pour cela, en désignant par $\varkappa$ la plus grande des racines positives de l'équation déterminante, prenons la solution correspondante

$$q_1 = f_1(\alpha e^{\varkappa t}), \qquad q_2 = f_2(\alpha e^{\varkappa t}), \qquad \ldots, \qquad q_k = f_k(\alpha e^{\varkappa t})$$

des équations différentielles du mouvement. C'est une solution du type considéré dans la démonstration du théorème III.

Notre proposition sera évidemment démontrée, si nous faisons voir que, parmi les fonctions

$$f_1, \quad f_2, \quad \ldots, \quad f_m,$$

il s'en trouve qui ne sont pas identiquement nulles (nous supposons, cela s'entend, que les k fonctions $f_1, f_2, \ldots, f_k$ ne sont pas toutes identiquement nulles).

Or, cette circonstance se manifeste de suite, car dans tout mouvement (si de tels mouvements sont possibles) où les quantités (25) seraient toutes identiquement nulles l'équation de la force vive donnerait évidemment, pour cette dernière, une valeur constante non nulle, tandis que, pour la solution du type considéré, la force vive doit tendre vers zéro quand $-t$ croît indéfiniment.

Pour ce qui concerne les cas où l'absence de maximum de la fonction de forces ne se reconnaît qu'en examinant les termes de degré supérieur au second, le théorème III ne peut servir à démontrer l'instabilité.

Un des cas de cette espèce a été signalé au n° 16 (exemple II), où l'instabilité a été démontrée en s'appuyant sur un théorème général d'un tout autre genre.

26. Nous sommes arrivé aux théorèmes du n° 24, en considérant certaines séries satisfaisant aux équations différentielles du mouvement troublé. Mais les théorèmes I et III se démontrent aisément sans avoir recours à ces séries, et nous allons maintenant montrer comment l'on peut y parvenir en partant des propositions générales du n° 16.

Supposons que l'équation déterminante du système (13) n'a que des racines à parties réelles négatives.

Nous savons qu'à cette condition il existe toujours une forme quadratique V des variables $x_1, x_2, \ldots, x_n$ satisfaisant à l'équation

$$\sum_{s=1}^{n}(p_{s1}x_1 + p_{s2}x_2 + \ldots + p_{sn}x_n)\frac{\partial V}{\partial x_s} = x_1^2 + x_2^2 + \ldots + x_n^2 \tag{26}$$

et, par conséquent, telle que sa dérivée totale par rapport à t,

$$\frac{dV}{dt} = x_1^2 + x_2^2 + \ldots + x_n^2 + \sum_{s=1}^{n} X_s \frac{\partial V}{\partial x_s},$$

formée d'après les équations (13), représente une fonction définie positive. Nous savons aussi que cette forme sera définie négative (n° 20, théorèmes I et II).

Nous pouvons ainsi trouver une fonction V satisfaisant à toutes les conditions du théorème I (n° 16).

Notre forme, qui représente une telle fonction, satisfera d'ailleurs aux conditions de la proposition qui a été établie dans la remarque II relative à ce théorème.

Nous devons, par suite, conclure que le mouvement non troublé est stable et que chaque mouvement troublé, pour lequel les perturbations sont assez petites, tendra asymptotiquement vers le mouvement non troublé.

Supposons maintenant que, parmi les racines de l'équation déterminante, il s'en trouve dont les parties réelles soient positives.

Si alors le déterminant $D_2(0)$ (n° 19) n'est pas nul, on trouvera, comme précédemment, une forme quadratique V satisfaisant à l'équation (26); mais cette forme, dans l'hypothèse actuelle, sera telle que, par un choix convenable des valeurs réelles des quantités x_s, on pourra toujours la rendre positive (n° 20, théorème III). Donc, comme elle possède une dérivée définie positive, elle satisfera à toutes les conditions du théorème II du n° 16.

Nous devons ainsi conclure que le mouvement non troublé est instable.

Si $D_2(0) = 0$, nous prendrons, au lieu de l'équation (26), la suivante :

$$\sum_{s=1}^{n}(p_{s1}x_1 + p_{s2}x_2 + \ldots + p_{sn}x_n)\frac{\partial V}{\partial x_s} = \lambda V + x_1^2 + x_2^2 + \ldots + x_n^2, \tag{27}$$

en entendant par λ une constante positive.

En supposant que cette constante n'est pas une racine de l'équation $D_2(\varkappa) = 0$, nous trouverons toujours une forme quadratique V satisfaisant à l'équation (27). Or, en satisfaisant à cette dernière, cette forme satisfera nécessairement à la suivante :

$$\sum_{s=1}^{n}\left[p_{s1}x_1 + p_{s2}x_2 + \ldots + \left(p_{ss} - \frac{\lambda}{2}\right)x_s + \ldots + p_{sn}x_n\right]\frac{\partial V}{\partial x_n} = x_1^2 + x_2^2 + \ldots + x_n^2.$$

Et cette équation se déduit de celle (26) en remplaçant les quantités p_{ss} par les quantités $p_{ss} - \frac{\lambda}{2}$; aussi tous les théorèmes du n° 20 peuvent lui être appliqués, pourvu que, au lieu des racines de l'équation déterminante du système (13), on considère les racines de l'équation

$$D\left(\frac{\lambda}{2} + \varkappa\right) = 0.$$

Par suite, si nous admettons que la constante λ soit assez petite pour qu'on puisse satisfaire à cette équation par une valeur de $\varkappa$ à partie réelle positive, nous pouvons être certain que la forme V sera susceptible des valeurs positives.

Mais alors la forme V, dont la dérivée totale par rapport à t se réduit à la forme

$$\frac{dV}{dt} = \lambda V + x_1^2 + x_2^2 + \ldots + x_n^2 + \sum_{s=1}^{n} X_s \frac{\partial V}{\partial x_s},$$

satisfera à toutes les conditions du théorème III du n° 16.

Nous conclurons donc que le mouvement non troublé est instable.

Remarque. — Les démonstrations précédentes s'appliquent évidemment non seulement au cas de mouvements permanents, mais encore à des cas beaucoup plus généraux, car l'hypothèse que les coefficients $P_s^{(m_1, m_2, \ldots, m_n)}$, figurant dans les développements des fonctions X_s, fussent des quantités constantes, n'a joué aucun rôle dans ces démonstrations. Ces coefficients pourraient être des fonctions de t, et, pour que l'analyse précédente fût applicable, il faudrait seulement que ces fonctions satisfissent aux conditions générales posées au début du n° 11.

Pour cette raison, nous pouvons tirer de notre analyse un théorème général sur l'instabilité, qui complétera à certains égards les propositions du n° 13.

Ce théorème se présente d'abord comme étant soumis à la restriction que les coefficients $p_{s\sigma}$ soient des quantités constantes. Mais il s'étend immédiatement au cas où ces coefficients sont des fonctions limitées quelconques, satisfaisant à la condition que le système d'équations différentielles de la première approximation appartienne à la classe des systèmes que nous avons appelés réductibles (*voir* les nos 10 et 18, remarque). Il peut donc être énoncé ainsi :

Si le système d'équations différentielles de la première approximation est réductible et que, dans le groupe de ses nombres caractéristiques, il s'en trouve des négatifs, le mouvement non troublé est instable.

En rapprochant ce résultat du théorème I (n° 13), nous arrivons à la conclusion que, pour des systèmes réductibles, la question de la stabilité se résout par le signe du plus petit des nombres caractéristiques. Il ne reste donc de douteux que les cas où ce nombre est nul. Alors la question ne peut être résolue tant que, dans les équations différentielles, on n'a pas tenu compte des termes de degré supérieur au premier (1).

27. De l'analyse précédente il résulte que, dans la plupart des cas, la question de la stabilité se résout par l'examen de la première approximation, et cet examen ne donne pas de réponse à la question seulement dans les cas où l'équation déterminante, sans avoir des racines à parties réelles positives, possède des racines dont les parties réelles sont nulles.

Ces cas singuliers n'en présentent pas moins un très grand intérêt, autant par la difficulté de leur analyse que parce que, pour beaucoup de questions, ce n'est que dans ces cas que la stabilité absolue est possible.

Ainsi, par exemple, si le système d'équations examiné est canonique,

$$\frac{dx_s}{dt} = -\frac{\partial H}{\partial y_s}, \qquad \frac{dy_s}{dt} = \frac{\partial H}{\partial x_s} \qquad (s = 1, 2, \ldots, k)$$

(H étant une fonction holomorphe des variables $x_1, x_2, \ldots, x_k, y_1, y_2, \ldots, y_k$, ne contenant pas de termes de degré inférieur au second), la stabilité absolue n'est possible que si toutes les racines de l'équation déterminante ont leurs parties réelles nulles.

Nous arrivons à cette conclusion en tenant compte de ce que cette équation contient seulement des puissances paires de l'inconnue $\varkappa$ (n° 21).

Si, parmi ses racines, il s'en trouvait qui eussent les parties réelles différentes de zéro, il n'existerait qu'une certaine stabilité conditionnelle (n° 24, théorème II) d'un caractère tel que, pour certaines perturbations, les mouvements troublés s'approcheraient asymptotiquement du mouvement non troublé.

Dans le cas où les parties réelles de toutes les racines sont nulles, il peut arriver que H est une fonction définie. Alors la stabilité aura lieu réellement. Mais, si H

(1) *Voir* la Note placée à la suite de ce Mémoire.

n'est pas une telle fonction, la question devient en général très difficile et nous ne pouvons pas indiquer de moyens pour la résoudre.

Il serait naturel de recourir, dans ce but, à l'intégration de nos équations à l'aide de séries. Mais les séries que donnent, dans les cas qui nous intéressent, les méthodes connues d'intégration ne sont pas de nature à pouvoir conduire à des conclusions quelconques sur la stabilité.

Les séries ordonnées suivant les puissances des constantes arbitraires, auxquelles conduit la méthode usuelle des approximations successives, présentent déjà cet inconvénient que l'on y rencontre, en général, des termes séculaires, qui y entrent ordinairement même dans les cas où la stabilité a lieu réellement. Et la présence de ces termes rend l'étude de la question très difficile.

Il serait donc désirable d'avoir des méthodes d'intégration qui fournissent des séries dépourvues de termes séculaires.

On sait que, dans la *Mécanique céleste,* la recherche de pareilles méthodes constitue l'objet de plusieurs recherches modernes. Parmi ces recherches, celles de Gyldén et de Lindstedt méritent une attention particulière.

Les méthodes proposées par Gyldén reposent, comme on sait, sur la considération des fonctions elliptiques.

La méthode plus simple de Lindstedt, dans les cas où elle conduit au but, fournit des séries de sinus et cosinus des multiples de t, dépendant non seulement des racines de l'équation déterminante (qui sont supposées toutes purement imaginaires), mais encore des constantes arbitraires introduites par l'intégration. C'est cette dernière circonstance qui permet de faire disparaître les termes séculaires (1).

Mais, bien qu'on puisse indiquer ainsi des méthodes permettant parfois de se débarrasser des termes séculaires, la difficulté est loin d'être écartée par là, car il reste encore à résoudre une question essentielle, celle de la convergence des séries obtenues. Or cette question, pour des systèmes d'équations différentielles d'ordre supérieur au second, n'est pas facile à résoudre, et jusqu'à présent on n'a fait à son sujet rien dont on pourrait profiter ici (2).

Nous avons en vue les problèmes où lesdites méthodes sont appliquées à la recherche de l'intégrale générale. Quant à ceux où l'on se borne à la recherche de

---

(1) Lindstedt, *Beitrag zur Integration der Differentialgleichungen der Störungstheorie* (*Mémoires de l'Académie des Sciences de Saint-Pétersbourg*, 7e série, t. XXXI, n° 4).

(2) Récemment a paru un Mémoire remarquable au plus haut point de M. Poincaré *Sur le problème des trois corps et les équations de la Dynamique* (*Acta mathematica*, t. XIII). Dans ce Mémoire, entre autres questions, est considérée celle de la convergence des séries de Lindstedt pour un système canonique du quatrième ordre, et relativement à cette convergence l'auteur arrive à une conclusion négative.

solutions particulières, on pourra, à certaines conditions, obtenir, par exemple, des séries périodiques semblables à celles de Linsdtedt, dont la convergence sera indubitable.

Nous nous occuperons de pareilles séries à la fin de ce Chapitre.

Comme on le voit par ce que nous venons de dire, les questions de stabilité, dans les cas singuliers qui nous intéressent, sont très difficiles. Les difficultés deviennent d'ailleurs d'autant plus sérieuses que le nombre de racines à parties réelles nulles est plus grand.

Aussi, si l'on désire arriver à quelques méthodes générales dans ces questions, est-il nécessaire de commencer par les cas où le nombre de susdites racines est le plus petit possible.

Nous nous bornerons ici à l'examen des deux cas les plus simples de cette espèce : 1° où l'équation déterminante a une racine nulle, toutes les autres racines ayant leurs parties réelles négatives, et 2° où, les autres racines étant de la même nature, l'équation a deux racines purement imaginaires (1).

Notre analyse représentera une application de la méthode que nous avons appelée au n° 5 la seconde.

Premier cas. — *Une racine égale à zéro.*

28. Considérons un système d'équations différentielles du mouvement troublé d'ordre $n+1$ et supposons que l'équation déterminante qui lui correspond ait une racine nulle, les n autres racines ayant leurs parties réelles négatives.

Le système d'équations différentielles de la première approximation admettra, dans ce cas, une intégrale linéaire à coefficients constants (n° 18). En prenant une telle intégrale (dans laquelle on peut supposer les coefficients réels) pour une des fonctions inconnues, nous ramènerons le système considéré à la forme

$$(28)\quad \begin{cases} \dfrac{dx}{dt} = X, \\ \dfrac{dx_s}{dt} = p_{s1}x_1 + p_{s2}x_2 + \ldots + p_{sn}x_n + p_s x + X_s \qquad (s = 1, 2, \ldots, n), \end{cases}$$

où $X, X_1, X_2, \ldots, X_n$ sont des fonctions holomorphes des variables x, x_1,

(1) Le cas de racines purement imaginaires pour des systèmes du second ordre a été considéré par M. Poincaré dans son Mémoire *Sur les courbes définies par les équations différentielles* (*Journal de Mathématiques*, 4e série, t. I, p. 172). Au terme *stabilité* y est donnée une acception un peu différente de la nôtre.

$x_2, \ldots, x_n$, dont les développements commencent par des termes de degré non inférieur au second et possèdent des coefficients constants réels, et $p_{s\sigma}$, p_s sont des constantes réelles. Les constantes $p_{s\sigma}$ sont d'ailleurs telles que, si nous désignons, comme précédemment, par $D(\varkappa)$ le déterminant fondamental du système (1), l'équation

$$D(\varkappa) = 0$$

n'aura que des racines à parties réelles négatives.

Considérons dans les équations (28) les termes ne dépendant pas des variables $x_1, x_2, \ldots, x_n$. Nous désignerons les ensembles de ces termes dans les développements des fonctions $X, X_1, X_2, \ldots, X_n$ respectivement par $X^{(0)}, X_1^{(0)}, X_2^{(0)}, \ldots, X_n^{(0)}$.

Il peut arriver que tous les coefficients $p_1, p_2, \ldots, p_n$ soient nuls. Alors, si, $X^{(0)}$ n'étant pas identiquement nul, les développements des fonctions $X_1^{(0)}$, $X_2^{(0)}, \ldots, X_n^{(0)}$ suivant les puissances de x ne contiennent pas de termes dont les degrés soient inférieurs à la moindre puissance de x entrant dans le développement de $X^{(0)}$, ou si $X^{(0)}, X_1^{(0)}, X_2^{(0)}, \ldots, X_n^{(0)}$ sont toutes identiquement nulles, la question de la stabilité se résoudra, comme nous verrons, par l'examen direct des équations (28). Dans le cas contraire, une transformation préalable sera nécessaire, et nous montrerons tout à l'heure qu'on pourra toujours transformer le système d'équations (28) dans un système de même forme pour lequel les conditions que nous venons de signaler seront remplies.

Dans ce but, considérons le système d'équations suivant :

$$(29) \qquad p_{s1}x_1 + p_{s2}x_2 + \ldots + p_{sn}x_n + p_s x + X_s = 0 \qquad (s = 1, 2, \ldots, n).$$

Les premiers membres de ces équations s'annulent pour

$$x_1 = x_2 = \ldots = x_n = x = 0,$$

mais leur déterminant fonctionnel par rapport à $x_1, x_2, \ldots, x_n$ se réduit dans cette hypothèse à $D(0)$, ce qui est un nombre non nul. Par suite, en vertu d'un théorème connu, ces équations sont résolubles par rapport aux quantités x_1, $x_2, \ldots, x_n$, et admettent une solution parfaitement déterminée de la forme

$$x_1 = u_1 \qquad x_2 = u_2, \qquad \ldots, \qquad x_n = u_n,$$

$u_1, u_2, \ldots, u_n$ étant des fonctions holomorphes de la variable x, s'annulant pour $x = 0$.

Les coefficients dans les développements des fonctions u_s s'obtiendront successivement, en commençant par la moindre puissance de x; et celle-ci sera la moindre puissance de x que renferment les équations (29) dans les termes indépendants des quantités x_s.

Si donc tous les coefficients p_s étaient nuls et qu'aucune des fonctions X_s ne renfermât dans son développement de termes indépendants des quantités x_s, tous les u_s seraient identiquement nuls.

En revenant maintenant au système d'équations différentielles (28), transformons-le à l'aide de la substitution

$$x_1 = u_1 + z_1, \qquad x_2 = u_2 + z_2, \qquad \dots, \qquad x_n = u_n + z_n,$$

où $z_1, z_2, \dots, z_n$ sont de nouvelles variables qui remplaceront les anciennes $x_1, x_2, \dots, x_n$.

Le système d'équations transformé sera de la forme suivante :

$$\frac{dx}{dt} = Z,$$

$$\frac{dz_s}{dt} = p_{s1} z_1 + p_{s2} z_2 + \dots + p_{sn} z_n + Z_s \qquad (s = 1, 2, \dots, n),$$

où $Z, Z_1, Z_2, \dots, Z_n$ sont des fonctions holomorphes des variables $x, z_1, z_2, \dots, z_n$, dont les développements commencent par des termes de degré non inférieur au second; et il est facile de voir que, si $Z^{(0)}, Z_1^{(0)}, Z_2^{(0)}, \dots, Z_n^{(0)}$ représentent ce que ces fonctions deviennent quand on pose $z_1 = z_2 = \dots = z_n = 0$, on aura

$$Z_1^{(0)} = -\frac{du_1}{dx} Z^{(0)}, \qquad Z_2^{(0)} = -\frac{du_2}{dx} Z^{(0)}, \qquad \dots, \qquad Z_n^{(0)} = -\frac{du_n}{dx} Z^{(0)}.$$

D'où il est clair que dans les développements des $Z_s^{(0)}$ suivant les puissances de x il n'y aura pas de termes dont les degrés soient inférieurs à la moindre puissance de x dans le développement de $Z^{(0)}$, et que, si $Z^{(0)}$ est identiquement nul, il en sera de même de chacune des fonctions $Z_s^{(0)}$.

Donc le système transformé aura toutes les propriétés requises.

La fonction $Z^{(0)}$ s'obtient comme résultat de la substitution

$$x_1 = u_1, \qquad x_2 = u_2, \qquad \dots, \qquad x_n = u_n$$

dans la fonction X.

Si le résultat de cette substitution était trouvé identiquement nul, le système d'équations (28) admettrait une solution particulière avec des valeurs constantes pour $x, x_1, x_2, \dots, x_n$, dépendant d'une constante arbitraire.

En supposant que

$$u_s = a_s^{(1)} x + a_s^{(2)} x^2 + a_s^{(3)} x^3 + \dots \qquad (s = 1, 2, \dots, n)$$

soient les séries définissant les fonctions u_s, nous pourrions représenter cette solution par les équations suivantes :

$$x = c,$$
$$x_s = a_s^{(1)} c + a_s^{(2)} c^2 + a_s^{(3)} c^3 + \dots \qquad (s = 1, 2, \dots, n),$$

où c est une constante arbitraire, dont le module, pour que les séries soient convergentes, ne doit pas dépasser une certaine limite.

A chaque valeur réelle suffisamment petite de la constante c, il correspondrait dans ce cas un mouvement permanent ([1]). En faisant varier cette constante d'une manière continue, nous obtiendrions *une série continue* de tels mouvements, comprenant le mouvement considéré dont la stabilité fait l'objet de recherche.

Remarque. — La substitution au moyen de laquelle a été effectuée la transformation précédente est telle que le problème de la stabilité par rapport aux anciennes variables $x, x_1, x_2, \dots, x_n$ est entièrement équivalent au problème de la stabilité par rapport aux nouvelles $x, z_1, z_2, \dots, z_n$; de sorte que, en résolvant *un* problème dans le sens affirmatif ou négatif, nous résoudrons l'autre dans le même sens.

La plupart des transformations que nous rencontrerons dans la suite jouiront de cette propriété.

Au reste, il nous arrivera parfois d'avoir affaire avec des transformations d'une autre sorte. Dans de tels cas, en passant du système primitif d'équations au système transformé, nous serons obligé d'introduire dans le problème certaines modifications.

29. En vertu de ce qui a été exposé plus haut, nous pouvons partir dans notre recherche de la supposition que les équations différentielles du mouvement troublé ont la forme suivante :

$$(30) \qquad \frac{dx}{dt} = X, \qquad \frac{dx_s}{dt} = p_{s1} x_1 + p_{s2} x_2 + \dots + p_{sn} x_n + X_s \qquad (s = 1, 2, \dots, n),$$

où les fonctions X, X_s sont telles que leurs développements satisfont à la condition dont on a parlé au numéro précédent.

([1]) Si le nombre $\frac{n+1}{2}$ est inférieur à celui des degrés de liberté du système matériel considéré, aux expressions données des quantités $x, x_1, x_2, \dots, x_n$ en fonctions de t peut correspondre non pas *un*, mais une infinité de mouvements. Mais nous conviendrons de considérer tout l'ensemble de ces mouvements comme un seul mouvement, et nous le ferons aussi dans des cas analogues plus loin.

Nous considérerons d'abord le cas où la quantité $X^{(0)}$ n'est pas identiquement nulle, et nous désignerons par m l'exposant du degré de x le moins élevé que l'on rencontre dans son développement.

Alors, conformément à notre hypothèse, aucune des quantités $X_s^{(0)}$ ne contiendra dans son développement de termes de degré inférieur à m.

Le nombre m ne sera pas inférieur à 2.

Commençons par le cas le plus simple, celui où $m = 2$.

Soit

$$X = gx^2 + Px + Q + R,$$

où g est une constante non nulle, P une forme linéaire des variables $x_1, x_2, \ldots, x_n$, Q une forme quadratique de ces mêmes quantités et R une fonction holomorphe des variables $x, x_1, x_2, \ldots, x_n$, dont le développement ne contient pas de termes au-dessous de la troisième dimension.

Cela posé, nous remarquons que, dans les conditions considérées, on pourra toujours trouver des formes des variables x_s, linéaire U et quadratique W, qui satisfassent aux équations

$$\sum_{s=1}^{n} (p_{s1}x_1 + p_{s2}x_2 + \ldots + p_{sn}x_n) \frac{\partial U}{\partial x_s} + P = 0,$$

$$\sum_{s=1}^{n} (p_{s1}x_1 + p_{s2}x_2 + \ldots + p_{sn}x_n) \frac{\partial W}{\partial x_s} + Q = g(x_1^2 + x_2^2 + \ldots + x_n^2).$$

Ces formes étant obtenues, posons

$$V = x + Ux + W.$$

Alors, en vertu de nos équations différentielles (30), nous aurons

$$\frac{dV}{dt} = g(x^2 + x_1^2 + x_2^2 + \ldots + x_n^2) + S,$$

où

$$S = x \sum_{s=1}^{n} X_s \frac{\partial U}{\partial x_s} + \sum_{s=1}^{n} X_s \frac{\partial W}{\partial x_s} + UX + R$$

ne contiendra que des termes de degré supérieur au second.

De cette manière la dérivée de la fonction V par rapport à t représentera une fonction définie des variables x, x_s. Mais la fonction V, elle-même, peut évidemment prendre des valeurs positives aussi bien que négatives, quelque petites que soient les valeurs absolues de ces variables.

Par suite, en nous reportant au théorème II du n° 16, nous devons conclure que le mouvement non troublé est instable.

Nous arriverons à la même conclusion dans le cas où m est un nombre pair quelconque.

Soit, d'une façon générale,

$$X = gx^m + P^{(1)}x + P^{(2)}x^2 + \ldots + P^{(m-1)}x^{m-1} + Q + R,$$

où g est une constante non nulle; les $P^{(j)}$ représentent des formes linéaires des quantités x_s, Q est une forme quadratique de ces dernières, et R une fonction holomorphe des variables x, x_s, dont le développement n'a pas de termes de degré inférieur au troisième et est d'ailleurs tel que la variable x ne s'y rencontre, dans les termes linéaires par rapport aux quantités x_s, qu'à des puissances non inférieures à la $m^{\text{ième}}$ et, dans les termes indépendants des x_s, qu'à des puissances non inférieures à la $(m+1)^{\text{ième}}$.

En outre, en désignant par k un nombre entier positif quelconque, posons

$$X_s = P_s^{(1)}x + P_s^{(2)}x^2 + \ldots + P_s^{(k)}x^k + X_s^{(k)} = g_s x^m + X'_s.$$

Les $P_s^{(j)}$ sont ici des formes linéaires des quantités x_s; $X_1^{(k)}, X_2^{(k)}, \ldots, X_n^{(k)}$ sont des fonctions holomorphes des variables x, x_s, dont les développements, dans les termes linéaires par rapport aux quantités x_s, ne contiennent x qu'à des puissances supérieures à la $k^{\text{ième}}$; les g_s sont des constantes et les X'_s des fonctions holomorphes dont les développements, dans les termes indépendants des x_s, ne contiennent x qu'à des puissances supérieures à la $m^{\text{ième}}$.

Convenons enfin d'entendre par $U^{(1)}, U^{(2)}, \ldots, U^{(m-1)}$ des formes linéaires et par W une forme quadratique des variables x_s, formes dont nous aurons à disposer.

Cela étant, et en supposant que m soit un nombre pair, posons

$$V = x + U^{(1)}x + U^{(2)}x^2 + \ldots + U^{(m-1)}x^{m-1} + W.$$

Alors, en vertu des équations différentielles (30), il viendra

$$\begin{aligned}\frac{dV}{dt} &= gx^m + P^{(1)}x + P^{(2)}x^2 + \ldots + P^{(m-1)}x^{m-1} + Q + R \\ &+ \sum_{k=1}^{m-2} x^k \sum_{s=1}^{n} \left(p_{s1}x_1 + p_{s2}x_2 + \ldots + p_{sn}x_n + P_s^{(1)}x + \ldots + P_s^{(m-k-1)}x^{m-k-1} + X_s^{(m-k-1)}\right)\frac{\partial U^{(k)}}{\partial x_s} \\ &+ x^{m-1}\sum_{s=1}^{n}(p_{s1}x_1 + p_{s2}x_2 + \ldots + p_{sn}x_n + X_s)\frac{\partial U^{(m-1)}}{\partial x_s} \\ &+ \sum_{s=1}^{n}(p_{s1}x_1 + p_{s2}x_2 + \ldots + p_{sn}x_n + X_s)\frac{\partial W}{\partial x_s} + X\sum_{k=1}^{m-1} k\,U^{(k)}x^{k-1}.\end{aligned}$$

En considérant ici l'ensemble des termes linéaires par rapport aux quantités x_s, disposons du choix des formes linéaires $U^{(j)}$ de telle manière que x ne s'y rencontre pas à des puissances inférieures à la $m^{\text{ième}}$. Pour cela nous devons faire

$$\sum_{s=1}^{n}(p_{s1}x_1+p_{s2}x_2+\ldots+p_{sn}x_n)\frac{\partial U^{(1)}}{\partial x_s}+P^{(1)}=0,$$

$$\sum_{s=1}^{n}(p_{s1}x_1+p_{s2}x_2+\ldots+p_{sn}x_n)\frac{\partial U^{(k)}}{\partial x_s}$$
$$+P^{(k)}+\sum_{s=1}^{n}\left(P_s^{(1)}\frac{\partial U^{(k-1)}}{\partial x_s}+\ldots+P_s^{(k-1)}\frac{\partial U^{(1)}}{\partial x_s}\right)=0 \qquad (k=2,\,3,\,\ldots,\,m-1).$$

Dans les hypothèses admises, ces équations seront toujours possibles, et nous en tirerons successivement $U^{(1)}$, $U^{(2)}$, ..., $U^{(m-1)}$.

Si ensuite nous choisissons la forme quadratique W conformément à l'équation

$$\sum_{s=1}^{n}(p_{s1}x_1+p_{s2}x_2+\ldots+p_{sn}x_n)\frac{\partial W}{\partial x_s}+Q=g(x_1^2+x_2^2+\ldots+x_n^2),$$

nous aurons

$$\frac{dV}{dt}=g(x^m+x_1^2+x_2^2+\ldots+x_n^2)+S,$$

où

$$S=\sum_{s=1}^{n}\left(\sum_{k=1}^{m-2}x^k X_s^{(m-k-1)}\frac{\partial U^{(k)}}{\partial x_s}+x^{m-1}X_s\frac{\partial U^{(m-1)}}{\partial x_s}\right)+\sum_{s=1}^{n}X_s\frac{\partial W}{\partial x_s}+X\sum_{k=1}^{m-1}kU^{(k)}x^{k-1}+R.$$

Et cette expression de S, eu égard à ce que désignent X, R, X_s, $X_s^{(k)}$, peut toujours être présentée sous la forme

$$S=v x^m+\sum_{s=1}^{n}\sum_{\sigma=1}^{n}v_{s\sigma}x_s x_\sigma,$$

où v, $v_{s\sigma}$ sont des fonctions holomorphes des variables x, x_s, s'annulant pour

$$x=x_1=x_2=\ldots=x_n=0.$$

Par là on voit que, les formes $U^{(j)}$, W étant choisies de la manière indiquée, la dérivée $\frac{dV}{dt}$ sera une fonction définie des variables x, x_s.

Or, s'il en est ainsi, la fonction V satisfera à toutes les conditions du théorème II du n° 16. Nous devons donc conclure que le mouvement non troublé est instable.

Considérons maintenant le cas de m impair.

En posant

$$V = W + \frac{1}{2}x^2 + U^{(1)}x^2 + U^{(2)}x^3 + \ldots + U^{(m-1)}x^m,$$

nous aurons, en vertu des équations (30),

$$\begin{aligned}\frac{dV}{dt} &= gx^{m+1} + P^{(1)}x^2 + P^{(2)}x^3 + \ldots + P^{(m-1)}x^m + (Q+R)x \\ &+ \sum_{k=2}^{m-1} x^k \sum_{s=1}^{n} (p_{s1}x_1 + p_{s2}x_2 + \ldots + p_{sn}x_n + P_s^{(1)}x + \ldots + P_s^{(m-k)}x^{m-k} + X_s^{(m-k)}) \frac{\partial U^{(k-1)}}{\partial x_s} \\ &+ x^m \sum_{s=1}^{n} (p_{s1}x_1 + p_{s2}x_2 + \ldots + p_{sn}x_n + X_s) \frac{\partial U^{(m-1)}}{\partial x_s} \\ &+ \sum_{s=1}^{n} (p_{s1}x_1 + p_{s2}x_2 + \ldots + p_{sn}x_n + g_s x^m + X'_s) \frac{\partial W}{\partial x_s} + X \sum_{k=2}^{m} k U^{(k-1)} x^{k-1}.\end{aligned}$$

Choisissons la forme quadratique W conformément à l'équation

$$\sum_{s=1}^{n} (p_{s1}x_1 + p_{s2}x_2 + \ldots + p_{sn}x_n) \frac{\partial W}{\partial x_s} = g(x_1^2 + x_2^2 + \ldots + x_n^2). \tag{31}$$

Puis, disposons des formes linéaires $U^{(j)}$ de façon que, dans cette expression de $\frac{dV}{dt}$, il n'y ait pas de termes linéaires par rapport aux quantités x_s, dans lesquels x se trouve à des puissances inférieures à la $(m+1)^{\text{ième}}$. Pour cela, choisissons ces formes conformément aux équations

$$\sum_{s=1}^{n} (p_{s1}x_1 + p_{s2}x_2 + \ldots + p_{sn}x_n) \frac{\partial U^{(1)}}{\partial x_s} + P^{(1)} = 0,$$

$$\begin{aligned}&\sum_{s=1}^{n} (p_{s1}x_1 + p_{s2}x_2 + \ldots + p_{sn}x_n) \frac{\partial U^{(k)}}{\partial x_s} \\ &\quad + P^{(k)} + \sum_{s=1}^{n} \left(P_s^{(1)} \frac{\partial U^{(k-1)}}{\partial x_s} + \ldots + P_s^{(k-1)} \frac{\partial U^{(1)}}{\partial x_s} \right) = 0 \qquad (k = 2, 3, \ldots, m-2),\end{aligned}$$

$$\begin{aligned}&\sum_{s=1}^{n} (p_{s1}x_1 + p_{s2}x_2 + \ldots + p_{sn}x_n) \frac{\partial U^{(m-1)}}{\partial x_s} \\ &\quad + P^{(m-1)} + \sum_{s=1}^{n} \left(g_s \frac{\partial W}{\partial x_s} + P_s^{(1)} \frac{\partial U^{(m-2)}}{\partial x_s} + \ldots + P_s^{(m-2)} \frac{\partial U^{(1)}}{\partial x_s} \right) = 0.\end{aligned}$$

D'après cela nous aurons

$$\frac{dV}{dt} = g(x^{m+1} + x_1^2 + x_2^2 + \ldots + x_n^2) + S,$$

où

$$S = \sum_{s=1}^{n} \left(\sum_{k=2}^{m-1} x^k X_s^{(m-k)} \frac{\partial U^{(k-1)}}{\partial x_s} + x^m X_s \frac{\partial U^{(m-1)}}{\partial x_s} \right)$$

$$+ \sum_{s=1}^{n} X'_s \frac{\partial W}{\partial x_s} + X \sum_{k=2}^{m} k U^{(k-1)} x^{k-1} + (Q + R)x.$$

Or, cette expression de S peut être présentée sous la forme

$$S = v x^{m+1} + \sum_{s=1}^{n} \sum_{\sigma=1}^{n} v_{s\sigma} x_s x_\sigma,$$

en entendant, comme précédemment, par v, $v_{s\sigma}$ des fonctions holomorphes, s'annulant quand tous les x, x_s s'annulent.

La dérivée $\frac{dV}{dt}$ sera donc une fonction définie des variables x, x_s, et son signe, pour des valeurs suffisamment petites de $|x|$, $|x_s|$, sera le même que celui de la constante g.

Cela posé, et en nous reportant au théorème II du n° 20, nous remarquerons que la forme W satisfaisant à l'équation (31) sera définie et, en outre, de signe contraire à celui de g. Et par l'expression de la fonction V il est clair que, W étant une forme définie *positive*, V sera une fonction définie positive des variables x, x_s.

Ainsi, pour $g < 0$, la fonction V sera définie positive, et sa dérivée définie négative; nous nous trouverons donc dans les conditions du théorème I du n° 16, et même, dans celles du théorème établi dans la remarque II. Si, au contraire, $g > 0$, on pourra toujours rendre la fonction V une quantité de signe arbitraire, quelque petite que soit la limite que ne doivent pas dépasser les quantités $|x|$, $|x_s|$; on se trouvera donc dans les conditions du théorème II (n° 16).

Par suite, nous arrivons à conclure que, m étant impair, il y aura stabilité ou instabilité, selon que g est négatif ou positif, et que, g étant négatif, tout mouvement troublé, assez voisin du mouvement non troublé, s'en rapprochera asymptotiquement.

30. Il nous reste encore à considérer le cas où, dans les équations (30), aucune des fonctions X, X_s ne renferme, dans son développement, de termes indépendants des quantités x_1, x_2, ..., x_n et où, par suite, ces équations admettent une solution particulière de la forme

$$x = c, \qquad x_1 = x_2 = \ldots = x_n = 0,$$

c étant une constante arbitraire.

Nous allons montrer que dans ce cas les équations (30) auront une équation intégrale *complète* (1), dépendant d'une constante arbitraire c, de la forme suivante,

$$x = c + f(x_1, x_2, \ldots, x_n, c),$$

où f est une fonction holomorphe des quantités $x_1, x_2, \ldots, x_n, c$, s'annulant pour

$$x_1 = x_2 = \ldots = x_n = 0.$$

Cette proposition pourrait certainement se démontrer directement; mais nous préférons l'associer à une autre, plus générale, qui pourra nous être utile dans d'autres cas. Voici ce que nous allons démontrer :

Théorème. — *Soit donné un système d'équations aux dérivées partielles*

$$(32) \qquad \sum_{s=1}^{n} (p_{s1}x_1 + p_{s2}x_2 + \ldots + p_{sn}x_n + X_s)\frac{\partial z_j}{\partial x_s} = q_{j1}z_1 + q_{j2}z_2 + \ldots + q_{jk}z_k + Z_j \qquad (j = 1, 2, \ldots, k),$$

où $X_1, X_2, \ldots, X_n, Z_1, Z_2, \ldots, Z_k$ *sont des fonctions holomorphes des variables* $x_1, x_2, \ldots, x_n, z_1, z_2, \ldots, z_k$, *s'annulant quand toutes ces variables deviennent nulles. On suppose : que les fonctions* X_s *ne contiennent pas, dans leurs développements, de termes du premier degré; que les termes du premier degré figurant dans les fonctions* Z_j *ne dépendent pas des quantités* $z_1, z_2, \ldots, z_k$; *que les* $p_{s\sigma}, q_{jl}$ *sont des constantes, telles que,* $\varkappa_1, \varkappa_2, \ldots, \varkappa_n$ *étant les racines de l'équation*

$$\begin{vmatrix} p_{11}-\varkappa & p_{12} & \ldots & p_{1n} \\ p_{21} & p_{22}-\varkappa & \ldots & p_{2n} \\ \ldots & \ldots\ldots & \ldots & \ldots \\ p_{n1} & p_{n2} & \ldots & p_{nn}-\varkappa \end{vmatrix} = 0,$$

(1) Nous appelons *complète* toute équation intégrale à laquelle on peut satisfaire, en disposant convenablement des constantes arbitraires qui y entrent, par une solution *quelconque* des équations différentielles.

et $\lambda_1, \lambda_2, \ldots, \lambda_k$ celles de l'équation

$$\begin{vmatrix} q_{11}-\lambda & q_{12} & \ldots & q_{1k} \\ q_{21} & q_{22}-\lambda & \ldots & q_{2k} \\ \ldots & \ldots\ldots & \ldots & \ldots \\ q_{k1} & q_{k2} & \ldots & q_{kk}-\lambda \end{vmatrix} = 0,$$

les parties réelles de tous les $\varkappa_s$ soient différentes de zéro et aient un même signe, et que, de plus, les nombres $\varkappa_s$ et λ_j ne soient liés par aucune relation de la forme

$$m_1\varkappa_1 + m_2\varkappa_2 + \ldots + m_n\varkappa_n = \lambda_j \qquad (j = 1, 2, \ldots, k),$$

où tous les m_s soient des entiers non négatifs satisfaisant à la condition

$$\sum m_s > 0.$$

Cela posé, on pourra toujours trouver un système de fonctions holomorphes $z_1, z_2, \ldots, z_k$ des variables $x_1, x_2, \ldots, x_n$, satisfaisant aux équations (32) *et s'annulant pour*

$$x_1 = x_2 = \ldots = x_n = 0.$$

Il n'y aura d'ailleurs qu'un seul pareil système de fonctions.

Pour le démontrer, prenons le système suivant d'équations différentielles ordinaires :

$$(33) \qquad \frac{dx_s}{dt} = p_{s1}x_1 + p_{s2}x_2 + \ldots + p_{sn}x_n + X_s \qquad (s = 1, 2, \ldots, n),$$

$$\frac{dz_j}{dt} = q_{j1}z_1 + q_{j2}z_2 + \ldots + q_{jk}z_k + Z_j \qquad (j = 1, 2, \ldots, k).$$

D'après ce qui a été exposé au n° 23, on peut affirmer que ces équations admettront, dans les suppositions admises, une solution de la forme suivante,

$$(34) \quad x_s = \sum K_s^{(m_1, m_2, \ldots, m_n)} \alpha_1^{m_1} \alpha_2^{m_2} \ldots \alpha_n^{m_n} e^{(m_1\varkappa_1 + m_2\varkappa_2 + \ldots + m_n\varkappa_n)t} \qquad (s = 1, 2, \ldots, n),$$

$$(35) \quad z_j = \sum L_j^{(m_1, m_2, \ldots, m_n)} \alpha_1^{m_1} \alpha_2^{m_2} \ldots \alpha_n^{m_n} e^{(m_1\varkappa_1 + m_2\varkappa_2 + \ldots + m_n\varkappa_n)t} \qquad (j = 1, 2, \ldots, k),$$

où tous les K et les L sont des constantes ou des fonctions entières et rationnelles de t indépendantes des constantes arbitraires $\alpha_1, \alpha_2, \ldots, \alpha_n$, et où les sommes sont étendues à toutes les valeurs des entiers non négatifs m_s satisfaisant à la condition $\sum m_s > 0$.

Nous pouvons d'ailleurs supposer, et nous le ferons, que les ensembles de termes du premier degré dans les séries (34) donnent une intégrale *générale* du système d'équations différentielles linéaires tiré de (33) en y laissant de côté les termes de degré supérieur au premier. A cette condition, le déterminant fonctionnel des quantités x_s par rapport aux quantités

$$(36) \qquad \alpha_1 e^{\varkappa_1 t}, \quad \alpha_2 e^{\varkappa_2 t}, \quad \ldots, \quad \alpha_n e^{\varkappa_n t}$$

deviendra, quand ces dernières seront nulles, une constante différente de zéro.

Cela posé, on pourra résoudre les équations (34) par rapport aux quantités (36) et en tirer les suivantes,

$$\alpha_s e^{\varkappa_s t} = f_s(x_1, x_2, \ldots, x_n, t) \qquad (s = 1, 2, \ldots, n),$$

où les seconds membres sont des fonctions holomorphes des variables $x_1, x_2, \ldots, x_n$, s'annulant pour $x_1 = x_2 = \ldots = x_n = 0$, et ayant pour coefficients soit des constantes, soit des fonctions entières et rationnelles de t.

En portant ces expressions des quantités (36) dans les équations (35), nous aurons

$$(37) \qquad z_j = \varphi_j(x_1, x_2, \ldots, x_n, t) \qquad (j = 1, 2, \ldots, k),$$

les φ_j étant des fonctions du même caractère que les f_s; et ces fonctions, en vertu de la façon même dont on les a obtenues, satisferont au système suivant d'équations aux dérivées partielles :

$$(38) \qquad \begin{aligned} &\sum_{s=1}^{n} (p_{s1} x_1 + \ldots + p_{sn} x_n + X_s) \frac{\partial z_j}{\partial x_s} + \frac{\partial z_j}{\partial t} \\ &= q_{j1} z_1 + q_{j2} z_2 + \ldots + q_{jk} z_k + Z_j \qquad (j = 1, 2, \ldots, k). \end{aligned}$$

Cherchons à satisfaire à ce système d'une manière la plus générale, en supposant que les z_j soient des fonctions holomorphes des variables x_s, s'annulant quand ces dernières sont nulles et ayant, dans leurs développements, des coefficients ou constants, ou entiers et rationnels par rapport à t.

Pour simplifier l'analyse, supposons que, dans les équations (38), tous les coefficients q_{jl} soient nuls, à l'exception des suivants :

$$q_{11} = \lambda_1, \quad q_{22} = \lambda_2, \quad \ldots, \quad q_{kk} = \lambda_k, \quad q_{21} = \tau_1, \quad q_{32} = \tau_2, \quad \ldots, \quad q_{k,k-1} = \tau_{k-1}.$$

Cette supposition est toujours légitime, car, dans le cas contraire, en prenant pour nouvelles fonctions inconnues certaines formes linéaires des quantités z_j à coefficients constants, nous pourrions transformer les équations (38) de telle manière que, dans les nouvelles équations, les coefficients q satisfassent à la condition ci-dessus [telle est la réduction des équations (13) à la forme (17), indiquée au n° 22].

Soit

$$z_j = z_j^{(1)} + z_j^{(2)} + z_j^{(3)} + \ldots \qquad (j = 1, 2, \ldots, k),$$

où, d'une façon générale, $z_1^{(m)}, z_2^{(m)}, \ldots, z_k^{(m)}$ désignent des formes du $m^{\text{ième}}$ degré par rapport aux quantités x_s.

Les équations (38) donneront

$$\sum_{s=1}^{n} (p_{s1} x_1 + p_{s2} x_2 + \ldots + p_{sn} x_n) \frac{\partial z_1^{(m)}}{\partial x_s} + \frac{\partial z_1^{(m)}}{\partial t} = \lambda_1 z_1^{(m)} + W_1^{(m)},$$

$$\sum_{s=1}^{n} (p_{s1} x_1 + p_{s2} x_2 + \ldots + p_{sn} x_n) \frac{\partial z_j^{(m)}}{\partial x_s} + \frac{\partial z_j^{(m)}}{\partial t} = \lambda_j z_j^{(m)} + \tau_{j-1} z_{j-1}^{(m)} + W_j^{(m)} \qquad (j = 2, 3, \ldots, k),$$

où $W_1^{(m)}, W_2^{(m)}, \ldots, W_k^{(m)}$ sont des formes du $m^{\text{ième}}$ degré des variables x_s se déduisant d'une certaine manière des formes $z_j^{(\mu)}$ pour lesquelles $\mu < m$. Si ces dernières avaient toutes des coefficients constants, il en serait de même des coefficients de toutes les formes $W_j^{(m)}$. Pour $m = 1$, ces coefficients seront toujours constants, car les formes $W_j^{(1)}$ représentent les ensembles des termes du premier degré dans les développements des fonctions Z_j.

Par les équations que nous venons d'écrire, nous trouverons successivement

$$(39) \qquad z_1^{(1)}, \quad z_2^{(1)}, \quad \ldots, \quad z_k^{(1)}, \qquad z_1^{(2)}, \quad z_2^{(2)}, \quad \ldots, \quad z_k^{(2)}, \qquad \ldots.$$

Soit v une quelconque de ces formes, et supposons que toutes les précédentes aient des coefficients constants. Alors, dans l'équation d'où dépend l'évaluation de v, le terme connu représentera une forme également à coefficients constants.

Par suite, si nous désignons par l l'exposant de la plus haute puissance de t dans les coefficients de la forme v, et si, en entendant par $v_0, v_1, \ldots, v_l$ des formes à coefficients constants, nous faisons

$$v = v_0 + v_1 t + \ldots + v_l t^l$$

(ce qui représente l'hypothèse la plus générale que l'on puisse faire au sujet de v), la forme v_l satisfera à l'équation

$$\sum_{s=1}^{n} (p_{s1} x_1 + p_{s2} x_2 + \ldots + p_{sn} x_n) \frac{\partial v_l}{\partial x_s} = \lambda v_l,$$

où λ est une des quantités $\lambda_1, \lambda_2, \ldots, \lambda_k$. Or, par hypothèse, aucune de ces quantités ne se présente sous la forme $\sum m_s \varkappa_s$. Donc (n° 19), quel que soit le degré de la forme v_l, il est impossible de satisfaire à l'équation considérée autrement qu'en posant $v_l = 0$.

La seule hypothèse possible sera, par conséquent, $l = 0$, et l'équation

$$\sum_{s=1}^{n} (p_{s1} x_1 + p_{s2} x_2 + \ldots + p_{sn} x_n) \frac{\partial v}{\partial x_s} = \lambda v + w,$$

que devra alors vérifier la forme v, donnera pour celle-ci une expression parfaitement déterminée, quelle que soit la forme w, que l'on suppose connue.

Ainsi, si dans la suite (39), pour toutes les formes qui précèdent v, les coefficients sont des quantités constantes, il en sera aussi de même de la forme v. D'ailleurs les coefficients de v seront entièrement définis par les coefficients des formes qui la précèdent.

Or la forme $z_1^{(1)}$ sera nécessairement à coefficients constants, car telle est chacune des formes $W_j^{(1)}$. Donc toutes les formes suivantes dans la série (39) posséderont également des coefficients constants.

On en conclut que les fonctions (37) ne dépendent pas de t et que, par conséquent, elles satisfont au système (32). On voit d'ailleurs qu'il est impossible d'obtenir d'autres fonctions de même caractère qui satisfassent à ce système.

Le théorème est donc démontré ([1]).

Remarquons que les développements des fonctions z_j commenceront par des termes de même degré que les développements des fonctions auxquelles se réduisent les Z_j pour $z_1 = z_2 = \ldots = z_k = 0$. Si aucune des fonctions Z_j ne contenait dans son développement de termes indépendants des quantités z_j, les fonctions z_j dont il s'agit dans le théorème seraient toutes identiquement nulles.

Remarque. — Nous avons supposé que les développements des fonctions X_s commençaient par des termes de degré non inférieur au second. Mais on pourra tout aussi bien démontrer le théorème dans le cas où ces développements contiennent des termes du premier degré, pourvu que ces termes ne dépendent pas des quantités $x_1, x_2, \ldots, x_n$, et que les développements des fonctions Z_j commencent par des termes de degré non inférieur au second. Il faudra toutefois imposer alors aux fonctions cherchées z_j la condition qu'elles ne contiennent pas de termes au-dessous du second degré. Pour l'exactitude du théorème ainsi modifié, il suf-

---

([1]) Ce théorème fut démontré sous une forme particulière par M. Poincaré dans son Mémoire *Sur les courbes définies par les équations différentielles* (*Journal de Mathématiques*, 4e série, t. II, p. 155). Dans le Mémoire publié récemment *Sur le problème des trois corps* (*Acta mathematica*, t. XIII, p. 36), M. Poincaré le démontre à nouveau sous une forme généralisée.

fira que des relations de la forme $\sum m_s \varkappa_s = \lambda_j$ ne puissent pas exister pour des valeurs des m_s dont la somme est supérieure à 1.

31. Revenons aux équations (30) dans l'hypothèse que toutes les fonctions X, X_s s'annulent pour $x_1 = x_2 = \ldots = x_n = 0$.

Posons

$$x = c + z,$$

en entendant par c une constante arbitraire, dont le module ne dépasse pas une certaine limite.

En substituant cette valeur de x dans les fonctions X_s, nous aurons

$$X_s = c_{s1} x_1 + c_{s2} x_2 + \ldots + c_{sn} x_n + X'_s \qquad (s = 1, 2, \ldots, n),$$

où les $c_{s\sigma}$ sont des constantes, qui représentent des fonctions holomorphes de la constante c s'annulant pour $c = 0$, et les X'_s sont des fonctions holomorphes des variables $z, x_1, x_2, \ldots, x_n$, dont les développements commencent par des termes de degré non inférieur au second et possèdent des coefficients holomorphes par rapport à c.

Une expression analogue aura aussi lieu pour la fonction X.

Cela posé, considérons l'équation aux dérivées partielles

$$(40) \qquad \sum_{s=1}^{n} [(p_{s1} + c_{s1}) x_1 + (p_{s2} + c_{s2}) x_2 + \ldots + (p_{sn} + c_{sn}) x_n + X'_s] \frac{\partial z}{\partial x_s} = X,$$

en supposant que X soit exprimé au moyen des variables z, x_s.

En vertu de notre hypothèse que toutes les racines de l'équation $D(\varkappa) = 0$ ont des parties réelles négatives, toutes les conditions du théorème précédent seront remplies pour l'équation (40), $|c|$ étant suffisamment petit. Cette équation admettra donc, tant que $|c|$ est assez petit, une solution de la forme

$$z = f(x_1, x_2, \ldots, x_n, c),$$

où f désigne une fonction holomorphe des variables $x_1, x_2, \ldots, x_n$, s'annulant pour $x_1 = x_2 = \ldots = x_n = 0$.

Les coefficients dans le développement de cette fonction dépendront d'une certaine manière de la constante c, dont ils seront évidemment des fonctions holomorphes; ils seront d'ailleurs tels que l'on pourra prendre $|c|$ suffisamment petit, pour que les développements suivant les puissances de c, pour *tous* les coefficients, soient absolument convergents. Pour s'en convaincre il suffit de jeter un coup d'œil sur les équations servant à calculer ces coefficients.

Ce que nous venons de dire est exact non seulement pour des valeurs réelles de c (qui seules conviennent à notre problème), mais encore pour des valeurs complexes de cette constante (¹). D'après cela, nous pouvons conclure que, si, au lieu de développer la fonction f suivant les puissances des x_s, on la développe suivant les puissances des x_s et c, la série obtenue sera encore absolument convergente, pourvu que les modules des x_s et c soient au-dessous de certaines limites suffisamment petites. En d'autres termes, nous pouvons conclure que la fonction f sera holomorphe comme fonction de $n+1$ arguments $x_1, x_2, \ldots, x_n, c$ (²).

Cela posé, et en revenant à la variable x, nous aurons

$$x = c + f(x_1, x_2, \ldots, x_n, c). \tag{41}$$

Cette équation définira une solution de l'équation aux dérivées partielles

$$\sum_{s=1}^{n}(p_{s1}x_1 + p_{s2}x_2 + \ldots + p_{sn}x_n + \mathrm{X}_s)\frac{\partial x}{\partial x_s} = \mathrm{X}.$$

Par suite, comme elle renferme une constante arbitraire c, elle représentera une équation intégrale complète du système (30). On pourra donc remplacer par l'équation (41) une des équations différentielles de ce système.

Faisons-le pour la première de ces équations et éliminons ensuite x des autres équations. Ces dernières se réduiront alors à la forme

$$\frac{dx_s}{dt} = (p_{s1} + c_{s1})x_1 + (p_{s2} + c_{s2})x_2 + \ldots + (p_{sn} + c_{sn})x_n + \mathrm{X}'_s \qquad (s = 1, 2, \ldots, n), \tag{42}$$

où les X'_s seront des fonctions holomorphes des quantités $x_1, x_2, \ldots, x_n, c$ ne contenant pas dans leur développement de termes de degré inférieur au second par rapport aux quantités $x_1, x_2, \ldots, x_n$.

Nous remarquons maintenant que notre problème de stabilité par rapport aux quantités

$$x_1, \quad x_2, \quad \ldots, \quad x_n, \quad x$$

est entièrement équivalent au problème de stabilité par rapport aux quantités

$$x_1, \quad x_2, \quad \ldots, \quad x_n, \quad c. \tag{43}$$

(¹) L'analyse du numéro précédent supposait seulement que le théorème du n° 23 fût applicable. Or ce théorème ne dépend évidemment point de la supposition que les coefficients dans les équations (13) soient réels. Nous pouvons donc attribuer à c des valeurs complexes.

(²) Ces lignes remplacent un assez long passage de l'original russe, où je ne voulais considérer que des valeurs réelles de c.

En effet, pour qu'il en soit ainsi, il suffit que, les quantités de l'un des deux systèmes ayant des valeurs réelles suffisamment petites quelconques, les quantités de l'autre soient dans le même cas. Et cela a effectivement lieu, comme on le voit par l'équation (41) et par la suivante,

$$c = x + F(x_1, x_2, \ldots, x_n, x),$$

qui s'en déduit en supposant que les quantités (43) soient assez petites en valeurs absolues, et dans laquelle F est une fonction holomorphe des variables x_1, $x_2, \ldots, x_n, x$, indépendante de c et s'annulant pour

$$x_1 = x_2 = \ldots = x_n = 0.$$

Quant à la question de la stabilité par rapport aux quantités (43), dont la dernière est une constante, elle se ramène à l'examen des équations (42).

Ces équations, $|c|$ étant assez petit, possèdent toutes les propriétés des équations (13), et nous pouvons y appliquer les propositions du n° **24**. Par suite, comme l'équation déterminante qui leur correspond n'a que des racines à parties réelles négatives, nous pouvons être certains que, c étant fixé, on pourra trouver, pour tout nombre positif ε, un autre nombre positif a, tel que, les valeurs initiales des x_s satisfaisant aux inégalités

$$|x_1| < a, \qquad |x_2| < a, \qquad \ldots, \qquad |x_n| < a,$$

on ait, pendant toute la durée du mouvement qui suit,

$$|x_1| < \varepsilon, \qquad |x_2| < \varepsilon, \qquad \ldots, \qquad |x_n| < \varepsilon,$$

et que les fonctions x_s, t, croissant indéfiniment, tendent vers zéro.

Toutefois nous n'avons pas encore le droit d'en conclure que le mouvement non troublé soit stable. Pour qu'une telle conclusion soit légitime, il faut que, $|c|$ ne dépassant pas une certaine limite, le nombre a correspondant à une valeur donnée de ε puisse être supposé *indépendant de* c.

Or, dans le cas considéré, cette condition sera remplie, ce dont il est facile de s'assurer à l'aide de la méthode du n° **26**.

En effet, les seconds membres des équations (42) étant des fonctions holomorphes non seulement par rapport aux quantités x_s, mais encore par rapport à celles x_s, c, il est facile de trouver des fonctions V et W, *indépendantes de* c et entières par rapport aux x_s, dont la première soit définie négative, la seconde, définie positive, et qui, pour toutes les valeurs assez petites des quantités (43), satisfassent à l'inégalité

$$\frac{dV}{dt} \geqq W,$$

le premier membre représentant la dérivée totale de la fonction V par rapport à t, formée en vertu des équations (42) [1]. Et dès lors la possibilité de choisir pour le nombre a une valeur indépendante de c devient évidente (*voir* la démonstration du théorème I du n° 16).

De cette manière nous arrivons à la conclusion que, dans le cas où, dans les équations (30), les fonctions X, X_s s'annulent toutes pour $x_1 = x_2 = \ldots = x_n = 0$, le mouvement non troublé est stable.

Dans ce cas, chaque mouvement troublé, assez voisin du mouvement non troublé, s'approchera asymptotiquement d'un certain mouvement permanent

$$x = c, \qquad x_1 = x_2 = \ldots = x_n = 0,$$

qui, en général, sera différent du mouvement non troublé, mais qui pourra en être rendu aussi voisin qu'on le veut.

On peut remarquer en outre que chacun de ces mouvements permanents sera stable, tant que la quantité $|c|$ qui lui correspond est suffisamment petite.

32. Les conclusions auxquelles nous sommes arrivés peuvent se résumer dans la proposition suivante :

Théorème. — *Supposons que l'équation déterminante a une racine égale à zéro, toutes les autres racines possédant des parties réelles négatives. Après avoir réduit le système d'équations différentielles du mouvement troublé à la forme* (28), *formons les équations* (29) *et tirons-en* $x_1, x_2, \ldots, x_n$ *en fonctions holomorphes de la variable* x, *s'annulant pour* $x = 0$ (ce qui est toujours possible et donne pour les x_s des valeurs parfaitement déterminées). *Puis, substituons les expressions trouvées des* x_s *dans la fonction* X *et, si le résultat de cette substitution n'est pas identiquement nul, développons-le suivant les puissances croissantes de* x.

Alors, si la moindre puissance de x, *dans le développement ainsi obtenu, se trouve être paire, le mouvement non troublé sera instable; si, au contraire, elle se trouve être impaire, tout dépendra du signe du coefficient correspondant, et cela de telle manière que le mouvement non troublé sera instable, quand ce coefficient est positif, et stable, quand il est négatif. Dans le der-*

---

[1] Ainsi, par exemple, en prenant pour V une forme quadratique satisfaisant à l'équation (26), nous pouvons prendre pour W la fonction

$$W = \theta(x_1^2 + x_2^2 + \ldots + x_n^2),$$

θ étant une fraction positive fixe quelconque.

nier cas, tout mouvement troublé, les perturbations étant suffisamment petites, s'approchera asymptotiquement du mouvement non troublé.

Enfin, si le résultat de la substitution en question se trouve être identiquement nul, il existera une série continue de mouvements permanents, à laquelle appartiendra le mouvement non troublé considéré, et tous les mouvements de cette série suffisamment voisins du mouvement non troublé, le dernier y compris, seront stables. Dans ce cas, les perturbations étant suffisamment petites, tout mouvement troublé s'approchera asymptotiquement d'un des mouvements permanents de la série.

Appliquons la règle contenue dans ce théorème à des exemples.

Exemple I. — Soit donné le système suivant d'équations différentielles :

$$\frac{dx}{dt} = (3m-1)x^2 - (m-1)y^2 - (n-1)z^2 + (3n-1)yz - 2mzx - 2nxy,$$

$$\frac{dy}{dt} = -y + x + (x - y + 2z)(y + z - x),$$

$$\frac{dz}{dt} = -z + x - (x - z + 2y)(y + z - x),$$

où m et n désignent des constantes.

Pour ce système, les racines de l'équation déterminante sont : $0, -1, -1$.

En désignant les seconds membres des équations ci-dessus respectivement par X, Y, Z, posons

$$\text{(44)} \qquad Y = 0, \qquad Z = 0.$$

De là il vient

$$y = x + 2x^2 - 6x^3 - 30x^4 + \ldots,$$
$$z = x - 2x^2 - 6x^3 + 30x^4 + \ldots;$$

et, en substituant ces expressions de y et z dans la fonction X, nous obtenons

$$X = 4(5m - 7n)x^4 + 24(m-n)x^5 + \ldots.$$

Par cette expression on voit que, si $5m - 7n$ n'est pas nul, le mouvement non troublé est instable. Dans le cas contraire ($5m = 7n$), il est instable, si m et n sont positifs, et stable, si m et n sont négatifs.

Si $m = n = 0$, on obtient l'identité suivante,

$$2X = (z - 2y - x)Y + (y - 2z - x)Z,$$

qui montre qu'en vertu des équations (44) on aura alors toujours $X = 0$.

Aussi dans le dernier cas existera une série continue de mouvements permanents, et non seulement le mouvement non troublé considéré, mais encore tous les mouvements de cette série, qui en sont suffisamment voisins, seront stables.

Exemple II. — Examinons tous les cas possibles que peut présenter le système du second ordre

$$\frac{dx}{dt} = ax^2 + bxy + cy^2, \qquad \frac{dy}{dt} = -y + kx + lx^2 + mxy + ny^2,$$

dans les hypothèses différentes au sujet des constantes a, b, c, k, l, m, n.

De l'équation

$$y = kx + lx^2 + mxy + ny^2$$

on tire

$$y = kx + B_2 x^2 + B_3 x^3 + \ldots,$$

où

$$B_2 = l + mk + nk^2, \qquad B_3 = (m + 2nk)B_2, \qquad \ldots,$$

et, en vertu de cette expression de y, on a

$$ax^2 + bxy + cy^2 = A_2 x^2 + A_3 x^3 + A_4 x^4 + \ldots$$

où

$$A_2 = a + bk + ck^2, \qquad A_3 = (b + 2ck)B_2, \qquad A_4 = (b + 2ck)B_3 + cB_2^2, \qquad \ldots$$

Par là on voit que la stabilité ne sera possible que dans le cas où

$$a + bk + ck^2 = 0.$$

Si alors $B_2 = 0$ (ce qui exige que tous les autres B soient également nuls), tous les coefficients A seront nuls, et, par conséquent, la stabilité aura certainement lieu.

Supposons que B_2 ne soit pas nul.

Alors, si $b + 2ck$ n'est pas nul, la question dépendra du signe de A_3. Si, au contraire, on a

$$b + 2ck = 0,$$

A_3 sera nul, mais A_4 ne sera pas nul, tant que c n'est pas nul; la stabilité ne sera donc possible que dans le cas où $c = 0$. Quant à ce cas, où, en vertu des égalités admises, on aura aussi $a = 0$ et $b = 0$, la stabilité aura lieu effectivement.

De cette façon tous les cas possibles se ramènent aux six suivants :

I.	$a + bk + ck^2 \gtrless 0$,	mouvement non troublé	instable;
II.	$\begin{cases} a + bk + ck^2 = 0, \\ (l + mk + nk^2)(b + 2ck) > 0, \end{cases}$	»	instable;
III.	$\begin{cases} a + bk + ck^2 = 0, \\ (l + mk + nk^2)(b + 2ck) < 0, \end{cases}$	»	stable;
IV.	$\begin{cases} a = ck^2, \quad b = -2ck, \quad c \gtrless 0, \\ l + mk + nk^2 \gtrless 0, \end{cases}$	»	instable;
V.	$\begin{cases} a + bk + ck^2 = 0, \\ l + mk + nk^2 = 0, \end{cases}$	»	stable;
VI.	$a = b = c = 0$,	»	stable.

Dans les deux derniers cas le mouvement non troublé appartient à certaines séries continues de mouvements permanents.

Deuxième cas. — *Deux racines purement imaginaires.*

33. Supposons que le système proposé d'équations différentielles du mouvement troublé soit d'ordre $n + 2$, et que l'équation déterminante qui lui correspond ait deux racines purement imaginaires et n racines à parties réelles négatives.

Comme les coefficients dans les équations différentielles sont supposés réels, les racines purement imaginaires seront nécessairement conjuguées :

$$\lambda\sqrt{-1}, \quad -\lambda\sqrt{-1},$$

où λ est une constante réelle non nulle, que nous supposerons, pour fixer les idées, positive.

Pour le système d'équations différentielles de la première approximation, à ces racines correspondront deux intégrales de la forme

$$(x + iy)\,e^{-i\lambda t}, \quad (x - iy)\,e^{i\lambda t},$$

où $i = \sqrt{-1}$ et x et y sont des formes linéaires à coefficients réels constants des variables, jouant le rôle de fonctions inconnues dans les équations différentielles (n° 18).

En introduisant, au lieu de deux de ces fonctions inconnues, les variables x

et y, nous amènerons le système proposé à la forme suivante :

$$(45)\quad \begin{cases} \dfrac{dx}{dt} = -\lambda y + X, \qquad \dfrac{dy}{dt} = \lambda x + Y, \\ \dfrac{dx_s}{dt} = p_{s1}x_1 + p_{s2}x_2 + \ldots + p_{sn}x_n + \alpha_s x + \beta_s y + X_s \qquad (s = 1, 2, \ldots, n). \end{cases}$$

X, Y, X_s sont ici des fonctions holomorphes des variables x, y, x_1, x_2, ..., x_n, dont les développements commencent par des termes de degré non inférieur au second et possèdent des coefficients réels constants, et $p_{s\sigma}$, α_s, β_s sont des constantes réelles, parmi lesquelles les $p_{s\sigma}$ sont telles que l'équation

$$D(\varkappa) = 0$$

(avec la notation ancienne) n'a que des racines à parties réelles négatives.

On peut supposer que les fonctions X et Y s'annulent quand x et y s'annulent, car, dans le cas contraire, en remplaçant les variables x et y par certaines variables nouvelles, on pourrait toujours transformer le système (45) dans un autre de même espèce, mais où les fonctions jouant le rôle de X et Y s'annuleraient quand les deux nouvelles variables s'annulent simultanément.

En effet, d'après le théorème du n° 30 (remarque), nous pouvons trouver des fonctions holomorphes x et y des variables x_1, x_2, ..., x_n satisfaisant aux équations

$$\sum_{s=1}^{n} (p_{s1}x_1 + p_{s2}x_2 + \ldots + p_{sn}x_n + \alpha_s x + \beta_s y + X_s) \frac{\partial x}{\partial x_s} = -\lambda y + X,$$

$$\sum_{s=1}^{n} (p_{s1}x_1 + p_{s2}x_2 + \ldots + p_{sn}x_n + \alpha_s x + \beta_s y + X_s) \frac{\partial y}{\partial x_s} = \lambda x + Y$$

et ne contenant dans leurs développements que des termes de degré non inférieur au second (¹).

Soient

$$x = u, \qquad y = v$$

de telles solutions de ces équations.

Alors, en faisant

$$x = u + \xi, \qquad y = v + \eta$$

et en introduisant dans les équations (45), au lieu des variables x et y, les va-

(¹) La condition exprimée dans ce théorème, par rapport aux racines $\varkappa_s$, λ_j, est évidemment remplie dans le cas considéré.

riables ξ et η, nous amènerons ces équations à la forme

$$\frac{d\xi}{dt} = -\lambda\eta + \Xi, \qquad \frac{d\eta}{dt} = \lambda\xi + \Upsilon,$$

$$\frac{dx_s}{dt} = p_{s1}x_1 + p_{s2}x_2 + \ldots + p_{sn}x_n + \alpha_s\xi + \beta_s\eta + X'_s \qquad (s = 1, 2, \ldots, n),$$

où Ξ, Υ, X'_s représentent des fonctions holomorphes des variables ξ, η, x_s, dont les développements commenceront par des termes de degré non inférieur au second, et parmi lesquelles les deux premières, qui sont définies par les formules

$$\Xi = X - \lambda v - \sum_{s=1}^{n} [p_{s1}x_1 + p_{s2}x_2 + \ldots + p_{sn}x_n + \alpha_s(u+\xi) + \beta_s(v+\eta) + X_s] \frac{\partial u}{\partial x_s},$$

$$\Upsilon = Y + \lambda u - \sum_{s=1}^{n} [p_{s1}x_1 + p_{s2}x_2 + \ldots + p_{sn}x_n + \alpha_s(u+\xi) + \beta_s(v+\eta) + X_s] \frac{\partial v}{\partial x_s}$$

(en supposant que dans les fonctions X, Y, X_s les quantités x et y soient remplacées par $u + \xi$ et $v + \eta$), s'annuleront pour $\xi = \eta = 0$.

La transformation considérée est d'ailleurs telle que les nouvelles variables peuvent jouer le même rôle dans notre problème que les anciennes.

Nous pouvons supposer que, pour former les équations (45), on ait déjà effectué (si cela était nécessaire) la transformation indiquée et que, par conséquent, les fonctions X et Y s'annulent pour $x = y = 0$.

Cela étant, posons

$$x = r\cos\theta, \qquad y = r\sin\theta,$$

et introduisons dans nos équations, au lieu de x et y, les variables r et θ.

Nous aurons

$$\frac{dr}{dt} = X\cos\theta + Y\sin\theta, \qquad r\frac{d\theta}{dt} = \lambda r + Y\cos\theta - X\sin\theta.$$

Or, par suite de ce que nous avons admis, les seconds membres de ces équations, étant exprimés en r et θ, s'annuleront pour $r = 0$. Donc la seconde de ces équations se réduira à la forme

$$(46) \qquad \frac{d\theta}{dt} = \lambda + \Theta,$$

où Θ est une fonction holomorphe des variables r, x_1, x_2, ..., x_n, s'annulant quand ces variables deviennent simultanément nulles et ayant, pour coefficients de son développement, des fonctions entières et rationnelles de $\cos\theta$ et $\sin\theta$.

Par cette équation on voit que, tant que les quantités $|r|$, $|x_s|$ ne dépassent pas certaines limites, θ sera une fonction de t continue et croissante, et que, si les quantités $|r|$, $|x_s|$ restent suffisamment petites pendant toute la durée du mouvement, la fonction θ croîtra indéfiniment en même temps que t.

Notre problème pouvant être considéré comme celui de stabilité par rapport aux quantités

$$r, \quad x_1, \quad x_2, \quad \ldots, \quad x_n,$$

il est clair d'après cela que, dans ce problème, la variable θ pourra jouer le même rôle que t.

Prenons-la donc pour variable indépendante au lieu de t.

Nous aurons alors, pour déterminer r, x_s en fonction de θ, les équations suivantes,

$$(47) \quad \begin{cases} \dfrac{dr}{d\theta} = r\mathrm{R}, \\ \dfrac{dx_s}{d\theta} = q_{s1}x_1 + q_{s2}x_2 + \ldots + q_{sn}x_n + (a_s \cos\theta + b_s \sin\theta)r + \mathrm{Q}_s \qquad (s = 1, 2, \ldots, n) \end{cases}$$

où R, Q_s représenteront des fonctions de même caractère que Θ; d'ailleurs les fonctions Q_s ne contiendront pas dans leurs développements de termes de degré inférieur au second par rapport aux quantités r, x_s. Quant aux coefficients $q_{s\sigma}$, a_s, b_s, ils seront donnés par les formules

$$q_{s\sigma} = \frac{p_{s\sigma}}{\lambda}, \qquad a_s = \frac{\alpha_s}{\lambda}, \qquad b_s = \frac{\beta_s}{\lambda},$$

et les $q_{s\sigma}$ seront, par conséquent, tels que toutes les racines de l'équation

$$(48) \quad \begin{vmatrix} q_{11} - \varkappa & q_{12} & \ldots & q_{1n} \\ q_{21} & q_{22} - \varkappa & \ldots & q_{2n} \\ \ldots & \ldots\ldots & \ldots & \ldots \\ q_{n1} & q_{n2} & \ldots & q_{nn} - \varkappa \end{vmatrix} = 0$$

auront des parties réelles négatives.

La première des équations (47) montre que, si la valeur initiale de r est nulle, r sera nul pour chaque valeur de θ, et que, dans le cas contraire, r conservera le signe de sa valeur initiale, au moins tant que les quantités r, x_s restent toutes assez petites en valeurs absolues. Du reste, d'après la définition même de r, on voit que, sans diminuer aucunement la généralité, on peut se borner à la considération des valeurs de r d'un seul signe quelconque.

D'après cela, nous supposerons que r ne peut recevoir que des valeurs positives (ou nulles).

Remarque. — Les fonctions Θ, R, Q_s, pour toute valeur de θ, sont holomorphes par rapport aux quantités $r, x_1, x_2, \ldots, x_n$. D'ailleurs, d'après leur origine même, elles sont telles qu'il y aura toujours des *constantes* positives $A, A_1, A_2, \ldots, A_n$ qui satisfassent à la condition que, pour

$$|r| = A, \qquad |x_s| = A_s \qquad (s = 1, 2, \ldots, n),$$

les développements de ces fonctions soient uniformément convergents pour toutes les valeurs réelles de θ.

Comme il nous arrivera souvent, dans la suite, d'avoir affaire avec de pareilles fonctions, nous emploierons, pour les désigner, un terme particulier.

D'une façon générale, soit F une fonction des variables $x, y, \ldots$ et des paramètres $\alpha, \beta, \ldots$, cette fonction étant holomorphe par rapport à $x, y, \ldots$ pour toutes les valeurs des paramètres $\alpha, \beta, \ldots$ qui satisfont à certaines conditions (A). Alors, s'il est possible de trouver des nombres non nuls $a, b, \ldots$ *indépendants des paramètres* en question et tels que pour

$$x = a, \qquad y = b, \qquad \ldots$$

le développement de cette fonction suivant les puissances entières et positives de $x, y, \ldots$ converge *uniformément* pour toutes les valeurs de $\alpha, \beta, \ldots$ satisfaisant aux conditions (A), nous dirons que la fonction F est *uniformément holomorphe* (par rapport aux variables $x, y, \ldots$) pour toutes les valeurs considérées de $\alpha, \beta, \ldots$.

Nos fonctions Θ, R, Q_s seront donc, par rapport aux variables $r, x_1, x_2, \ldots, x_n$, uniformément holomorphes pour toutes les valeurs réelles de θ (¹).

31. Pour pouvoir appliquer aux équations (47) les propositions du n° 16, il sera, en général, nécessaire de soumettre préalablement ces équations à certaines transformations.

Il n'y aura besoin d'une telle transformation que dans le cas où toutes les constantes a_s, b_s sont nulles, et où les fonctions $R^{(0)}$, $Q_s^{(0)}$, auxquelles se réduisent R, Q_s pour $x_1 = x_2 = \ldots = x_n = 0$, satisfont à une certaine condition. Cette con-

---

(¹) Si nous voulions considérer des valeurs complexes de θ, nous pourrions évidemment affirmer que ces fonctions, par rapport aux variables r, x_s, sont uniformément holomorphes pour toutes les valeurs de θ de la forme

$$\theta = \alpha + \beta\sqrt{-1},$$

où α est un nombre réel arbitraire, et β un nombre réel, soumis à la condition que sa valeur absolue ne dépasse pas une limite donnée quelconque.

dition consiste en ce que, si la fonction $R^{(0)}$ n'est pas identiquement nulle, la puissance la moins élevée dans son développement suivant les puissances de r doit être affectée de coefficient constant et doit d'ailleurs être inférieure à la puissance la moins élevée de r que l'on rencontre dans les développements des $Q_s^{(0)}$, et que, dans le cas où $R^{(0)}$ est identiquement nul, tous les $Q_s^{(0)}$ doivent l'être de même.

Le but de la transformation mentionnée consistera précisément à amener les équations différentielles à une forme telle que ladite condition soit remplie.

Cette transformation se trouve reliée à la question de la possibilité d'une solution périodique pour le système (47).

Cherchons à satisfaire à ce système par des séries de la forme suivante,

$$(49)\qquad \begin{cases} r = \qquad c + u^{(2)}c^2 + u^{(3)}c^3 + \ldots, \\ x_s = u_s^{(1)}c + u_s^{(2)}c^2 + u_s^{(3)}c^3 + \ldots \qquad (s = 1, 2, \ldots, n), \end{cases}$$

où c est une constante arbitraire, et $u^{(l)}$, $u_s^{(l)}$ des fonctions périodiques de θ, ayant pour période commune 2π et indépendantes de c.

Un tel problème ne sera pas toujours possible; mais, quand il le sera, les fonctions u s'obtiendront sous forme de suites finies de sinus et cosinus de multiples entiers de θ.

Du reste, relativement à la nature des fonctions u, on peut poser une condition plus générale; à savoir, on peut les supposer être des fonctions rationnelles entières de θ, avec des coefficients représentant des séries finies de sinus et cosinus de multiples entiers de θ. Alors le problème de la recherche de ces fonctions, de façon que les séries (49) satisfassent au moins formellement aux équations (47), deviendra toujours possible.

Voyons comment on trouvera de pareilles fonctions.

En faisant dans les équations (47) la substitution (49) et égalant ensuite les coefficients pour les mêmes puissances de c, nous obtenons les systèmes suivants d'équations,

$$\frac{du_s^{(1)}}{d\theta} = q_{s1}u_1^{(1)} + q_{s2}u_2^{(1)} + \ldots + q_{sn}u_n^{(1)} + a_s\cos\theta + b_s\sin\theta \qquad (s = 1, 2, \ldots, n),$$

$$(50)\qquad \begin{cases} \dfrac{du^{(l)}}{d\theta} = U^{(l)}, \\ \dfrac{du_s^{(l)}}{d\theta} = q_{s1}u_1^{(l)} + q_{s2}u_2^{(l)} + \ldots + q_{sn}u_n^{(l)} + (a_s\cos\theta + b_s\sin\theta)u^{(l)} + U_s^{(l)} \qquad (s = 1, 2, \ldots, n), \end{cases}$$

où l est un des nombres 2, 3, ...

Les $U^{(l)}$, $U_s^{(l)}$ sont ici certaines fonctions rationnelles et entières des quantités $u^{(i)}$, $u_s^{(i)}$, pour lesquelles $i < l$, avec des coefficients représentant des fonctions rationnelles et entières de $\sin\theta$ et $\cos\theta$.

Quand tous les $u^{(i)}$, $u_s^{(i)}$ pour lesquels $i < l$ sont déjà trouvés, la première des équations (50) donnera la fonction $u^{(l)}$, après quoi les n équations qui restent serviront à déterminer les fonctions $u_s^{(l)}$.

Dans notre hypothèse au sujet de la nature des fonctions u, les termes connus dans ces n équations se présenteront sous forme de séries finies de sinus et cosinus de multiples entiers de θ, où les coefficients seront des constantes ou des fonctions entières et rationnelles de θ. En recherchant les fonctions $u_s^{(l)}$ sous la forme de séries du même genre, nous obtiendrons, dans notre hypothèse à l'égard des racines de l'équation (48), des expressions parfaitement déterminées. Ces expressions seront d'ailleurs périodiques, chaque fois que tels sont les termes connus dans les équations considérées.

Les fonctions $u_s^{(1)}$ seront toujours périodiques et de la forme suivante,

$$u_s^{(1)} = A_s \cos\theta + B_s \sin\theta,$$

où A_s, B_s sont des constantes. On peut se convaincre que les fonctions $u^{(2)}$, $u_s^{(2)}$ seront également périodiques. Mais les suivantes pourront contenir θ en dehors des signes sin et cos.

Admettons que toutes les fonctions $u^{(l)}$, $u_s^{(l)}$, pour lesquelles l est inférieur à un nombre entier m, sont trouvées et représentent des fonctions périodiques de θ. Alors on pourra présenter la fonction $U^{(m)}$ sous la forme d'une série finie de sinus et cosinus de multiples entiers de θ, et, si dans cette série il n'y a pas de terme constant, la fonction $u^{(m)}$ et, par suite, toutes les fonctions $u_s^{(m)}$ seront périodiques. Dans le cas contraire, ces fonctions contiendront des termes séculaires, et, entre autres, la fonction $u^{(m)}$ sera de la forme

$$u^{(m)} = g\theta + v, \tag{51}$$

où g est une constante non nulle et v une série finie de sinus et cosinus de multiples entiers de θ.

Plaçons-nous dans ce dernier cas.

En supposant que le calcul soit conduit de telle manière que toutes les fonctions $u^{(l)}$, $u_s^{(l)}$, v soient réelles pour θ réel, transformons nos équations différentielles (47) au moyen de la substitution

$$r = z + u^{(2)} z^2 + u^{(3)} z^3 + \ldots + u^{(m-1)} z^{m-1} + v z^m,$$
$$x_s = z_s + u_s^{(1)} z + u_s^{(2)} z^2 + \ldots + u_s^{(m-1)} z^{m-1} \qquad (s = 1, 2, \ldots, n),$$

où z, z_1, z_2, $\ldots$, z_n sont de nouvelles variables que nous introduirons à la place des anciennes r, x_1, x_2, $\ldots$, x_n.

Soient

$$(52)\qquad \begin{cases} \dfrac{dz}{d\theta} = z\mathrm{Z}, \\ \dfrac{dz_s}{d\theta} = q_{s1}z_1 + q_{s2}z_2 + \ldots + q_{sn}z_n + \mathrm{Z}_s \qquad (s = 1, 2, \ldots, n) \end{cases}$$

les équations transformées.

D'après (51) et les équations auxquelles satisfont les fonctions $u^{(l)}$, $u_s^{(l)}$, nous aurons

$$z\mathrm{Z} = \frac{r\mathrm{R} - \mathrm{U}^{(2)}z^2 - \mathrm{U}^{(3)}z^3 - \ldots - \mathrm{U}^{(m-1)}z^{m-1} - (\mathrm{U}^{(m)} - g)z^m}{1 + 2u^{(2)}z + 3u^{(3)}z^2 + \ldots + (m-1)u^{(m-1)}z^{m-2} + mvz^{m-1}},$$

$$\begin{aligned} \mathrm{Z}_s = \mathrm{Q}_s - \mathrm{U}_s^{(2)}z^2 - \mathrm{U}_s^{(3)}z^3 - \ldots - \mathrm{U}_s^{(m-1)}z^{m-1} \\ + (a_s\cos\theta + b_s\sin\theta)vz^m - [u_s^{(1)} + 2u_s^{(2)}z + \ldots + (m-1)u_s^{(m-1)}z^{m-2}]z\mathrm{Z}, \end{aligned}$$

où les fonctions $r\mathrm{R}$, Q_s sont supposées être exprimées par les variables z, z_s.

On voit par là que les fonctions Z, Z_s seront, par rapport aux variables z, z_1, z_2, ..., z_n, uniformément holomorphes pour toutes les valeurs réelles de θ, dont dépendront les coefficients dans leurs développements (ces coefficients se présenteront sous la forme de suites finies de sinus et cosinus des multiples entiers de θ). Ces fonctions s'annuleront quand tous les z, z_s seront nuls. D'ailleurs les fonctions Z_s ne contiendront pas, dans leurs développements, de termes du premier degré. Enfin, si $\mathrm{Z}^{(0)}$, $\mathrm{Z}_s^{(0)}$ sont ce que deviennent Z, Z_s pour

$$z_1 = z_2 = \ldots = z_n = 0,$$

le développement de la fonction $\mathrm{Z}^{(0)}$ suivant les puissances croissantes de z commencera par la $(m-1)^{\text{ième}}$ puissance, laquelle sera affectée du coefficient constant g, et les développements des fonctions $\mathrm{Z}_s^{(0)}$ contiendront z à des puissances non inférieures à la $m^{\text{ième}}$; car, par la définition même des quantités $\mathrm{U}^{(l)}$, $\mathrm{U}_s^{(l)}$, les développements des fonctions

$$\begin{aligned} r\mathrm{R} - \mathrm{U}^{(2)}z^2 - \mathrm{U}^{(3)}z^3 - \ldots - \mathrm{U}^{(m)}z^m, \\ \mathrm{Q}_s - \mathrm{U}_s^{(2)}z^2 - \mathrm{U}_s^{(3)}z^3 - \ldots - \mathrm{U}_s^{(m)}z^m, \end{aligned}$$

dans les termes indépendants des quantités z_s, ne pourront contenir z qu'à des puissances surpassant m.

De cette façon les équations (52) possèdent toutes les propriétés requises.

D'ailleurs la substitution à l'aide de laquelle elles ont été obtenues est telle que, pour la résolution de notre problème, les nouvelles variables z, z_1, z_2, ..., z_n peuvent jouer absolument le même rôle que les anciennes r, x_1, x_2, ..., x_n.

Remarquons que, $|z|$ étant suffisamment petit, les signes de r et z seront les mêmes. Donc, comme r a été supposé positif, nous devons supposer que z le soit également.

Remarque I. — Les expressions générales des fonctions $u^{(l)}$, $u_s^{(l)}$, correspondant à une valeur donnée de l, contiendront $l-1$ constantes arbitraires, qui seront introduites par les quadratures à l'aide desquelles on déterminera les fonctions $u^{(2)}$, $u^{(3)}$, ..., $u^{(l)}$. Mais il est facile de voir que ni le nombre m ni la constante g ne dépendront du choix des valeurs qu'on voudrait attribuer à ces constantes arbitraires.

En effet, si h_2, h_3, ... sont les valeurs que prennent les fonctions $u^{(2)}$, $u^{(3)}$, ... pour $\theta = 0$, et si $v^{(l)}$, $v_s^{(l)}$ représentent les fonctions $u^{(l)}$, $u_s^{(l)}$ obtenues dans l'hypothèse que tous les h_j soient nuls, les expressions générales des fonctions $u^{(l)}$, $u_s^{(l)}$ s'obtiendront en cherchant les coefficients de c^l dans les développements des expressions

$$\gamma + v^{(2)}\gamma^2 + v^{(3)}\gamma^3 + \ldots,$$

$$v_s^{(1)}\gamma + v_s^{(2)}\gamma^2 + v_s^{(3)}\gamma^3 + \ldots,$$

où

$$\gamma = c + h_2 c^2 + h_3 c^3 + \ldots.$$

Par suite, si $v^{(m)}$ est la première fonction non périodique dans la série

$$v^{(2)}, \quad v^{(3)}, \quad \ldots, \quad v^{(m)}, \quad \ldots,$$

$u^{(m)}$ sera la première fonction non périodique dans celle-ci,

$$u^{(2)}, \quad u^{(3)}, \quad \ldots, \quad u^{(m)}, \quad \ldots,$$

quelles que soient les constantes h_j. D'ailleurs la différence $u^{(m)} - v^{(m)}$ sera nécessairement une fonction périodique.

Remarque II. — En tenant compte de la façon dont les fonctions R, Q_s ont été introduites, on arrive à la conclusion que, si les coefficients dans les développements de ces fonctions suivant les puissances de r, x_s sont développés suivant les sinus et cosinus des multiples de θ, les termes affectés des puissances paires de r ne donneront lieu qu'à des multiples pairs de θ, et ceux affectés des puissances impaires de r, qu'à des multiples impairs de θ.

De là, eu égard aux expressions des fonctions $u_s^{(1)}$, il résulte que, si l'on développe la fonction $U^{(2)}$ suivant les sinus et cosinus des multiples de θ, la série obtenue ne contiendra que des multiples impairs de θ, et que, par conséquent, il n'y aura pas de terme constant. La fonction $u^{(2)}$ sera, par suite, toujours périodique, de sorte que le nombre m, qui figurait dans la transformation précédente, ne sera jamais inférieur à 3.

Un examen plus approfondi des équations (50) montre que ce nombre sera toujours impair.

Au reste, cette propriété du nombre m sera mise en évidence par la discussion même des équations (52) (n° 37, remarque).

35. Quand les fonctions $u^{(l)}$, $u_s^{(l)}$, à partir d'une certaine valeur de l, deviennent non périodiques, nous pouvons toujours le constater, ayant intégré un nombre suffisant de systèmes d'équations (50). Mais, quand toutes ces fonctions sont périodiques, quelque grand que soit le nombre l, nous ne pourrons jamais le reconnaître en nous servant de ce procédé.

Quoi qu'il en soit, supposons que, dans tel ou tel cas, on ait réussi à démontrer que les fonctions $u^{(l)}$, $u_s^{(l)}$ sont périodiques pour toutes les valeurs de l.

Nous allons montrer que, si les constantes arbitraires, figurant dans ces fonctions, sont déterminées d'une manière convenable, les séries (49), $|c|$ étant suffisamment petit, seront absolument convergentes, et cela uniformément pour toutes les valeurs réelles de θ. Ces séries définiront alors une solution périodique des équations différentielles (47), avec une constante arbitraire c, soumise seulement à la condition que son module ne dépasse pas une certaine limite.

Nous nous en tiendrons à l'hypothèse que toutes les fonctions $u^{(l)}$ s'annulent pour $\theta = 0$. Cette hypothèse permettra de déterminer toutes les constantes arbitraires que contiennent les fonctions $u^{(l)}$, $u_s^{(l)}$.

Nous avons remarqué au n° 22 qu'au moyen d'une substitution linéaire à coefficients constants le système d'équations (13) peut toujours être ramené à la forme (17). Servons-nous d'une pareille substitution pour transformer les équations (47).

Soient $\varkappa_1, \varkappa_2, \ldots, \varkappa_n$ les racines de l'équation (48). Nous pouvons alors supposer la substitution en question telle que les coefficients $q'_{s\sigma}$, qui joueront dans les équations transformées le rôle des coefficients $q_{s\sigma}$, soient tous nuls, à l'exception des suivants :

$$q'_{11} = \varkappa_1, \quad q'_{22} = \varkappa_2, \quad \ldots, \quad q'_{nn} = \varkappa_n, \quad q'_{21} = \sigma_1, \quad q'_{32} = \sigma_2, \quad \ldots, \quad q'_{n\,n-1} = \sigma_{n-1}.$$

Admettons provisoirement que le système (47) a déjà la forme transformée. Le système (50) sera alors de la forme suivante :

$$\frac{du^{(l)}}{d\theta} = U^{(l)},$$

$$\frac{du_1^{(l)}}{d\theta} = \varkappa_1 u_1^{(l)} + (a_1 \cos\theta + b_1 \sin\theta)\, u^{(l)} + U_1^{(l)},$$

$$\frac{du_s^{(l)}}{d\theta} = \varkappa_s u_s^{(l)} + \sigma_{s-1} u_{s-1}^{(l)} + (a_s \cos\theta + b_s \sin\theta)\, u^{(l)} + U_s^{(l)} \qquad (s = 2, 3, \ldots, n).$$

En supposant que toutes les fonctions $u^{(i)}$, $u_s^{(i)}$, pour lesquelles $i < l$, sont déjà trouvées, et tenant compte de ce que les parties réelles de tous les $\varkappa_s$ sont négatives, nous tirons de ces équations successivement

$$(53)\quad \begin{cases} u^{(l)} = \displaystyle\int_0^\theta U^{(l)}\, d\theta, \\ u_1^{(l)} = e^{\varkappa_1\theta}\displaystyle\int_{-\infty}^\theta e^{-\varkappa_1\theta}\left[(a_1\cos\theta + b_1\sin\theta)\, u^{(l)} + U_1^{(l)}\right] d\theta, \\ u_s^{(l)} = e^{\varkappa_s\theta}\displaystyle\int_{-\infty}^\theta e^{-\varkappa_s\theta}\left[\sigma_{s-1} u_{s-1}^{(l)} + (a_s\cos\theta + b_s\sin\theta)\, u^{(l)} + U_s^{(l)}\right] d\theta \qquad (s = 2, 3, \ldots, n). \end{cases}$$

Nous remarquons maintenant que $U^{(l)}$, $U_s^{(l)}$ sont des fonctions entières des quantités $u^{(i)}$, $u_s^{(i)}$ déjà obtenues, et que les coefficients de ces fonctions représentent des formes linéaires à coefficients numériques positifs des coefficients des développements des fonctions R, Q_s. Par suite, si d'une façon générale nous désignons par $v^{(i)}$, $v_s^{(i)}$ des limites supérieures des modules des fonctions $u^{(i)}$, $u_s^{(i)}$, θ étant compris dans l'intervalle $(0, 2\pi)$ (c'est-à-dire pour toutes les valeurs réelles de θ), et par $V^{(l)}$, $V_s^{(l)}$ les résultats du remplacement dans les fonctions $U^{(l)}$, $U_s^{(l)}$ des quantités $u^{(i)}$, $u_\sigma^{(i)}$ par les quantités $v^{(i)}$, $v_\sigma^{(i)}$ et des coefficients des développements de R, Q_s par des limites supérieures de leurs modules; si enfin nous désignons par

$$-\lambda_1, \quad -\lambda_2, \quad \ldots, \quad -\lambda_n$$

les parties réelles des racines $\varkappa_1, \varkappa_2, \ldots, \varkappa_n$, alors en vertu de (53) nous pourrons poser

$$(54)\quad \begin{cases} v^{(l)} = 2\pi V^{(l)}, \\ \lambda_1 v_1^{(l)} = [|a_1| + |b_1|]\, v^{(l)} + V_1^{(l)}, \\ \lambda_s v_s^{(l)} = |\sigma_{s-1}|\, v_{s-1}^{(l)} + [|a_s| + |b_s|]\, v^{(l)} + V_s^{(l)} \qquad (s = 2, 3, \ldots, n). \end{cases}$$

En faisant en outre

$$\lambda_1 v_1^{(1)} = |a_1| + |b_1|, \qquad \lambda_s v_s^{(1)} = |\sigma_{s-1}|\, v_{s-1}^{(1)} + |a_s| + |b_s| \qquad (s = 2, 3, \ldots, n),$$

et en définissant par les formules (54) les quantités $v^{(l)}$, $v_s^{(l)}$ pour lesquelles $l > 1$, nous obtiendrons ainsi pour les modules des fonctions $u^{(l)}$, $u_s^{(l)}$ des limites supérieures convenables pour toutes les valeurs réelles de θ.

Or, par la nature des fonctions R, Q_s, aux modules des coefficients dans leurs développements, θ étant réel, on peut toujours assigner des limites supérieures constantes, telles que les séries auxquelles se réduiront ces développements après y avoir remplacé les coefficients par les limites supérieures en question soient convergentes, tant que les modules des variables r, x_s sont assez petits. Ces séries définiront donc alors certaines fonctions holomorphes des variables r, x_s, que nous désignerons respectivement par

$$F(r, x_1, x_2, \ldots, x_n), \qquad F_s(r, x_1, x_2, \ldots, x_n).$$

Ces fonctions s'annuleront pour $r = x_1 = \ldots = x_n = 0$, et d'ailleurs les fonctions F_s ne contiendront pas dans leurs développements de termes du premier degré.

Or, si l'on choisit de cette manière les limites supérieures en question, les quantités $v^{(l)}$, $v_s^{(l)}$, définies par les formules précédentes, représenteront les coefficients dans les développements

$$(55)\qquad \begin{cases} r = \quad c + v^{(2)}c^2 + v^{(3)}c^3 + \ldots, \\ x_s = v_s^{(1)}c + v_s^{(2)}c^2 + v_s^{(3)}c^3 + \ldots \qquad (s = 1, 2, \ldots, n), \end{cases}$$

suivant les puissances entières et positives de c des quantités r, x_s satisfaisant aux équations

$$r = c + 2\pi r\,F(r, x_1, x_2, \ldots, x_n),$$

$$\lambda_1 x_1 = [|a_1| + |b_1|]\, r + F_1(r, x_1, x_2, \ldots, x_n),$$

$$\lambda_j x_j = [|a_j| + |b_j|]\, r + |\sigma_{j-1}|\, x_{j-1} + F_j(r, x_1, x_2, \ldots, x_n) \qquad (j = 2, 3, \ldots, n)$$

et s'annulant pour $c = 0$.

Donc, $|c|$ étant suffisamment petit, les séries (55) seront absolument convergentes, et alors les séries

$$|c| + |u^{(2)}c^2| + |u^{(3)}c^3| + \ldots,$$

$$|u_s^{(1)}c| + |u_s^{(2)}c^2| + |u_s^{(3)}c^3| + \ldots \qquad (s = 1, 2, \ldots, n)$$

convergeront uniformément pour toutes les valeurs réelles de θ.

Cela posé, revenons à nos équations primitives et aux équations (50) qui leur correspondent.

Comme dans ces équations tous les coefficients sont des fonctions réelles de θ, il en sera de même des fonctions $u^{(l)}$, $u_s^{(l)}$, obtenues dans l'hypothèse que pour $\theta = 0$ tous les $u^{(l)}$ deviennent nuls. Donc, c étant réel, les séries (49) définiront, dans cette hypothèse, une solution réelle des équations (47).

Profitons-en pour transformer nos équations.

Faisons

$$r = z + u^{(2)}z^2 + u^{(3)}z^3 + \ldots,$$

$$x_s = z_s + u_s^{(1)}z + u_s^{(2)}z^2 + \ldots \qquad (s = 1, 2, \ldots, n),$$

et, au lieu des variables r, x_1, x_2, ..., x_n, introduisons-y les variables z, z_1, z_2, ..., z_n.

Les équations transformées seront de la forme (52), et les fonctions Z, Z_s qui y figurent seront du même caractère que dans le cas considéré au numéro précédent, avec cette seule différence que maintenant, pour $z_1 = z_2 = \ldots = z_n = 0$, toutes ces fonctions s'annuleront.

Il est à remarquer que la substitution considérée est telle que les nouvelles variables pourront jouer, dans notre problème, le même rôle que les anciennes.

36. Considérons de plus près le cas où toutes les fonctions $u^{(l)}$, $u_s^{(l)}$ sont périodiques.

En supposant que les constantes arbitraires dans ces fonctions soient déterminées conformément à la condition considérée plus haut, nous définirons par les séries (49), $|c|$ étant suffisamment petit, une certaine solution périodique du système (47).

Pour le système (45), à cette solution correspondra aussi une solution périodique, que nous obtiendrons en remplaçant dans les équations

$$(56)\qquad \begin{cases} x = [c + u^{(2)}c^2 + \ldots]\cos\theta, & y = [c + u^{(2)}c^2 + \ldots]\sin\theta, \\ x_s = u_s^{(1)}c + u_s^{(2)}c^2 + \ldots & (s = 1, 2, \ldots, n) \end{cases}$$

la variable θ par son expression en fonction de t.

Voyons comment s'obtiendra cette fonction, et quelle sera la forme de la solution en question du système (45).

Revenons à l'équation (46).

Faisons dans la fonction Θ la substitution (49) et développons ensuite la fonction

$$\frac{\lambda}{\lambda + \Theta}$$

suivant les puissances croissantes de c.

Comme cette dernière fonction pour $c = 0$ devient égale à 1, nous aurons alors

$$\frac{\lambda}{\lambda + \Theta} = 1 + \Theta_1 c + \Theta_2 c^2 + \Theta_3 c^3 + \ldots,$$

où tous les Θ_j sont des fonctions périodiques de θ indépendantes de c, qu'on pourra présenter sous forme de séries finies de sinus et cosinus des multiples entiers de θ.

En désignant maintenant par t_0 une constante arbitraire, nous tirons de l'équation (46)

$$\theta + c\int_0^\theta \Theta_1\, d\theta + c^2\int_0^\theta \Theta_2\, d\theta + \ldots = \lambda(t - t_0).$$

Le premier membre de cette équation, outre des termes périodiques, contient encore des termes proportionnels à θ.

Si nous faisons d'une façon générale

$$\frac{1}{2\pi}\int_0^{2\pi}\Theta_m\,d\theta = h_m,$$

nous présenterons l'ensemble de tous ces termes sous la forme

$$(1 + h_2c^2 + h_3c^3 + \ldots)\,\theta \quad (^1).$$

D'après cela on pourra donner à notre équation la forme suivante,

$$(1 + h_2c^2 + h_3c^3 + \ldots)[\theta + c\Phi_1(\theta) + c^2\Phi_2(\theta) + \ldots] = \lambda(t - t_0),$$

où les $\Phi_j(\theta)$ représentent des séries finies de sinus et cosinus de multiples entiers de θ, indépendantes de c.

Toutes les opérations précédentes ont été effectuées dans l'hypothèse que θ ne prend que des valeurs réelles et que $|c|$ ne dépasse pas une certaine limite.

Dans cette hypothèse les séries

$$1 + h_2c^2 + h_3c^3 + \ldots, \qquad c\Phi_1(\theta) + c^2\Phi_2(\theta) + \ldots$$

sont absolument convergentes. D'ailleurs la série

$$(57) \qquad |c\Phi_1(\theta)| + |c^2\Phi_2(\theta)| + |c^3\Phi_3(\theta)| + \ldots$$

convergera uniformément pour toutes les valeurs réelles de θ.

Or, pour ce qui va suivre, la considération des valeurs réelles de θ ne sera plus suffisante et il nous faudra lui attribuer des valeurs complexes de la forme

$$\theta = \alpha + \beta\sqrt{-1},$$

α et β étant des nombres réels, dont le premier est arbitraire, tandis que le second est assujetti à la condition que sa valeur absolue ne dépasse pas une certaine limite.

Si, en traitant la question de la convergence des séries (49), nous avions considéré de pareilles valeurs de θ, nous serions arrivés, comme on s'en assure aisément, à la même conclusion que dans le cas des valeurs réelles de θ.

Nous pouvons donc être certains que l'on peut toujours choisir $|c|$ suffisamment petit pour que la série (57) soit uniformément convergente pour toutes les valeurs complexes de θ de la forme indiquée ci-dessus.

---

(1) On s'assure aisément que h_1 sera toujours égal à zéro.

Après avoir remarqué cela, posons

$$\frac{2\pi}{\lambda}(1 + h_2c^2 + h_3c^3 + \ldots) = \mathrm{T}, \qquad \frac{2\pi(t - t_0)}{\mathrm{T}} = \tau, \qquad \theta - \tau = \varphi.$$

Notre équation prendra alors la forme

$$\varphi + c\,\Phi_1(\varphi + \tau) + c^2\,\Phi_2(\varphi + \tau) + \ldots = 0. \tag{58}$$

Cela posé, considérons τ comme un paramètre indépendant de c, auquel on attribue toutes les valeurs de la forme

$$\tau = \rho + \sigma\sqrt{-1},$$

ρ et σ étant des nombres réels, dont le dernier ne dépasse pas en valeur absolue une certaine limite donnée.

Alors, si nous faisons au sujet de φ une supposition analogue, nous pourrons tirer de l'équation (58) la conclusion que, $|c|$ étant suffisamment petit, le module de la variable φ deviendra aussi petit qu'on voudra.

Notre problème se réduira ainsi à chercher d'après l'équation (58), une fonction φ, dont le module puisse être rendu, en faisant $|c|$ suffisamment petit, aussi petit qu'on veut.

Nous remarquons maintenant que chacune des fonctions $\Phi_j(\varphi + \tau)$ peut être présentée sous forme de série, ordonnée suivant les puissances entières et positives de φ et absolument convergente pour toutes les valeurs de φ et τ. Par suite, le premier membre de l'équation (58) sera une fonction holomorphe des quantités φ et c (et cela uniformément pour toutes les valeurs de τ de la forme ci-dessus).

Cette fonction, pour $\varphi = c = 0$, s'annule, et sa dérivée partielle par rapport à φ devient alors égale à *un*.

Donc, d'après un théorème connu, la fonction cherchée φ sera holomorphe par rapport à c et se présentera, par suite, $|c|$ étant suffisamment petit, sous forme de la série

$$\varphi = \varphi_1 c + \varphi_2 c^2 + \varphi_3 c^3 + \ldots, \tag{59}$$

les φ_j désignant des fonctions de τ indépendantes de c.

Les fonctions φ_j peuvent se calculer successivement et s'expriment à l'aide des fonctions Φ_j et de leurs dérivées $\Phi_j^{(l)}$:

$$\varphi_1 = -\Phi_1(\tau), \qquad \varphi_2 = \Phi_1(\tau)\,\Phi_1'(\tau) - \Phi_2(\tau),$$

On voit que toutes ces fonctions se présenteront sous la forme de suites finies de sinus et cosinus de multiples entiers de τ.

De cette manière nous aurons pour θ l'expression suivante :

$$\theta = \tau + \varphi_1 c + \varphi_2 c^2 + \varphi_3 c^3 + \ldots.$$

En portant cette expression dans les équations (56) et en développant ensuite les seconds membres suivant les puissances croissantes de c, nous présenterons les fonctions x, y, x_s sous la forme de séries de la même espèce que (59).

Toutes ces séries, pour des valeurs de c dont les modules sont suffisamment petits, convergeront uniformément pour toutes les valeurs considérées de τ.

En y posant

$$\tau = \frac{2\pi(t - t_0)}{T}, \tag{60}$$

nous obtiendrons ainsi la solution cherchée du système (45).

Par rapport à t, les fonctions x, y, x_s seront, dans cette solution, périodiques à période :

$$T = \int_0^{2\pi} \frac{d\theta}{\lambda + \Theta} = \frac{2\pi}{\lambda}(1 + h_2 c^2 + h_3 c^3 + \ldots).$$

On peut, si l'on veut, donner une autre forme à la solution trouvée. A savoir, on peut représenter les fonctions x, y, x_s sous la forme des séries de Fourier, ordonnées suivant les sinus et cosinus de multiples entiers de τ. Cela résulte de ce que les fonctions dont il s'agit, $|c|$ étant suffisamment petit, seront synectiques pour toutes les valeurs complexes de τ de la forme indiquée plus haut.

Les nouvelles séries obtenues par cette voie seront du même caractère que celles considérées par Lindstedt (n° **27**).

Notre solution périodique contient deux constantes arbitraires c et t_0, et il lui correspondra, pour des valeurs réelles de celles-ci, un mouvement périodique.

La constante t_0 n'a pas, du reste, de l'importance, et le caractère de ce mouvement dépend principalement de la constante c.

En faisant varier cette constante d'une manière continue, nous obtiendrons une série continue de mouvements périodiques, et le mouvement non troublé considéré en fera partie comme celui pour lequel $c = 0$.

Remarque. — Pour le calcul effectif des termes des séries considérées, il n'est pas d'une nécessité absolue de recourir au procédé indiqué plus haut. Pour cela, il sera, en général, préférable de traiter directement les équations (45).

En désignant par c une constante arbitraire, et par T la série

$$\frac{2\pi}{\lambda}(1 + h_2 c^2 + h_3 c^3 + \ldots)$$

à coefficients h indéterminés, introduisons dans ces équations, au lieu de t, une nouvelle variable indépendante τ au moyen de la substitution (60). Ensuite, cherchons à disposer des constantes h de façon que les équations transformées soient satisfaites par les séries

$$(61)\quad \begin{cases} x = x^{(1)}c + x^{(2)}c^2 + x^{(3)}c^3 + \ldots, \\ y = y^{(1)}c + y^{(2)}c^2 + y^{(3)}c^3 + \ldots, \\ x_s = x_s^{(1)}c + x_s^{(2)}c^2 + x_s^{(3)}c^3 + \ldots \qquad (s = 1, 2, \ldots, n), \end{cases}$$

dans lesquelles tous les $x^{(m)}$, $y^{(m)}$, $x_s^{(m)}$ soient des fonctions périodiques de τ ayant 2π pour période commune.

Pour calculer ces fonctions (qui sont supposées indépendantes de c), on obtient des systèmes d'équations différentielles qui permettront, quand notre problème est possible, d'obtenir successivement tous les $x^{(m)}$, $y^{(m)}$, $x_s^{(m)}$, dans l'ordre de m croissant, sous forme des suites finies de sinus et cosinus de multiples entiers de τ, pourvu que l'on choisisse convenablement les constantes h. On obtiendra alors, pour chaque valeur de m, d'abord $x^{(m)}$ et $y^{(m)}$, puis les $x_s^{(m)}$. Les valeurs qu'il faudra attribuer aux constantes h_m se calculeront aussi successivement dans l'ordre de m croissant, et cela de telle façon que, pour toute valeur de m, la constante h_{m-1} s'obtiendra simultanément avec les fonctions $x^{(m)}$, $y^{(m)}$.

Pour ce qui concerne les équations d'où dépendent $x^{(1)}$ et $y^{(1)}$, on pourra toujours y satisfaire en posant

$$x^{(1)} = \cos\tau, \qquad y^{(1)} = \sin\tau.$$

Ensuite on pourra conduire les calculs de façon que tous les $x^{(m)}$, $y^{(m)}$ pour lesquels $m > 1$ s'annulent pour $\tau = 0$. Alors toutes les fonctions cherchées, ainsi que les constantes h, deviendront parfaitement déterminées et les séries (61) seront identiques à celles considérées plus haut.

En nous arrêtant à cette hypothèse, voyons comment on obtiendra les constantes h.

Supposons que l'on ait déjà calculé toutes les fonctions $x^{(\mu)}$, $y^{(\mu)}$, $x_s^{(\mu)}$, pour lesquelles $\mu < m$, et toutes les constantes h_j pour lesquelles $j < m - 1$. Alors, pour déterminer les fonctions $x^{(m)}$ et $y^{(m)}$, nous aurons un système d'équations de la forme

$$\frac{dx^{(m)}}{d\tau} = -y^{(m)} - h_{m-1}\sin\tau + X^{(m)}, \qquad \frac{dy^{(m)}}{d\tau} = x^{(m)} + h_{m-1}\cos\tau + Y^{(m)},$$

où $X^{(m)}$, $Y^{(m)}$ seront des fonctions connues entières et rationnelles par rapport aux $x^{(\mu)}$, $y^{(\mu)}$, $x_s^{(\mu)}$, trouvées auparavant.

Les fonctions $X^{(m)}$, $Y^{(m)}$ se présenteront sous la forme des séries finies de sinus et cosinus de multiples entiers de τ.

Cherchons les fonctions $x^{(m)}$, $y^{(m)}$ sous forme de séries de la même espèce.

En cherchant les coefficients dans ces séries, nous ne rencontrerons de difficulté que pour les termes dépendant de $\sin\tau$ et $\cos\tau$. Bornons-nous donc à ces termes.

En désignant les autres termes par des points, supposons qu'on ait

$$X^{(m)} = A_1 \cos\tau + A_2 \sin\tau + \ldots, \qquad Y^{(m)} = B_1 \cos\tau + B_2 \sin\tau + \ldots,$$

où A_1, A_2, B_1, B_2 sont des constantes connues.

En faisant d'une manière analogue

$$x^{(m)} = a_1 \cos\tau + a_2 \sin\tau + \ldots, \qquad y^{(m)} = b_1 \cos\tau + b_2 \sin\tau + \ldots,$$

nous aurons, pour déterminer les constantes a_1, a_2, b_1, b_2, h_{m-1}, les équations suivantes :

$$a_2 + b_1 = A_1, \qquad -a_1 + b_2 + h_{m-1} = A_2,$$
$$-a_2 - b_1 = B_2, \qquad -a_1 + b_2 - h_{m-1} = B_1.$$

Ces équations ne seront possibles que sous la condition

$$A_1 + B_2 = 0, \tag{62}$$

et, quand cette condition sera remplie, elles donneront

$$h_{m-1} = \frac{A_2 - B_1}{2}, \qquad a_2 = A_1 - b_1, \qquad b_2 = \frac{A_2 + B_1}{2} + a_1.$$

Comme la condition que $x^{(m)}$, $y^{(m)}$ s'annulent pour $\tau = 0$ permet de déterminer les constantes a_1 et b_1, ces formules donneront toutes les constantes cherchées.

La méthode de calcul que nous venons d'indiquer ne présente qu'une modification insignifiante de celle de Lindstedt, telle qu'elle aurait été dans le cas qui nous intéresse (n° **27**).

Remarquons que pour l'application de cette méthode il n'est pas nécessaire que les fonctions X et Y s'annulent pour $x = y = 0$. Elle n'exige donc pas la transformation préalable des équations (45), dont on a parlé au n° **33**.

Si l'existence de la solution périodique n'était pas connue *a priori*, et si, en appliquant la méthode précédente et conduisant le calcul jusqu'à une certaine valeur de m, nous trouvions que la condition (62) n'était pas remplie, ceci servirait d'indice que la solution cherchée n'est pas possible.

On s'assure facilement que, dans ce cas (que les fonctions X et Y s'annulent ou non pour $x = y = 0$), le nombre m et la constante

$$g = \frac{A_1 + B_2}{2}$$

seraient les mêmes que ceux que nous avons considérés au n° **34**.

37. Revenons maintenant à notre problème.

Nous allons montrer comment, en partant des équations (52), on parviendra à résoudre la question de stabilité.

Considérons d'abord le cas où, pour $z_1 = z_2 = \ldots = z_n = 0$, la fonction Z ne devient pas identiquement nulle.

Soit

$$zZ = gz^m + P^{(1)}z + P^{(2)}z^2 + \ldots + P^{(m-1)}z^{m-1} + R,$$

où g est une constante non nulle, les $P^{(j)}$ sont des formes linéaires des quantités z_s à coefficients périodiques par rapport à θ (¹), et R représente une fonction holomorphe des variables z, z_s, dont le développement, possédant des coefficients du même genre, ne contient pas de termes de degré inférieur au troisième. La fonction R est d'ailleurs telle que, dans les termes linéaires par rapport aux quantités z_s, elle renferme z à des puissances non inférieures à la $m^{\text{ième}}$ et, dans ceux indépendants de ces quantités, à des puissances non inférieures à la $(m+1)^{\text{ième}}$.

Par la propriété des équations (52), on doit alors admettre que les développements des fonctions Z_s, dans les termes indépendants des z_s, ne contiennent pas z à des puissances inférieures à la $m^{\text{ième}}$.

Soit, k étant un entier positif quelconque,

$$Z_s = P_s^{(1)}z + P_s^{(2)}z^2 + \ldots + P_s^{(k)}z^k + Z_s^{(k)},$$

où les $P_s^{(j)}$ sont des formes linéaires des quantités z_σ avec des coefficients périodiques et $Z_1^{(k)}, Z_2^{(k)}, \ldots, Z_n^{(k)}$ des fonctions holomorphes des variables z, z_s, dont les développements, dans les termes linéaires par rapport aux z_s, ne peuvent contenir z qu'à des puissances dépassant la $k^{\text{ième}}$.

En procédant comme au n° **29**, posons

$$V = z + W + U^{(1)}z + U^{(2)}z^2 + \ldots + U^{(m-1)}z^{m-1},$$

les $U^{(j)}$ étant des formes linéaires et W une forme quadratique des quantités z_s avec des coefficients indéterminés. Mais à présent ces coefficients ne seront supposés constants que pour la forme W, et, pour les formes $U^{(j)}$, nous les supposerons des fonctions périodiques de θ.

Après avoir formé, d'après les équations (52), la dérivée $\frac{dV}{d\theta}$, cherchons à disposer des coefficients dans les formes $U^{(j)}$ de façon que cette dérivée, dans les termes linéaires par rapport aux quantités z_s, ne puisse contenir z qu'à des

(¹) D'une façon générale, tous les coefficients périodiques dont il sera question ici seront des séries finies de sinus et cosinus de multiples entiers de θ.

puissances non inférieures à la $m^{\text{ième}}$. Pour cela nous devons faire

$$\sum_{s=1}^{n}(q_{s1}z_1+q_{s2}z_2+\ldots+q_{sn}z_n)\frac{\partial U^{(1)}}{\partial z_s}+\frac{\partial U^{(1)}}{\partial\theta}+P^{(1)}=0,$$

$$\sum_{s=1}^{n}(q_{s1}z_1+q_{s2}z_2+\ldots+q_{sn}z_n)\frac{\partial U^{(k)}}{\partial z_s}+\frac{\partial U^{(k)}}{\partial\theta}+P^{(k)}$$
$$+\sum_{s=1}^{n}\left(P_s^{(1)}\frac{\partial U^{(k-1)}}{\partial z_s}+\ldots+P_s^{(k-1)}\frac{\partial U^{(1)}}{\partial z_s}\right)=0 \qquad (k=2,3,\ldots,m-1).$$

Par ces équations, nous obtiendrons successivement

$$U^{(1)},\quad U^{(2)},\quad \ldots,\quad U^{(m-1)}. \tag{63}$$

D'ailleurs l'hypothèse que les coefficients dans les formes $U^{(j)}$ soient des fonctions périodiques de θ, savoir, des séries finies de sinus et cosinus de multiples entiers de θ, sera toujours possible et définira complètement ces coefficients.

En effet, si U est la première des formes (63), ou bien une quelconque des suivantes, dans l'hypothèse que toutes celles qui la précèdent sont déjà trouvées sous la forme indiquée, on obtiendra, pour la déterminer, l'équation

$$\sum_{s=1}^{n}(q_{s1}z_1+q_{s2}z_2+\ldots+q_{sn}z_n)\frac{\partial U}{\partial z_s}+\frac{\partial U}{\partial\theta}=A_1z_1+A_2z_2+\ldots+A_nz_n,$$

dans laquelle tous les A seront des séries finies de sinus et cosinus de multiples entiers de θ. Cette équation donnera, pour les coefficients a dans la forme

$$U=a_1z_1+a_2z_2+\ldots+a_nz_n,$$

le système suivant d'équations :

$$\frac{da_s}{d\theta}+q_{1s}a_1+q_{2s}a_2+\ldots+q_{ns}a_n=A_s \qquad (s=1,2,\ldots,n).$$

Et ce dernier, l'équation déterminante qui lui correspond n'ayant pas de racines purement imaginaires (toutes ces racines ont des parties réelles positives), admettra toujours une solution, et une seule, où tous les a soient des séries finies de sinus et cosinus de multiples entiers de θ.

Après avoir déterminé, comme il vient d'être dit, les formes $U^{(j)}$, choisissons la forme W d'après l'équation

$$\sum_{s=1}^{n}(q_{s1}z_1+q_{s2}z_2+\ldots+q_{sn}z_n)\frac{\partial W}{\partial z_s}=g(z_1^2+z_2^2+\ldots+z_n^2). \tag{64}$$

Alors l'expression de la dérivée totale de la fonction V par rapport à θ prendra la forme suivante,

$$\frac{dV}{d\theta} = g(z^m + z_1^2 + z_2^2 + \ldots + z_n^2) + S,$$

si nous posons

$$S = \sum_{s=1}^{n} \left\{ \sum_{k=1}^{m-2} z^k Z_s^{(m-k-1)} \frac{\partial U^{(k)}}{\partial z_s} + z^{m-1} Z_s \frac{\partial U^{(m-1)}}{\partial z_s} + Z_s \frac{\partial W}{\partial z_s} \right\} + Z \sum_{k=1}^{m-1} k U^{(k)} z^k + R.$$

Or, on peut toujours présenter cette quantité S sous la forme

$$S = v z^m + \sum_{s=1}^{n} \sum_{\sigma=1}^{n} v_{s\sigma} z_s z_\sigma,$$

où v, $v_{s\sigma}$ soient des fonctions de z, z_s, θ, s'annulant pour

$$z = z_1 = z_2 = \ldots = z_n = 0,$$

périodiques par rapport à θ et holomorphes par rapport à z, z_s, d'ailleurs, uniformément pour toutes les valeurs réelles de θ.

Il est donc clair que, si l'on introduit la condition

(65) $$z \geqq 0,$$

l'expression trouvée de $\frac{dV}{d\theta}$, envisagée comme fonction des variables z, z_s, θ, dont la dernière joue le rôle de t, représentera une fonction définie (*voir* la remarque à la fin du n° 16), laquelle, pour des valeurs assez petites de z et des $|z_s|$, conservera le signe de la constante g.

Sous la même condition (65), la fonction V sera aussi définie et de plus positive, si la forme W, comme fonction des variables z_s, est définie positive.

La dernière circonstance aura effectivement lieu quand $g < 0$, car la forme W, qui doit vérifier l'équation (64), conservera toujours un signe opposé à celui de g (n° 20, théorème II).

Au contraire, si $g > 0$, la fonction V sera susceptible d'un signe arbitraire, quelque petits que soient les $|z_s|$ et z.

Par conséquent, si l'on a en vue la condition (65) [et cette dernière, comme on l'a déjà remarqué au n° 34, est une conséquence de l'hypothèse $r \geqq 0$, toujours possible et ne limitant en rien notre problème (n° 33)], on peut affirmer que la fonction V, pour $g > 0$, satisfera aux conditions du théorème II du n° 16 et, pour $g < 0$, aux conditions du théorème I (et même aux conditions du théorème établi dans la remarque II).

Nous devons donc conclure que dans le cas de g positif le mouvement non troublé est instable, et que dans celui de g négatif il est stable.

Dans ce dernier cas, les mouvements troublés, correspondant à des perturbations suffisamment petites, tendront asymptotiquement vers le mouvement non troublé.

Remarque. — Nous avons considéré r et z comme des variables pour lesquelles les valeurs négatives n'étaient pas possibles. Mais nous aurions pu, avec le même droit, les considérer comme des variables pour lesquelles les valeurs positives ne fussent pas possibles.

Pour examiner la question dans cette dernière hypothèse, il n'y aurait qu'à modifier un peu l'analyse précédente, en remplaçant, dans l'équation (64), g par $(-1)^m g$.

Alors la nouvelle expression de la dérivée $\frac{dV}{d\theta}$ représenterait une fonction définie sous la condition $z \leqq 0$, et son signe serait le même que celui de $(-1)^m g$. La fonction V, sous la même condition, serait définie négative, quand $(-1)^m g$ représenterait un nombre positif.

Nous serions, par conséquent, conduit à la conclusion que, sous la condition $(-1)^m g > 0$, le mouvement non troublé est stable et, sous celle $(-1)^m g < 0$, instable.

Ces nouvelles conditions coïncident avec les précédentes seulement dans le cas où m est un nombre impair. Et comme elles le doivent nécessairement, le résultat trouvé démontre que le nombre m sera toujours impair (n° 34, remarque II).

Remarquons que si m était un nombre pair, ce qui ne pourrait avoir lieu que si les équations (52), sans être les transformées des équations (45), étaient proposées en elles-mêmes, notre analyse conduirait à la conclusion que, pour des perturbations assujetties à l'une des deux conditions

$$z \geqq 0 \quad \text{ou} \quad z \leqq 0,$$

le mouvement non troublé était stable et, pour celles assujetties à l'autre, instable.

38. Considérons maintenant le cas où dans les équations (52) toutes les fonctions Z, Z_s s'annulent pour $z_1 = z_2 = \ldots = z_n = 0$, et où, par conséquent, ces équations admettent la solution

$$z = c, \qquad z_1 = z_2 = \ldots = z_n = 0$$

avec une constante arbitraire c.

Nous allons montrer que dans ce cas on peut trouver pour le système (52) une équation intégrale complète avec une constante arbitraire c, se présentant sous la forme

(66) $$z = c + f(z_1, z_2, \ldots, z_n, c, \theta),$$

où f désigne une fonction holomorphe des quantités $z_1, z_2, \ldots, z_n, c$ s'annulant aussi bien pour $c = 0$ que pour $z_1 = z_2 = \ldots = z_n = 0$, et ayant, pour coefficients de son développement suivant les puissances de ces quantités, des séries finies de sinus et cosinus de multiples entiers de θ.

Nous devons pour cela montrer que l'équation aux dérivées partielles

(67) $$\sum_{s=1}^{n}(q_{s1}z_1 + q_{s2}z_2 + \ldots + q_{sn}z_n)\frac{\partial z}{\partial z_s} + \frac{\partial z}{\partial \theta} = zZ - \sum_{s=1}^{n} Z_s \frac{\partial z}{\partial z_s}$$

admet une solution de la forme (66).

Posons

(68) $$f = \sum_{m=1}^{\infty}\sum_{l=1}^{\infty} P_m^{(l)} c^l,$$

en entendant par $P_m^{(l)}$ une forme de degré m des variables z_s indépendante de c.

Si nous remplaçons, au second membre de l'équation (67), z par son expression (66), en ordonnant ensuite le résultat suivant les puissances des quantités z_s, c, nous obtiendrons une série où, dans notre hypothèse au sujet des fonctions Z, Z_s, il n'y aura pas de termes indépendants des quantités z_s.

Le résultat de cette substitution se présentera par suite sous la forme

$$-\sum_{m=1}^{\infty}\sum_{l=1}^{\infty} Q_m^{(l)} c^l,$$

où $Q_m^{(l)}$ désigne une forme de degré m des quantités z_s, qui se déduit d'une certaine manière des formes $P_{m'}^{(l')}$ pour lesquelles

$$m' + l' < m + l$$

(dans le cas de $m + l = 1$ cette forme sera l'ensemble des termes de la première dimension de la fonction $-$Z).

Nous aurons ainsi à satisfaire à une suite d'équations de la forme

(69) $$\sum_{s=1}^{n}(q_{s1}z_1 + q_{s2}z_2 + \ldots + q_{sn}z_n)\frac{\partial P_m^{(l)}}{\partial z_s} + \frac{\partial P_m^{(l)}}{\partial \theta} = -Q_m^{(l)},$$

qui serviront à calculer successivement tous les $P_m^{(l)}$ dans un ordre quelconque où le nombre $m + l$ ne décroisse pas.

Dans ces calculs, on pourra toujours supposer que les coefficients dans les formes $P_m^{(l)}$ soient périodiques par rapport à θ (des séries finies de sinus et cosinus de multiples entiers de θ), et une telle hypothèse rendra notre problème parfaitement déterminé.

En effet, si toutes les formes $P_{m'}^{(l')}$ pour lesquelles $m' + l' < m + l$ sont déjà trouvées et possèdent des coefficients périodiques, le second membre de l'équation (69) représentera une forme des quantités z_s avec des coefficients de la même espèce. Par conséquent, tels seront aussi les termes connus dans le système d'équations différentielles linéaires non homogènes, que cette équation donnera pour calculer les coefficients de la forme $P_m^{(l)}$. Or l'équation déterminante de ce système n'aura que des racines à parties réelles positives, car cette équation s'obtient en égalant à zéro le $(m - 1)^{\text{ième}}$ déterminant dérivé (n° 19) du déterminant qui figure au premier membre de l'équation (48), et en remplaçant $\varkappa$ par $-\varkappa$. Donc, le système dont il s'agit admettra toujours une (et seulement une) solution périodique.

De cette manière on voit que la série (68) ne renfermera rien d'inconnu ([1]).

Pour examiner la convergence de cette série, considérons-en une certaine transformation. D'une manière précise, considérons la série relative au système qu'on déduit de celui (52) au moyen d'une substitution linéaire semblable à celle que nous avons utilisée au n° 35 pour transformer les équations (47).

Notre question se ramènera ainsi à l'examen de la convergence de la série (68), obtenue dans l'hypothèse que, dans l'équation (67), tous les coefficients $q_{s\sigma}$ sont nuls à l'exception des suivants,

$$q_{11} = \varkappa_1, \quad q_{22} = \varkappa_2, \quad \ldots, \quad q_{nn} = \varkappa_n, \qquad q_{21} = \sigma_1, \quad q_{32} = \sigma_2, \quad \ldots, \quad q_{n\,n-1} = \sigma_{n-1},$$

parmi lesquels les n premiers ont des parties réelles négatives.

Dans cette hypothèse, l'équation (69) donnera, pour les coefficients de la forme $P_m^{(l)}$, des équations telles que, étant rangées d'une façon convenable, elles permettront de calculer, dans un certain ordre de succession, l'un après l'autre, tous les coefficients cherchés.

Soit A le coefficient du terme contenant

$$z_1^{m_1} z_2^{m_2} \ldots z_n^{m_n},$$

et supposons que tous les coefficients qui le précèdent dans l'ordre de succession

---

([1]) Il va sans dire que, les coefficients dans le système (52) étant réels, il en sera de même des coefficients de cette série, si on la considère comme ordonnée suivant les puissances des quantités z_s, c (nous supposons la variable θ réelle).

considéré sont déjà trouvés. Alors nous aurons pour déterminer A l'équation

$$\frac{dA}{d\theta} + (m_1 x_1 + m_2 x_2 + \ldots + m_n x_n) A = -B,$$

dans laquelle B sera une fonction périodique connue.

De là il viendra

$$A = e^{-(m_1 x_1 + m_2 x_2 + \ldots + m_n x_n)\theta} \int_\theta^\infty e^{(m_1 x_1 + m_2 x_2 + \ldots + m_n x_n)\theta} B\, d\theta.$$

Nous remarquons maintenant que la fonction B, sous sa forme primitive, représente une fonction entière et rationnelle, à coefficients positifs, des coefficients trouvés auparavant aussi bien dans la forme $P_m^{(l)}$ que dans celles qui la précèdent, des quantités σ_s et des coefficients dans les développements des fonctions $-Z$, Z_s.

Par conséquent, il résulte de l'expression obtenue du coefficient A que nous obtiendrons des limites supérieures pour les modules des coefficients tels que A, si nous trouvons les coefficients des termes correspondants de la série, semblable à (68), mais indépendante de θ, laquelle soit formée dans l'hypothèse que dans l'équation (67) tous les x_s sont remplacés par leurs parties réelles, tous les σ_s par leurs modules, et tous les coefficients dans les développements des fonctions $-Z$, Z_s par des limites supérieures constantes de leurs modules, convenables pour toutes les valeurs réelles de θ. D'ailleurs, par la nature des fonctions Z, Z_s, ces dernières limites supérieures pourront toujours être choisies de façon que, $|z|$, $|z_s|$ étant suffisamment petits, les séries définissant ces fonctions restent convergentes après le remplacement indiqué.

Or la série indépendante de θ qu'on obtiendra de cette manière est un cas particulier de la série considérée au n° 31.

Nous pouvons donc affirmer que la série (68) définit une fonction des quantités z_s, c uniformément holomorphe pour toutes les valeurs réelles de θ; et, par conséquent, l'existence de l'équation intégrale (66) peut être regardée comme démontrée.

Revenons à notre problème.

En supposant la constante c réelle, remplaçons la première des équations (52) par l'équation intégrale (66) et portons ensuite dans les autres, à la place de z, son expression (66). Ces équations prendront alors la forme

$$(70) \quad \frac{dz_s}{d\theta} = (q_{s1} + c_{s1}) z_1 + (q_{s2} + c_{s2}) z_2 + \ldots + (q_{sn} + c_{sn}) z_n + Z'_s \qquad (s = 1, 2, \ldots, n).$$

Les $c_{s\sigma}$ sont ici des fonctions holomorphes de la constante c, s'annulant pour $c = 0$ et ayant pour coefficients des développements suivant les puissances de c

des fonctions périodiques réelles de θ, et les Z'_s sont des fonctions holomorphes des quantités z_s, c, dont les développements, possédant des coefficients de même espèce, commencent par des termes de degré non inférieur au second par rapport aux variables z_s. Toutes les fonctions considérées sont d'ailleurs holomorphes uniformément pour toutes les valeurs réelles de θ.

Semblablement à ce qu'on a vu au n° 31, notre problème se ramène maintenant à l'examen de la stabilité du mouvement

$$z_1 = z_2 = \ldots = z_n = 0$$

par rapport aux variables z_s, satisfaisant aux équations (70).

Ces équations contiennent le paramètre c soumis seulement à la condition que sa valeur absolue ne dépasse pas une certaine limite, et, si l'on démontre que le mouvement en question est stable indépendamment de la valeur de ce paramètre (dans le sens défini au n° 31), il sera par là aussi démontré que le mouvement permanent, qu'il fallait examiner, est stable par rapport aux variables z, z_s.

Or, eu égard à la nature des fonctions représentant les seconds membres des équations (70), on le démontre aisément par le même procédé que celui indiqué à la fin du n° 31.

Nous pouvons donc être certains que dans le cas considéré le mouvement non troublé sera toujours stable, et que tout mouvement troublé, pour lequel les perturbations sont assez petites, s'approchera asymptotiquement d'un des mouvements périodiques définis par les équations

$$z = c, \qquad z_1 = z_2 = \ldots = z_n = 0.$$

Remarque I. — En résolvant l'équation (66) par rapport à la constante c (dans l'hypothèse que toutes les quantités $|z_s|$, $|c|$ sont assez petites), nous en tirerons la suivante,

$$c = z + \varphi(z_1, z_2, \ldots, z_n, z, \theta), \tag{71}$$

où φ sera une fonction holomorphe des quantités z, z_s, s'annulant aussi bien pour $z = 0$ que pour $z_1 = z_2 = \ldots = z_n = 0$, et ayant pour coefficients des suites finies de sinus et cosinus de multiples entiers de θ.

Le second membre de l'équation (71) représentera une des intégrales du système (52).

En introduisant dans cette intégrale, à la place des variables z, z_s, les variables r, x_s, nous obtiendrons une intégrale pour le système (47).

Considérons le carré de cette dernière. Il sera de la forme suivante

$$r^2 + \Phi(x_1, x_2, \ldots, x_n, r, \theta), \tag{72}$$

où Φ désigne une fonction holomorphe des quantités r, x_s, dont le développement commence par des termes de degré non inférieur au troisième et a pour coefficients des suites finies de sinus et cosinus de multiples entiers de θ.

En introduisant dans la fonction (72), à la place des variables r et θ, les variables x et y, nous en déduirons une intégrale pour le système (45).

Cette intégrale se présentera sous la forme de la série suivante :

$$x^2 + y^2 + \sum \left(U_m^{(m_1, m_2, \ldots, m_n)} + \sqrt{x^2 + y^2}\, V_m^{(m_1, m_2, \ldots, m_n)} \right) x_1^{m_1} x_2^{m_2} \ldots x_n^{m_n}. \tag{73}$$

Les $U_m^{(\ldots)}$, $V_m^{(\ldots)}$ représentent ici des fonctions rationnelles et homogènes des variables x et y respectivement du $m^{\text{ième}}$ et du $(m-1)^{\text{ième}}$ degré. Ces fonctions sont d'ailleurs telles que, si elles ne sont pas entières par rapport à x et y, elles le deviennent après être multipliées par certaines puissances entières de la quantité $x^2 + y^2$. Quant à la sommation, elle s'étend à toutes les valeurs non négatives des entiers m, m_1, m_2, ..., m_n, assujetties aux conditions

$$m > 1, \qquad m + m_1 + m_2 + \ldots + m_n > 2.$$

Le mode de convergence de la série (73) est indiqué par l'extraction même de cette série de la fonction (72), laquelle est holomorphe, par rapport à r, x_s, uniformément pour toutes les valeurs réelles de θ.

La même propriété, pour ce qui concerne la convergence, appartiendra aussi à la série qu'on déduit de celle (73) en remplaçant $\sqrt{x^2 + y^2}$ par $-\sqrt{x^2 + y^2}$, car cette série représentera la transformée en variables x, y de la fonction, obtenue en remplaçant dans celle (72) r par $-r$ et θ par $\theta + \pi$. D'ailleurs, cette nouvelle série sera évidemment aussi une intégrale pour le système (45).

Nous concluons de là que la série

$$x^2 + y^2 + \sum U_m^{(m_1, m_2, \ldots, m_n)} x_1^{m_1} x_2^{m_2} \ldots x_n^{m_n} = x^2 + y^2 + F(x_1, x_2, \ldots, x_n, x, y)$$

(qui sera certainement convergente, tant que les deux précédentes le sont) représentera une intégrale du système (45) dont la transformée en variables r et θ, pareillement aux précédentes, sera une fonction des variables r, x_s uniformément holomorphe pour toutes les valeurs réelles de θ.

Montrons que cette intégrale sera une fonction holomorphe des variables x, y, x_1, x_2, ..., x_n.

Pour cela, nous remarquerons tout d'abord que les coefficients U seront nécessairement des fonctions entières de x et y.

On s'en assure en considérant l'équation que vérifiera la fonction F, savoir :

$$\sum_{s=1}^{n}(p_{s1}x_1+p_{s2}x_2+\ldots+p_{sn}x_n+\alpha_s x+\beta_s y)\frac{\partial F}{\partial x_s}+\lambda\left(x\frac{\partial F}{\partial y}-y\frac{\partial F}{\partial x}\right)$$
$$=-\sum_{s=1}^{n}X_s\frac{\partial F}{\partial x_s}-X\frac{\partial F}{\partial x}-Y\frac{\partial F}{\partial y}-2(xX+yY).$$

En y substituant l'expression de F sous forme de série, on en déduira, pour déterminer les fonctions $U_m^{(m_1,\ldots,m_n)}$, des systèmes d'équations, tels que l'on pourra calculer toutes les fonctions, qui correspondent à des valeurs données des nombres

$$(74)\qquad m,\qquad m_1+m_2+\ldots+m_n,$$

après qu'on aura calculé toutes celles pour lesquelles la somme des nombres (74) a une valeur plus petite, ainsi que toutes celles pour lesquelles, cette somme ayant la même valeur, le nombre m est plus petit ([1]). Or, en examinant de plus près ces systèmes, on s'aperçoit facilement que les fonctions U ne peuvent être rationnelles sans être entières.

Ayant ainsi établi que tous les U seront des fonctions entières des variables x et y, introduisons, au lieu de ces dernières, les variables ξ et η au moyen des équations

$$\xi=x+y\sqrt{-1},\qquad \eta=x-y\sqrt{-1}.$$

Soit

$$(75)\qquad U_m^{(m_1,m_2,\ldots,m_n)}=\sum_{k=0}^{m}C_{k,\,m-k}^{(m_1,m_2,\ldots,m_n)}\xi^k\eta^{m-k},$$

où les C représentent des constantes.

D'après ce que l'on a remarqué plus haut, la fonction F, en y posant

$$\xi=re^{i\theta},\qquad \eta=re^{-i\theta}\qquad (i=\sqrt{-1}),$$

devient une fonction holomorphe relativement aux quantités r, x_s, et cela uniformément pour toutes les valeurs réelles de θ.

([1]) Dans le cas de $m_1=m_2=\ldots=m_n=0$, pour m pair, on rencontrera une indétermination due à ce que l'on pourra alors ajouter à la fonction cherchée U l'expression $C(x^2+y^2)^{\frac{m}{2}}$, dépendant d'une constante arbitraire C.

Par suite, si, en vertu des expressions ci-dessus de ξ et η, on a

$$U_m^{(m_1, m_2, \ldots, m_n)} = r^m \Theta_m^{(m_1, m_2, \ldots, m_n)},$$

on pourra toujours trouver des constantes positives A, A_1, A_2, ..., A_n, M, telles que, pour toutes les valeurs réelles de θ, on ait des inégalités de la forme

$$|\Theta_m^{(m_1, m_2, \ldots, m_n)}| < \frac{M}{A^m A_1^{m_1} A_2^{m_2} \ldots A_n^{m_n}}.$$

Or, en vertu de (75),

$$C_{k, m-k}^{(m_1, m_2, \ldots, m_n)} = \frac{1}{\pi} \int_0^\pi \Theta_m^{(m_1, m_2, \ldots, m_n)} e^{i(m-2k)\theta} d\theta.$$

Donc l'inégalité que l'on vient d'écrire donne

$$|C_{k, m-k}^{(m_1, m_2, \ldots, m_n)}| < \frac{M}{A^m A_1^{m_1} A_2^{m_2} \ldots A_n^{m_n}}.$$

Par là on voit que la fonction F, étant exprimée au moyen des variables ξ, η, x_1, x_2, ..., x_n, devient une fonction holomorphe. Elle sera donc également holomorphe par rapport aux variables x, y, x_1, x_2, ..., x_n.

Ainsi, dans le cas où le système (45) admet une solution périodique, elle admettra aussi une intégrale holomorphe indépendante de t,

$$(76) \qquad x^2 + y^2 + F(x_1, x_2, \ldots, x_n, x, y),$$

où l'ensemble des termes de plus bas degré sera $x^2 + y^2$.

On s'assure d'ailleurs facilement que, si l'on a trouvé une intégrale quelconque de la forme (76), toute autre intégrale holomorphe indépendante de t en sera une fonction.

On peut aussi démontrer que, si le système (45) admet une pareille intégrale, il admettra aussi une solution périodique, définie par des séries de la forme (61).

Nous nous en convaincrons en considérant le système déduit de (47) en éliminant la variable r à l'aide de l'équation intégrale fournie par cette intégrale.

Nous avons supposé que, pour $x = y = 0$, les fonctions X et Y s'annulaient. Mais, pour l'exactitude de ce que nous venons de dire, une telle hypothèse n'est pas nécessaire, et, dans la suite, en parlant du système (45), nous ne retiendrons plus cette supposition.

Remarque II (1). — La conclusion énoncée plus haut au sujet de la stabilité du

(1) Cette remarque ne se trouve pas dans l'original. Elle a été rédigée d'après la Note *Contribution à la question de la stabilité*, insérée aux *Communications de la Société mathématique de Kharkow* pour 1893.

mouvement permanent, dans le cas où ce mouvement fait partie d'une série continue de mouvements périodiques définis par les équations

$$z = c, \qquad z_1 = z_2 = \ldots = z_n,$$

ne peut, en général, être étendue à ces derniers mouvements.

Pour le mouvement permanent (qui correspond à $c = 0$), le problème de la stabilité par rapport aux variables x, y, x_s, qui seul nous intéresse ici, ne diffère pas au fond du problème de la stabilité par rapport aux variables z, z_s. Mais, pour les mouvements périodiques dont il s'agit, ce seront en général deux problèmes différents.

Par rapport aux variables z, z_s, ces mouvements seront encore stables; mais, par rapport à celles x, y, x_s, ils ne jouiront, en général, que d'une certaine stabilité conditionnelle : à savoir, ils seront stables pour des perturbations qui ne changent pas la valeur constante de l'intégrale (76). Quant à la stabilité non conditionnelle, elle n'aura lieu que dans les cas où la période T (n° 36) ne dépend pas de la constante c, c'est-à-dire où tous les nombres h_j sont nuls.

Pour le démontrer, considérons un des mouvements périodiques, qui soit défini par les équations

$$\text{(I)} \qquad z = c, \qquad z_1 = z_2 = \ldots = z_n = 0,$$

$$\text{(II)} \qquad \theta = \tau + \varphi_1 c + \varphi_2 c^2 + \ldots,$$

où

$$\tau = \frac{2\pi(t - t_0)}{\mathrm{T}},$$

et φ_1, φ_2, ... sont certaines fonctions périodiques de τ.

En nous reportant aux relations entre les variables x, y, x_s et z, θ, z_s (n° 35), nous en concluons facilement que, si c n'est pas nul, le problème de la stabilité de ce mouvement par rapport aux premières variables est équivalent au problème de la stabilité par rapport aux secondes. Par suite, pour que le mouvement considéré, qui est déjà stable par rapport à z, z_s, le soit également par rapport à x, y, x_s, il faut et il suffit qu'il soit stable par rapport à θ.

Cela posé, désignons le second membre de l'équation (II) par la lettre ψ et, en faisant

$$\theta = \psi + \zeta,$$

formons l'équation différentielle à laquelle satisfera ζ, dans l'hypothèse que, pour tous les mouvements troublés avec lesquels est comparé le mouvement périodique considéré, la valeur constante de l'intégrale (76) soit la même que pour le mouvement périodique.

Pour tous ces mouvements, la constante c dans l'équation (66) aura alors la même valeur que dans les équations (I) et (II).

Par suite, en éliminant z à l'aide de l'équation (66), nous aurons, pour déter miner ζ, une équation de la forme

$$\text{(III)} \qquad \frac{d\zeta}{dt} = Z(z_1, z_2, \ldots, z_n, \zeta, \psi),$$

dont le second membre s'annulera pour $z_1 = z_2 = \ldots = z_n = 0$.

Z sera ici une fonction holomorphe des quantités $z_1, z_2, \ldots, z_n, \zeta$, dont le développement possédera des coefficients périodiques par rapport à ψ, et cette fonction sera uniformément holomorphe pour toutes les valeurs réelles de ψ.

Nous remarquons maintenant que la constante c peut toujours être supposée assez petite en valeur absolue pour que les nombres caractéristiques des fonctions z_s [comme fonctions de la variable θ satisfaisant aux équations (70)] soient tous positifs, quelles que soient les valeurs initiales de ces fonctions.

Cela admis, désignons par $\varkappa$ un nombre positif quelconque inférieur à tous ces nombres caractéristiques.

Puis, en prenant t_0 pour valeur initiale de t, désignons par z_0 la valeur initiale de la fonction

$$|z_1| + |z_2| + \ldots + |z_n|.$$

Alors, en remplaçant dans la fonction Z les quantités z_s par leurs expressions en fonction de $\theta = \psi + \zeta$, nous en déduirons une fonction de τ, ζ et des valeurs initiales des quantités z_s, telle que, M étant suffisamment grand, on aura

$$|Z| < M z_0 e^{-\varkappa\tau},$$

pour toutes les valeurs de t supérieures à t_0, tant que $|\zeta|$ est au-dessous d'une certaine limite l et les valeurs initiales de tous les $|z_s|$ sont assez petites.

Par suite, en désignant par ζ_0 la valeur initiale de la fonction ζ et en supposant $|\zeta_0|$ et z_0 suffisamment petits pour que l'inégalité

$$|\zeta_0| + \frac{MT}{2\pi\varkappa} z_0 < l$$

soit remplie, nous pourrons conclure de l'équation (III), t étant supérieur à t_0, l'inégalité suivante :

$$|\zeta| < |\zeta_0| + \frac{MT}{2\pi\varkappa} z_0 (1 - e^{-\varkappa\tau});$$

et de là on conclut la stabilité de notre mouvement par rapport à ζ ou, ce qui revient au même, par rapport à θ.

Cette conclusion est obtenue en supposant que les perturbations ne changent pas la valeur de l'intégrale (76).

Considérons maintenant des perturbations arbitraires.

Soit c_1 la constante qui figurera alors dans l'équation (66) à la place de c.

Soit ensuite ψ_1 ce que deviendra ψ quand on y remplace c par c_1.

D'après ce que nous venons d'établir, on arrive à la conclusion suivante :

Pour que le mouvement considéré, $|c|$ étant suffisamment petit, soit stable par rapport à θ, il faut et il suffit que, ε étant un nombre positif quelconque, on puisse assigner un autre nombre positif a, tel que, c_1 vérifiant l'inégalité

$$|c_1 - c| < a,$$

l'on ait

$$|\psi_1 - \psi| < \varepsilon$$

pour toutes les valeurs de t supérieures à t_0.

Or, il est évident que cela n'est possible que dans le cas où T ne dépend pas de c.

39. On voit par ce qui précède que, dans le cas qui nous intéresse de deux racines purement imaginaires, la question de la stabilité dépend d'une manière essentielle de celle de la possibilité d'une solution périodique pour le système (45) ou, si l'on veut, de la question, très intimement liée avec elle, de la possibilité pour ce système d'une intégrale holomorphe indépendante de t. Malheureusement, tous les procédés que nous pouvons proposer, en général, pour la résolution de cette dernière question sont tels qu'ils ne réussissent que dans le cas de réponse négative. Cependant, s'il n'est pas possible d'indiquer de méthode générale qui conduise au but dans tous les cas, il convient au moins d'indiquer certains cas particuliers où la solution de notre question se simplifie.

Admettons d'abord que les fonctions X et Y ne contiennent pas les variables x_1, x_2, ..., x_n.

La question se résout alors complètement par l'examen du système du second ordre

$$(77) \qquad \frac{dx}{dt} = -\lambda y + X, \qquad \frac{dy}{dt} = \lambda x + Y.$$

Un des cas les plus simples, où il existe pour ce système une intégrale holomorphe indépendante de t, est celui où les fonctions X et Y satisfont à la relation

$$\frac{\partial X}{\partial x} + \frac{\partial Y}{\partial y} = 0,$$

c'est-à-dire où le système (77) est canonique.

Dans ce cas, les fonctions x et y qui lui satisfont seront périodiques pour toutes les valeurs initiales assez petites.

M. Poincaré a indiqué un cas d'un autre genre où les fonctions x et y, définies par les équations (77), sont toujours périodiques. C'est le cas où les équations considérées ne changent pas en remplaçant simultanément t par $-t$ et y par $-y$ (¹).

M. Poincaré a montré comment la périodicité des fonctions x et y peut alors être établie *a priori*.

Or, dans les conditions indiquées, il n'est pas moins facile d'établir directement l'existence d'une intégrale holomorphe.

En effet, pour que le cas que nous venons d'indiquer ait lieu, les fonctions X et Y doivent être de la forme

$$X = y f(x, y^2), \qquad Y = \varphi(x, y^2),$$

où f et φ désignent des fonctions holomorphes de leurs arguments, s'annulant quand ces derniers sont simultanément égaux à zéro.

Or, s'il en est ainsi, nous aurons, en éliminant dt,

$$\frac{dy^2}{dx} = -2\frac{\lambda x + \varphi(x, y^2)}{\lambda - f(x, y^2)},$$

et le second membre sera une fonction holomorphe des quantités x et y^2. Par conséquent, en considérant y^2 comme une fonction de x et en désignant par c la valeur de cette fonction correspondant à $x = 0$, nous aurons, en vertu d'un théorème connu,

$$y^2 = c + \psi(x, c), \tag{78}$$

où ψ sera une fonction holomorphe de x et c, s'annulant pour $x = 0$.

L'équation (78) fait voir qu'il y aura bien une intégrale du caractère requis. Cette intégrale sera une fonction holomorphe des quantités x et y^2.

D'une façon générale, pour que le système (77) admette une intégrale indépendante de t, représentant une fonction holomorphe de x et y^2 (ou, si l'on veut, de x et x^2+y^2), il faut et il suffit que les fonctions X et Y puissent être présentées sous la forme

$$\begin{aligned} X &= y f(x, y^2) + [-\lambda + f(x, y^2)] y^2 H(x, y^2),\\ Y &= \varphi(x, y^2) + [\lambda x + \varphi(x, y^2)] y\, H(x, y^2), \end{aligned}$$

où f, φ et H désignent des fonctions holomorphes de x et y^2.

(¹) *Sur les courbes définies par les équations différentielles* (*Journal de Mathématiques*, 4ᵉ série, t. I, p. 193).

On peut poser la question d'une manière un peu plus générale. A savoir, on peut chercher les conditions sous lesquelles le système (77) admet une intégrale indépendante de t, représentant une fonction holomorphe des quantités

$$ax + by \quad \text{et} \quad x^2 + y^2,$$

où a et b sont des constantes quelconques. Mais nous ne nous arrêterons pas à ce cas, qui se ramène au précédent par une transformation très simple.

Il existe des cas où, X et Y contenant les variables $x_1, x_2, \ldots, x_n$, la question se ramène néanmoins à l'examen d'un système du second ordre.

Tel est, par exemple, le cas où l'on a

$$-\lambda y + X = (-\lambda y + X')(1 + Z), \qquad \lambda x + Y = (\lambda x + Y')(1 + Z),$$

X′ et Y′ étant des fonctions holomorphes des deux variables x et y seulement, et Z une fonction holomorphe quelconque de $x, y, x_1, x_2, \ldots, x_n$, s'annulant quand ces variables s'annulent simultanément.

Alors tout dépend de l'étude d'équations de la forme

$$\frac{dx}{dt'} = -\lambda y + X', \qquad \frac{dy}{dt'} = \lambda x + Y'.$$

Tel sera aussi le cas où, X et Y étant quelconques, toutes les fonctions X_s dans le système (45) s'annulent quand on pose $x_1 = x_2 = \ldots = x_n = 0$, et où toutes les constantes α_s, β_s sont nulles.

Alors, si $X^{(0)}$ et $Y^{(0)}$ sont les fonctions de x et de y auxquelles se réduisent X et Y quand tous les x_s sont simultanément nuls, la question dépendra de la discussion des équations

$$\frac{dx}{dt} = -\lambda y + X^{(0)}, \qquad \frac{dy}{dt} = \lambda x + Y^{(0)}.$$

Le cas que nous venons d'indiquer est contenu dans un autre, plus général, auquel on peut arriver en considérant le système d'équations aux dérivées partielles

$$(79) \quad (-\lambda y + X)\frac{\partial x_s}{\partial x} + (\lambda x + Y)\frac{\partial x_s}{\partial y}$$
$$= p_{s1}x_1 + p_{s2}x_2 + \ldots + p_{sn}x_n + \alpha_s x + \beta_s y + X_s \qquad (s = 1, 2, \ldots, n),$$

définissant les quantités $x_1, x_2, \ldots, x_n$ comme fonctions des variables x et y.

Chaque fois que l'on pourra satisfaire à ce système par des fonctions holomorphes

$$(80) \qquad x_1 = f_1(x, y), \qquad x_2 = f_2(x, y), \qquad \ldots, \qquad x_n = f_n(x, y)$$

des variables x et y, s'annulant pour $x=y=0$, la question se ramènera à l'étude des équations

$$\frac{dx}{dt}=-\lambda y+(X), \qquad \frac{dy}{dt}=\lambda x+(Y),$$

dans lesquelles (X) et (Y) désignent les résultats de la substitution (80) dans les fonctions X et Y.

En considérant de plus près les équations (79), nous nous convainquons facilement que, si l'on cherche les fonctions x_s sous la forme de séries ordonnées suivant les puissances entières et positives de x et y, et ne contenant pas de termes constants, les équations que l'on obtient entre coefficients seront toujours compatibles et déterminées, en permettant de calculer ces coefficients pour les termes de chaque degré d'après ceux trouvés auparavant pour les termes de degrés inférieurs.

De cette manière, on trouvera toujours des séries de la forme indiquée qui satisfassent formellement au système (79), et ces séries seront uniques.

Cependant ce serait une erreur de croire qu'elles définissent toujours une solution du système (79), car des cas sont possibles où ces séries ne seront pas convergentes, quelque petits que soient les modules des variables x et y.

Ainsi, par exemple, étant proposée l'équation

$$\left[-\lambda y-\frac{1}{2}x(x^2+y^2)\right]\frac{\partial x_1}{\partial x}+\left[\lambda x-\frac{1}{2}y(x^2+y^2)\right]\frac{\partial x_1}{\partial y}=-x_1+x^2+y^2,$$

la série

$$x^2+y^2+(x^2+y^2)^2+1.2(x^2+y^2)^3+1.2.3(x^2+y^2)^4+\ldots,$$

qui lui satisfait formellement, sera divergente toutes les fois que x^2+y^2 n'est pas nul, et même, si on la considère comme une série double, toutes les fois que x et y ne sont pas simultanément nuls.

Par suite, la réduction indiquée ne sera pas toujours possible, et, pour en reconnaître la possibilité, il sera en général nécessaire d'examiner la convergence des séries en question.

On peut toutefois rencontrer des cas où ces séries seront finies, ainsi que ceux où l'on sait *a priori* qu'elles doivent être convergentes.

Signalons, comme un des cas de la première espèce, celui où l'on a

$$X=xU, \qquad Y=yU, \qquad X_s=x_sU \qquad (s=1, 2, \ldots, n),$$

U étant une fonction holomorphe quelconque des variables x, y, x_s, s'annulant quand on pose $x=y=x_1=\ldots=x_n=0$. Dans ce cas, on peut évidemment satisfaire au système (79) par des fonctions linéaires des variables x et y.

Remarquons que, si U est une fonction entière et homogène de degré impair, le système (45) admettra dans ce cas une intégrale holomorphe indépendante de t.

Signalons encore un des cas de la seconde espèce.

Admettons que toutes les constantes α_s, β_s soient nulles, et que les fonctions X, Y, X_s satisfassent aux relations suivantes :

$$(81)\qquad (-\lambda y + X)\frac{\partial X_s}{\partial x} + (\lambda x + Y)\frac{\partial X_s}{\partial y} = 0 \qquad (s = 1, 2, \ldots, n),$$

où les dérivées partielles sont prises en considérant les $n+2$ variables $x, y, x_1, x_2, \ldots, x_n$ comme indépendantes.

Alors, en considérant les équations

$$(82)\qquad p_{s1}x_1 + p_{s2}x_2 + \ldots + p_{sn}x_n + X_s = 0 \qquad (s = 1, 2, \ldots, n),$$

et en définissant par elles les quantités x_s comme des fonctions holomorphes des variables x et y s'annulant pour $x = y = 0$ (lequel problème, par la nature des coefficients $p_{s\sigma}$, sera toujours possible et parfaitement déterminé), nous trouverons que ces fonctions satisferont aux équations (79).

En effet, les équations (82), en vertu de (81), donnent les suivantes :

$$\sum_{\sigma=1}^{n}\left(p_{s\sigma} + \frac{\partial X_s}{\partial x_\sigma}\right)\left[(-\lambda y + X)\frac{\partial x_\sigma}{\partial x} + (\lambda x + Y)\frac{\partial x_\sigma}{\partial y}\right] = 0 \qquad (s = 1, 2, \ldots, n).$$

Et de ces dernières, le déterminant

$$\sum \pm \left(p_{11} + \frac{\partial X_1}{\partial x_1}\right)\left(p_{22} + \frac{\partial X_2}{\partial x_2}\right)\cdots\left(p_{nn} + \frac{\partial X_n}{\partial x_n}\right)$$

ne pouvant être nul pour des valeurs suffisamment petites de $|x|$, $|y|$, $|x_s|$, il vient

$$(-\lambda y + X)\frac{\partial x_\sigma}{\partial x} + (\lambda x + Y)\frac{\partial x_\sigma}{\partial y} = 0 \qquad (\sigma = 1, 2, \ldots, n).$$

Dans ce cas, pourvu que les fonctions holomorphes en question ne soient pas toutes identiquement nulles, le système (45) admettra toujours une intégrale holomorphe indépendante de t; et, dans la solution périodique qu'il possédera, toutes les fonctions x_s seront des constantes.

On peut remarquer que, si les conditions (81) doivent être remplies non pas identiquement mais seulement en vertu des équations (82), le cas que nous venons d'indiquer sera le plus général, où le système (45) admet une solution périodique avec des valeurs constantes pour les fonctions x_s.

Dans le dernier cas, la convergence des séries définies par les équations (79) coïncidait avec l'existence d'une solution périodique pour le système (45).

On s'assure facilement qu'en général, aussitôt qu'une telle solution est possible pour ce système, les séries dont il s'agit seront toujours convergentes, tant que $|x|$ et $|y|$ sont suffisamment petits.

En effet, sous la condition indiquée, le système (47) admettra une solution périodique, définie par les équations (49). Or, si l'on élimine entre ces équations la constante c, on pourra en déduire les expressions des quantités x_s sous forme de séries ordonnées suivant les puissances entières et positives de r, ne contenant pas de puissance zéro et possédant des coefficients périodiques, qui seront des séries finies de sinus et cosinus de multiples entiers de θ. Par ces séries seront définies des fonctions des variables r et θ, holomorphes par rapport à r uniformément pour toutes les valeurs réelles de θ, et ces fonctions satisferont au système d'équations, représentant la transformée du système (79) dans les variables r et θ. Cependant il est facile de se convaincre qu'il n'est pas possible de satisfaire à ce système par des séries de la forme indiquée, si ces séries ne se réduisent pas à celles ordonnées suivant les puissances entières et positives des quantités $r\cos\theta$, $r\sin\theta$, et ayant des coefficients constants. Donc les séries considérées doivent nécessairement s'y réduire. Et s'il en est ainsi, on pourra démontrer, comme dans le cas considéré au numéro précédent (remarque I), qu'elles définiront des fonctions holomorphes des quantités $r\cos\theta$ et $r\sin\theta$. Mais alors, étant exprimées au moyen des variables x et y, ces séries représenteront des fonctions holomorphes de ces dernières; car, si l'on a affaire avec le cas où les fonctions X et Y s'annulent pour $x = y = 0$, les variables x et y sont respectivement égales à $r\cos\theta$ et $r\sin\theta$, et, si l'on se trouve dans le cas général, on passera des unes variables aux autres à l'aide des équations

$$x = r\cos\theta + u, \qquad y = r\sin\theta + v,$$

où u et v sont des fonctions holomorphes des quantités x_s, considérées au n° 33. Comme ces fonctions ne renferment pas de termes de degré inférieur au second, il résulte de ces équations que, si tous les x_s sont des fonctions holomorphes des quantités $r\cos\theta$ et $r\sin\theta$, s'annulant quand ces dernières sont nulles, les quantités $r\cos\theta$ et $r\sin\theta$, leurs modules étant suffisamment petits, seront des fonctions holomorphes de x et y, s'annulant pour $x = y = 0$.

De cette manière, nous obtenons dans notre hypothèse des fonctions holomorphes x_s des variables x et y, s'annulant pour $x = y = 0$ et satisfaisant aux équations (79).

40. Dans le cas où le système (45) n'admet pas de solution périodique de l'espèce considérée, la question de la stabilité se résout, comme nous l'avons vu, par le signe d'une certaine constante g.

Pour le calcul de cette constante, il a été proposé précédemment deux méthodes, toutes les deux se réduisant aux opérations qu'on aurait à effectuer en recherchant la solution périodique (n° 34 et n° 36, remarque). Montrons maintenant comment on pourra atteindre le même but en se servant des calculs qui se présentent dans la recherche d'une intégrale holomorphe indépendante de t.

Considérons l'expression suivante :

$$U = x^2 + y^2 + f(x_1, x_2, \ldots, x_n, x, y),$$

où f représente une fonction rationnelle entière des variables x_s, x, y, ne renfermant pas de termes de degré inférieur au troisième.

Si nous formons, d'après les équations (45), la dérivée $\frac{dU}{dt}$, en la développant suivant les puissances des quantités x, y, x_s, la série obtenue n'aura pas de termes de degré inférieur au troisième, et, par un choix convenable de la fonction f, on pourra faire en sorte qu'elle ne renferme pas de termes jusqu'à un degré encore plus élevé.

Il peut arriver que, si grand que soit le nombre entier k, on pourra disposer de la fonction f de telle façon que, dans le développement de $\frac{dU}{dt}$, il ne se rencontre pas de termes de degré inférieur au $k^{\text{ième}}$. Dans ce cas, on obtiendra une série, ordonnée suivant les puissances entières et positives de x, y, x_s, satisfaisant formellement à la condition d'une intégrale du système (45), et, comme nous le verrons plus loin, ce système admettra alors effectivement une intégrale holomorphe indépendante de t.

Mais il peut aussi arriver (et ce sera un cas général) que, quelle que soit la fonction f, on ne puisse faire disparaître, dans le développement de $\frac{dU}{dt}$, tous les termes au-dessous d'un degré déterminé.

Supposons que nous nous trouvions dans ce cas, et que la fonction f soit choisie de façon que, dans le développement de la dérivée considérée, il ne se rencontre pas de termes jusqu'au degré le plus élevé possible.

Alors l'ensemble des termes de plus bas degré dans le développement de $\frac{dU}{dt}$ représentera nécessairement une forme de degré pair, car si cette forme, que nous désignerons par V, était de degré impair $2N+1$, on pourrait trouver, d'après le théorème I du n° 20, une forme v du même degré, satisfaisant à l'équation

$$\lambda\left(x\frac{\partial v}{\partial y} - y\frac{\partial v}{\partial x}\right) + \sum_{s=1}^{n}(p_{s1}x_1 + p_{s2}x_2 + \ldots + p_{sn}x_n + \alpha_s x + \beta_s y)\frac{\partial v}{\partial x_s} = -V;$$

et en ajoutant cette dernière à la fonction f, on formerait une nouvelle fonction U pour laquelle, dans le développement de $\frac{dU}{dt}$, tous les termes disparaitraient jusqu'au degré $2N+1$ inclusivement.

Admettons donc que le degré de la forme V est égal à un nombre pair $2N$.

On peut alors supposer le degré de la fonction f non supérieur à $2N-1$. Mais, si l'on veut introduire dans cette fonction les termes aussi de degré $2N$, on pourra toujours réduire la forme V à celle-ci,

$$G(x^2+y^2)^N, \tag{83}$$

où G est une constante, qui aura une valeur parfaitement déterminée.

En effet, si v désigne l'ensemble des termes de degré $2N$ dans la fonction f, et V_0 l'ensemble des termes de même degré dans le développement de l'expression

$$\frac{dU}{dt}-\frac{dv}{dt},$$

on devra, pour effectuer ladite réduction, déterminer la forme v et la constante G conformément à l'équation

$$\lambda\left(x\frac{\partial v}{\partial y}-y\frac{\partial v}{\partial x}\right)+\sum_{s=1}^{n}(p_{s1}x_1+\ldots+p_{sn}x_n+\alpha_s x+\beta_s y)\frac{\partial v}{\partial x_s}=G(x^2+y^2)^N-V_0. \tag{84}$$

Et cette dernière fournit, pour le calcul des coefficients de la forme v, un système d'équations linéaires en nombre egal au nombre de ces coefficients, dont le déterminant sera le $(2N-1)^{\text{ième}}$ déterminant dérivé du déterminant fondamental du système (45), dans l'hypothèse $\varkappa=0$ (*voir* n° 19). Ce déterminant sera, par conséquent, nul; mais, parmi ses premiers mineurs, il s'en trouvera au moins un qui sera différent de zéro. Par suite, les coefficients de la forme v pourront toujours être éliminés entre ces équations, et cela ne donnera qu'une seule relation entre les coefficients du second membre de l'égalité (84). C'est cette relation, nécessaire et suffisante pour que la forme v existe, qui fournira, comme nous le verrons à l'instant, la valeur cherchée de la constante G.

Pour obtenir la relation en question, on peut partir directement de l'équation (84). Pour cela, remplaçons-y les variables x_s par des fonctions linéaires des variables x et y, satisfaisant au système d'équations

$$\lambda\left(x\frac{\partial x_s}{\partial y}-y\frac{\partial x_s}{\partial x}\right)=p_{s1}x_1+p_{s2}x_2+\ldots+p_{sn}x_n+\alpha_s x+\beta_s y \qquad (s=1, 2, \ldots, n)$$

(il existera toujours de telles fonctions et elles seront uniques), puis, posons $x=r\cos\theta$, $y=r\sin\theta$ et, après avoir multiplié les deux membres de l'égalité par $r^{-2N}\,d\theta$, intégrons par rapport à la variable θ dans les limites de zéro à π. Au premier membre, on obtiendra alors évidemment zéro. Par suite, l'égalité obtenue (qui sera la relation cherchée) donnera la valeur suivante pour la constante G :

$$G = \frac{1}{\pi}\int_0^{\pi} r^{-2N} V_0\, d\theta.$$

Nous sommes ainsi assurés que la fonction f pourra toujours être choisie de telle manière que l'ensemble des termes de plus bas degré dans le développement de $\frac{dU}{dt}$ soit de la forme (83).

Montrons que la constante G sera liée très simplement à la constante g.

Pour cela, si nous avions affaire avec le cas général du système (45), faisons d'abord usage de la transformation du n° **33**, pour arriver au cas où les fonctions X et Y s'annulent pour $x = y = 0$. En cherchant ensuite une fonction entière f, satisfaisant à la condition précédente, nous serons évidemment conduit aux mêmes valeurs de N et de G.

En considérant une telle fonction f, posons, dans l'expression de U, $x = r\cos\theta$, $y = r\sin\theta$, et à l'aide des équations (47) formons la dérivée $\frac{dU}{d\theta}$.

Nous aurons

$$\frac{dU}{d\theta} = \lambda G r^{2N} + R, \tag{85}$$

où R représente une fonction holomorphe des variables x_s, r, dont le développement suivant les puissances des x_s, r ne contient pas de termes de degré inférieur à $2N+1$ et possède des coefficients périodiques par rapport à θ.

Cela posé, reportons-nous aux séries (49).

Si nous avions voulu prolonger ces séries à l'infini, en conservant, pour les fonctions u, la même forme qu'au n° **34**, nous n'aurions pas pu faire en sorte que ces séries, si elles ne sont pas périodiques, fussent convergentes. Mais ne retenons cette forme que jusqu'au rang m, à partir duquel les fonctions u cessent d'être périodiques, et introduisons la condition que, pour $\mu > m$, non seulement les fonctions $u^{(\mu)}$, mais encore celles $u_s^{(\mu)}$ s'annulent pour $\theta = 0$. Alors, $|c|$ étant assez petit, les séries en question seront convergentes et représenteront une solution du système (47), au moins pour les valeurs de θ ne dépassant pas une certaine limite. On pourra d'ailleurs prendre $|c|$ suffisamment petit pour que cette limite soit aussi grande que l'on veut.

Nous supposerons que l'on peut se servir de ces séries pour toutes les valeurs de θ comprises entre 0 et 2π.

Cela posé, substituons les séries (49) dans l'équation (85). Puis, en multipliant les deux membres par $d\theta$, intégrons-les de o à 2π et développons les résultats suivant les puissances croissantes de c.

N'écrivant que des termes du moindre degré, nous aurons alors évidemment

$$4\pi g c^{m+1} + \ldots = 2\pi\lambda G c^{2N} + \ldots.$$

Nous devons donc conclure que

$$m = 2N - 1, \qquad G = \frac{2g}{\lambda}.$$

Nous obtenons ainsi la relation cherchée entre les constantes g et G. En même temps, nous parvenons à une nouvelle démonstration de la proposition suivant laquelle le nombre m sera toujours impair (n° **34**, remarque II).

De l'analyse que nous venons de présenter il résulte aussi que, si l'on avait affaire avec le cas où la fonction f peut être choisie de façon que, dans le développement de $\frac{dU}{dt}$, tous les termes disparaissent jusqu'au degré voulu, le système (45) admettrait une intégrale holomorphe indépendante de t; car il découle de notre analyse que dans ce cas le système (47) aurait certainement une solution périodique (n° **38**, remarque) (¹).

D'après ce que nous avons démontré, nous pouvons maintenant énoncer la proposition suivante :

Théorème. — *L'équation déterminante ayant deux racines purement imaginaires et n racines à parties réelles négatives, ramenons les équations différentielles du mouvement troublé à la forme* (45). *Puis, en désignant par f une fonction entière et rationnelle des variables* $x, y, x_1, x_2, \ldots, x_n$, *ne contenant pas de termes de degré inférieur au troisième, considérons l'expression*

$$2xX + 2yY + (-\lambda y + X)\frac{\partial f}{\partial x} + (\lambda x + Y)\frac{\partial f}{\partial y} + \sum_{s=1}^{n}(p_{s1}x_1 + \ldots + p_{sn}x_n + \alpha_s x + \beta_s y + X_s)\frac{\partial f}{\partial x_s},$$

qui se présentera sous forme de série, ordonnée suivant les puissances entières

---

(¹) De ce qui a été exposé résulte aussi un théorème dont on a déjà parlé au n° **38**, et sur lequel nous reviendrons encore dans la suite (*voir* n° **44**), théorème consistant en ce que, si le système (45) a une intégrale holomorphe indépendante de t, il aura aussi une solution périodique. En effet, on démontre facilement que, s'il existe une intégrale holomorphe indépendante de t, il s'en trouvera toujours une dans laquelle l'ensemble des termes de plus bas degré se ramènera à la forme $x^2 + y^2$.

et positives des quantités x, y, x_s. Nous tomberons alors sur l'un des deux cas : ou, par le choix de la fonction f, on pourra faire disparaître, dans cette expression, tous les termes jusqu'à un degré aussi élevé qu'on le veut, ou l'on ne pourra le faire que pour les termes où la somme des exposants est inférieure à un certain nombre pair $2N$.

Dans le premier cas, le système (45) admettra une intégrale holomorphe indépendante de t. Il admettra d'ailleurs une solution périodique renfermant une constante arbitraire (outre celle qu'on pourra ajouter à t) et, en faisant varier cette constante, on aura une série continue de mouvements périodiques comprenant le mouvement non troublé dont il s'agit. Ce dernier mouvement sera alors stable, et tout mouvement troublé, suffisamment voisin du mouvement non troublé, tendra asymptotiquement vers l'un des mouvements périodiques.

Dans le second cas, il n'existera pas d'intégrale du caractère indiqué. Mais on pourra choisir la fonction f de façon que l'ensemble des termes de plus bas degré dans l'expression ci-dessus se réduise à

$$G(x^2+y^2)^N.$$

Alors, si la constante G se trouve être positive, le mouvement non troublé sera instable. Si au contraire elle est négative, ce mouvement sera stable, et tout mouvement troublé, suffisamment voisin du mouvement non troublé, s'en rapprochera asymptotiquement [1].

Montrons en terminant qu'on peut arriver à l'évaluation de la constante g, en se servant des séries dont il a été parlé à la fin du numéro précédent, et qu'il n'est même pas nécessaire pour cela que ces séries soient convergentes.

A cet effet nous remarquons que la constante g ne dépend que d'un certain nombre de premiers termes dans les développements des seconds membres des équations (45); de sorte que, si k représente un nombre entier suffisamment grand, cette constante pourra être trouvée en considérant un système quelconque d'équations de la forme

$$(86)\qquad \frac{dx}{dt} = -\lambda y + X, \qquad \frac{dy}{dt} = \lambda x + Y,$$

$$\frac{dx_s}{dt} = p_{s1}x_1 + p_{s2}x_2 + \ldots + p_{sn}x_n + \alpha_s x + \beta_s y + X'_s \qquad (s = 1, 2, \ldots, n),$$

où les X'_s sont des fonctions holomorphes, ne différant des fonctions X_s que par

---

(1) Remarquons qu'on pourrait proposer un théorème entièrement analogue dans le cas examiné plus haut, où l'équation déterminante a une racine nulle.

des termes de degré supérieur au $k^{\text{ième}}$. Or on peut toujours y choisir ces derniers termes de façon qu'on puisse satisfaire au système d'équations aux dérivées partielles

$$(-\lambda y + X)\frac{\partial x_s}{\partial x} + (\lambda x + Y)\frac{\partial x_s}{\partial y}$$
$$= p_{s1}x_1 + p_{s2}x_2 + \ldots + p_{sn}x_n + \alpha_s x + \beta_s y + X'_s \qquad (s = 1, 2, \ldots, n)$$

par des fonctions entières et rationnelles

$$(87) \qquad x_1 = \varphi_1(x, y), \qquad x_2 = \varphi_2(x, y), \qquad \ldots, \qquad x_n = \varphi_n(x, y),$$

s'annulant pour $x = y = 0$ et ne contenant pas de termes de degré supérieur au $k^{\text{ième}}$. Alors, d'après ce que nous avons remarqué au numéro précédent, la question se réduira à l'examen des équations

$$\frac{dx}{dt} = -\lambda y + (X), \qquad \frac{dy}{dt} = \lambda x + (Y),$$

qu'on obtient en remplaçant dans celles (86) les quantités x_s par les fonctions (87), et ces fonctions représenteront des ensembles de termes de degré non supérieur au $k^{\text{ième}}$ dans les séries définies par les équations (79).

De cette manière, pour déterminer la constante g, on pourra traiter les équations auxquelles se réduisent les deux premières équations du système (45), après qu'on y a remplacé les quantités x_s par lesdites séries, formées jusqu'à des termes de degré suffisamment élevé.

D'après cela, on pourra, dans la question considérée, se guider sur la règle suivante :

Après avoir ramené les équations différentielles du mouvement troublé à la forme (45), *on considérera le système d'équations aux dérivées partielles* (79), *définissant les quantités x_s comme des fonctions des variables indépendantes x et y. On introduira ensuite de nouvelles variables indépendantes, r et θ, en posant*

$$(88) \qquad x = r\cos\theta, \qquad y = r\sin\theta \quad (^1),$$

et l'on cherchera à satisfaire à ce système par des séries, ordonnées suivant les puissances croissantes, entières et positives, de r, ne contenant pas de puissance nulle et ayant pour coefficients des fonctions périodiques de θ à période commune 2π (de pareilles séries existeront toujours et seront uniques).

---

(1) Il va de soi que ces variables seront, en général, différentes de celles qui étaient représentées par les mêmes lettres dans les numéros précédents.

En même temps, en se reportant à l'équation

$$\frac{dr}{d\theta}=\frac{r(\mathrm{X}\cos\theta+\mathrm{Y}\sin\theta)}{\lambda r+\mathrm{Y}\cos\theta-\mathrm{X}\sin\theta},$$

qui résulte, en vertu de (88), *des deux premières équations du système* (45), *on en présentera le second membre sous la forme*

$$\frac{1}{\lambda}(\mathrm{X}\cos\theta+\mathrm{Y}\sin\theta)\left[1+\frac{\mathrm{X}\sin\theta-\mathrm{Y}\cos\theta}{\lambda r}+\left(\frac{\mathrm{X}\sin\theta-\mathrm{Y}\cos\theta}{\lambda r}\right)^2+\ldots\right],$$

en remplaçant les fonctions X *et* Y *par leurs développements suivant les puissances croissantes de r, x_s. On y remplacera ensuite les x_s par leurs expressions en séries dont il a été parlé plus haut et, en procédant comme si ces séries étaient absolument convergentes, on présentera le résultat sous forme de série*

$$\mathrm{R}_2 r^2+\mathrm{R}_3 r^3+\mathrm{R}_4 r^4+\ldots,$$

ordonnée suivant les puissances croissantes de r (tous les coefficients R seront des fonctions périodiques de θ à période commune 2π).

Enfin, en désignant par c une constante arbitraire, on formera une suite de fonctions

$$(89)\qquad u_2,\quad u_3,\quad u_4,\quad \ldots$$

indépendantes de c, définies par la condition que, k étant un entier positif quelconque, l'expression

$$\frac{dr}{d\theta}-\mathrm{R}_2 r^2-\mathrm{R}_3 r^3-\ldots-\mathrm{R}_k r^k,$$

quand on y pose

$$r=c+u_2c^2+u_3c^3+\ldots+u_kc^k,$$

ne renferme pas c à des puissances inférieures à la $(k+1)^{ième}$. On formera ces fonctions, l'une après l'autre, jusqu'à ce qu'on arrive à une fonction non périodique, à laquelle on s'arrêtera. Soit u_m cette fonction (le nombre m devra pour cela être impair). *Elle sera toujours de la forme*

$$u_m=g\theta+v,$$

où g représente une constante et v une fonction périodique de θ. Alors, si λ est un nombre positif, le mouvement non troublé sera stable ou instable selon que g est un nombre négatif ou positif.

Remarque. — Il peut arriver que, dans la série (89), quelque loin que nous la prolongions, toutes les fonctions seront périodiques. La règle précédente alors ne conduira plus au but. Mais, s'il est démontré d'une manière quelconque qu'on se trouve dans un pareil cas, on pourra conclure que le mouvement non troublé est stable.

41. Examinons quelques exemples.

Exemple I. — Les équations différentielles du mouvement troublé se ramènent à une équation de la forme suivante :

$$\frac{d^2x}{dt^2} + x = a\left(\frac{dx}{dt}\right)^{2n+1} + \mathrm{F}\left[x, \left(\frac{dx}{dt}\right)^2\right],$$

où a est une constante quelconque, n un nombre entier positif et F une fonction holomorphe de ses arguments, ne contenant pas de termes de degré inférieur au second par rapport aux quantités x et $\frac{dx}{dt}$. Il s'agit d'examiner la stabilité du mouvement non troublé ($x = 0$) par rapport à ces deux quantités.

Supposons qu'en faisant

$$x = r\sin\theta, \qquad \frac{dx}{dt} = r\cos\theta,$$

on tire de notre équation la suivante :

$$\frac{dr}{d\theta} = \mathrm{R}_2 r^2 + \mathrm{R}_3 r^3 + \ldots, \tag{90}$$

où tous les R représentent des fonctions de θ seul.

Alors, parmi les fonctions

$$\mathrm{R}_2, \quad \mathrm{R}_3, \quad \ldots, \quad \mathrm{R}_{2n}, \quad \mathrm{R}_{2n+1} - a\cos^{2n+2}\theta,$$

aucune évidemment ne dépendra de la constante a (dans l'hypothèse que la fonction F n'en dépend pas). Par suite, si nous cherchons pour l'équation (90) une solution sous forme de série

$$r = c + u_2 c^2 + u_3 c^3 + \ldots$$

ordonnée suivant les puissances croissantes de la constante arbitraire c, toutes les fonctions

$$u_2, \quad u_3, \quad \ldots, \quad u_{2n}, \quad u_{2n+1} - a\int_0^\theta \cos^{2n+2}\theta\, d\theta \tag{91}$$

pourront être supposées indépendantes de a.

Or, si a était nul, l'équation proposée admettrait une intégrale holomorphe indépendante de t (*voir* le n° **39**).

Nous pouvons donc affirmer que les fonctions (91) seront toutes périodiques, et que, par conséquent, si a n'est pas nul, la constante g sera donnée par la formule

$$g = \frac{2a}{\pi}\int_0^{\frac{\pi}{2}} \cos^{2n+2}\theta\, d\theta.$$

On en conclut que, pour $a > 0$, le mouvement non troublé est instable, et que, pour $a \leqq 0$, il est stable.

Exemple II. — Les équations différentielles proposées du mouvement troublé soient les suivantes :

$$\frac{dx}{dt} + y = nxz, \qquad \frac{dy}{dt} - x = -nyz, \qquad \frac{dz}{dt} + z = x^2 + y^2 - 2xyz,$$

où n est une constante.

En posant $x = r\cos\theta$, $y = r\sin\theta$ et en prenant pour variable indépendante θ, nous en déduirons ces équations

$$\frac{dr}{d\theta} = \frac{nrz\cos 2\theta}{1 - nz\sin 2\theta} = nrz\cos 2\theta + n^2rz^2\cos 2\theta\sin 2\theta + \ldots,$$

$$\frac{dz}{d\theta} = \frac{-z + r^2 - r^2z\sin 2\theta}{1 - nz\sin 2\theta}$$
$$= -z + r^2 - nz^2\sin 2\theta + (n-1)r^2z\sin 2\theta - n^2z^3\sin^2 2\theta + \ldots,$$

où, dans les développements, sont écrits tous les termes de degré non supérieur au troisième.

Opérons ensuite comme au n° 34.

Comme les équations ci-dessus ne changent pas quand on y remplace r par $-r$, on pourra ne pas introduire, dans les séries du type (49) qui leur correspondent, pour r, les puissances paires de la constante c, pour z, les puissances impaires.

Posons donc

$$r = c + u_3c^3 + u_5c^5 + \ldots,$$
$$z = v_2c^2 + v_4c^4 + \ldots,$$

où tous les u et v sont des fonctions de θ indépendantes de c.

Pour les calculer, on aura les équations suivantes :

$$\frac{dv_2}{d\theta} + v_2 = 1, \qquad \frac{du_3}{d\theta} = nv_2\cos 2\theta,$$

$$\frac{dv_4}{d\theta} + v_4 = 2u_3 + (n-1)v_2\sin 2\theta - nv_2^2\sin 2\theta,$$

$$\frac{du_5}{d\theta} = n(v_4 + v_2u_3)\cos 2\theta + n^2v_2^2\cos 2\theta\sin 2\theta,$$

. . . . , dont les trois premières seront satisfaites en faisant

$$v_2 = 1, \qquad u_3 = \frac{n}{2}\sin 2\theta, \qquad v_4 = \frac{n-1}{5}(\sin 2\theta - 2\cos 2\theta).$$

La quatrième équation donnera ensuite u_5, et cette fonction, outre des termes périodiques, contiendra encore le suivant :

$$-\frac{n(n-1)}{5}\theta.$$

Donc, si $n(n-1)$ n'est pas nul, nous aurons

$$g = -\frac{n(n-1)}{5}.$$

Quant au cas où $n(n-1) = 0$, les équations différentielles proposées admettront une solution périodique.

En effet, pour $n = 0$, cela est évident; et, pour $n = 1$, on le conclut en remarquant que les seconds membres de nos équations, que nous désignerons respectivement par X, Y, Z, satisfont alors à la relation

$$(-y + \mathrm{X})\frac{\partial \mathrm{Z}}{\partial x} + (x + \mathrm{Y})\frac{\partial \mathrm{Z}}{\partial y} = 0;$$

de sorte qu'on tombera alors sur un cas indiqué au n° 39.

En résumé, nous arrivons ainsi à la conclusion que, pour $n(n-1) \geqq 0$, le mouvement non troublé est stable et, pour $n(n-1) < 0$, instable.

Exemple III. — Soient données les équations

$$\frac{dx}{dt} + y = \alpha y z, \qquad \frac{dy}{dt} - x = \beta x z, \qquad \frac{dz}{dt} + kz = \gamma x y,$$

où k désigne une constante positive et α, β, γ des constantes réelles quelconques.

En opérant comme il a été indiqué au n° 36 (remarque), posons

$$t = t_0 + (1 + h_2 c^2 + \ldots)\tau.$$

Ensuite, en remarquant que les équations proposées ne changent pas quand on y remplace x par $-x$ et y par $-y$, cherchons à y satisfaire en faisant

$$\begin{aligned} x &= c\cos\tau + x_3 c^3 + x_5 c^5 + \ldots, \\ y &= c\sin\tau + y_3 c^3 + y_5 c^5 + \ldots, \\ z &= z_2 c^2 + z_4 c^4 + \ldots, \end{aligned}$$

et en entendant par x_s, y_s, z_s des fonctions de τ indépendantes de c.

De ces fonctions, z_2, x_3 et y_3 seront données par les équations suivantes :

$$\frac{dz_2}{d\tau} + kz_2 = \frac{\gamma}{2}\sin 2\tau,$$

$$\frac{dx_3}{d\tau} + y_3 = \alpha z_2 \sin\tau - h_2 \sin\tau,$$

$$\frac{dy_3}{d\tau} - x_3 = \beta z_2 \cos\tau + h_2 \cos\tau.$$

Pour la première, nous trouvons la solution périodique

$$z_2 = \frac{\gamma}{2(k^2+4)}(k\sin 2\tau - 2\cos 2\tau),$$

que nous substituons dans les seconds membres des deux autres équations. Puis, en désignant ces derniers, pour la seconde équation, par P et pour la troisième, par Q, formons l'expression

$$\frac{1}{2\pi}\int_0^{2\pi}(\mathrm{P}\cos\tau + \mathrm{Q}\sin\tau)\,d\tau = \frac{(\alpha+\beta)\gamma k}{8(k^2+4)}.$$

Cette expression, si elle n'est pas nulle, représentera la constante g.

Par suite, en remarquant que des deux cas, $\gamma = 0$ et $\alpha + \beta = 0$, où elle devient nulle, dans le premier, le système proposé d'équations admet la solution périodique

$$x = c\cos(t - t_0), \qquad y = c\sin(t - t_0), \qquad z = 0,$$

dans le second, l'intégrale

$$x^2 + y^2,$$

nous concluons que, pour $(\alpha+\beta)\gamma > 0$, le mouvement non troublé est instable et, pour $(\alpha+\beta)\gamma \leqq 0$, stable.

Exemple IV. — Soient données les équations

$$\frac{dx}{dt} = -\lambda y + (x+y)z, \qquad \frac{dy}{dt} = \lambda x + (y-x)z,$$

$$\frac{dz}{dt} = -z + x + y - 2(6x - 3y + z)z,$$

où λ représente une constante réelle non nulle quelconque.

En désignant par f une forme du troisième degré des variables x, y, z, déterminons-la par la condition que la dérivée par rapport à t de la fonction

$$\mathrm{U} = x^2 + y^2 + f,$$

formée d'après nos équations différentielles, ne contienne pas de termes du troisième degré.

L'équation que devra vérifier la forme f, savoir

$$\lambda\left(y\frac{\partial f}{\partial x} - x\frac{\partial f}{\partial y}\right) + (z - x - y)\frac{\partial f}{\partial z} = 2(x^2 + y^2)z,$$

donnera

$$f = 2(x^2 + y^2)\left(\frac{x - y}{\lambda} + z\right).$$

En même temps, il viendra

$$\frac{dU}{dt} = \frac{4(1 - 3\lambda)}{\lambda}(x^2 + y^2)(2x - y)z. \tag{92}$$

Remplaçons ici z par la solution linéaire

$$z = \frac{(1 - \lambda)x + (1 + \lambda)y}{1 + \lambda^2}$$

de l'équation

$$\lambda\left(x\frac{\partial z}{\partial y} - y\frac{\partial z}{\partial x}\right) = -z + x + y;$$

puis, faisons $x = r\cos\theta$, $y = r\sin\theta$ et, en désignant par Θ la fonction de la variable θ, à laquelle se réduira le résultat de cette substitution après l'avoir divisé par r^4, considérons l'expression

$$\frac{1}{\pi}\int_0^{\pi} \Theta\, d\theta = \frac{2(1 - 3\lambda)^2}{\lambda(1 + \lambda^2)}.$$

Si cette expression n'est pas nulle, elle représentera la constante G (n° 40). Or, elle ne peut devenir nulle que dans le cas où $\lambda = \frac{1}{3}$. Et alors, comme on le voit par (92), la fonction U sera une intégrale des équations proposées.

Par suite, l'expression obtenue permet de conclure que pour λ négatif et pour $\lambda = \frac{1}{3}$ le mouvement non troublé est stable, et que pour λ positif différent de $\frac{1}{3}$ il est instable.

Exemple V. — Les équations différentielles du mouvement troublé sont données sous la forme

$$\frac{d^2x}{dt^2} + x = az^n, \qquad \frac{dy}{dt} + kz = x,$$

où n est un nombre entier plus grand que 1, k une constante positive et a une constante réelle quelconque. Il s'agit d'examiner la stabilité du mouvement non troublé ($x = z = 0$) par rapport aux quantités x, $\frac{dx}{dt}$ et z.

Procédons suivant la règle exposée à la fin du numéro précédent.

En faisant $\frac{dx}{dt} = x'$, considérons l'équation aux dérivées partielles

$$x' \frac{\partial z}{\partial x} - x \frac{\partial z}{\partial x'} + kz = x - az^n \frac{\partial z}{\partial x'},$$

laquelle, au moyen de la substitution $x' = r\cos\theta$, $x = r\sin\theta$, se ramène à la forme

$$\frac{\partial z}{\partial \theta} + kz = r\sin\theta - az^n\left(\cos\theta \frac{\partial z}{\partial r} - \frac{\sin\theta}{r}\frac{\partial z}{\partial \theta}\right).$$

On pourra satisfaire à cette équation, au moins formellement, en substituant à z la série

(93) $$\Theta_0 r + \Theta_1 r^n + \Theta_2 r^{2n-1} + \ldots$$

ordonnée suivant les puissances de r, croissant de $n - 1$, avec des coefficients Θ_0, Θ_1, ..., périodiques par rapport à θ, qu'on calculera successivement à l'aide d'équations différentielles faciles à former. Ainsi, les coefficients Θ_0 et Θ_1 s'obtiendront par les équations

$$\frac{d\Theta_0}{d\theta} + k\Theta_0 = \sin\theta,$$

$$\frac{d\Theta_1}{d\theta} + k\Theta_1 = -a\Theta_0^n\left(\cos\theta\,\Theta_0 - \sin\theta \frac{d\Theta_0}{d\theta}\right)$$

et seront, par conséquent,

$$\Theta_0 = \frac{k\sin\theta - \cos\theta}{k^2+1}, \qquad \Theta_1 = \frac{ae^{-k\theta}}{k^2+1}\int_{-\infty}^{\theta} e^{k\theta}\Theta_0^n\,d\theta.$$

Reportons-nous maintenant à la première des équations différentielles proposées. En faisant la substitution employée ci-dessus, nous en déduirons la suivante :

$$\frac{dr}{d\theta} = \frac{az^n\cos\theta}{1 - a\frac{z^n}{r}\sin\theta}.$$

Présentons le second membre de cette équation sous forme de la série

$$az^n\cos\theta + a^2\frac{z^{2n}}{r}\sin\theta\cos\theta + \ldots,$$

et, en y remplaçant z par la série (93), ordonnons le résultat suivant les puissances croissantes de r.

Nous obtiendrons ainsi la série

$$R_n r^n + R_{2n-1} r^{2n-1} + \ldots,$$

où les exposants de r croissent de $n - 1$ et où les coefficients R sont certaines fonctions périodiques de θ :

$$R_n = a\Theta_0^n \cos\theta, \qquad R_{2n-1} = a^2\Theta_0^{2n} \sin\theta\cos\theta + na\Theta_0^{n-1}\Theta_1\cos\theta, \qquad \ldots.$$

En considérant maintenant l'expression

$$\frac{dr}{d\theta} - R_n r^n - R_{2n-1} r^{2n-1},$$

et en désignant par c une constante arbitraire et par u_n, u_{2n-1} des fonctions de θ indépendantes de c, posons-y

$$r = c + u_n c^n + u_{2n-1} c^{2n-1}$$

et, dans le résultat, égalons à zéro les coefficients pour les puissances n et $2n - 1$ de c.

Nous obtenons par cette voie les équations

$$(94) \qquad \frac{du_n}{d\theta} = R_n, \qquad \frac{du_{2n-1}}{d\theta} = nu_n R_n + R_{2n-1},$$

parmi lesquelles la première donne

$$u_n = a\int \Theta_0^n \cos\theta\, d\theta + \text{const.}$$

Or, si nous introduisons l'angle ε défini par les égalités

$$\sin\varepsilon = \frac{k}{\sqrt{k^2+1}}, \qquad \cos\varepsilon = \frac{1}{\sqrt{k^2+1}},$$

nous aurons

$$\Theta_0 = -\frac{\cos(\theta+\varepsilon)}{\sqrt{k^2+1}}.$$

Donc l'expression de la fonction u_n se réduira à

$$u_n = \frac{(-1)^n a}{(k^2+1)^{\frac{n+1}{2}}}\left[\int \cos^{n+1}(\theta+\varepsilon)\, d\theta - \frac{k}{n+1}\cos^{n+1}(\theta+\varepsilon)\right] + \text{const.}$$

On voit par là que, si n est un nombre impair, la fonction u_n contiendra un terme séculaire, et la constante g sera donnée par la formule

$$g = -\frac{2a}{\pi(k^2+1)^{\frac{n+1}{2}}}\int_0^{\frac{\pi}{2}} \cos^{n+1}\theta\, d\theta.$$

Cette constante sera donc de signe contraire à celui de a.

Si, au contraire, le nombre n est pair, la fonction u_n sera périodique. Alors, comme on le voit par (94), la constante g sera définie par l'égalité

$$g = \frac{1}{2\pi}\int_0^{2\pi} R_{2n-1}\, d\theta,$$

à moins que l'intégrale qui y entre ne soit nulle.

Montrons que, a n'étant pas nul, cette intégrale ne s'annulera jamais et que d'ailleurs elle sera négative.

Pour cela, réduisons convenablement son expression

$$\int_0^{2\pi} R_{2n-1}\, d\theta = a^2\int_0^{2\pi} \Theta_0^{2n}\sin\theta\cos\theta\, d\theta + na\int_0^{2\pi}\Theta_0^{n-1}\Theta_1\cos\theta\, d\theta.$$

En nous servant de l'angle ε et en remarquant que dans le cas de n pair

$$\Theta_1 = \frac{ae^{-k(\theta+\varepsilon)}}{(k^2+1)^{\frac{n+2}{2}}}\int_{-\infty}^{\theta+\varepsilon} e^{k\varphi}\cos^n\varphi\, d\varphi,$$

nous obtenons

$$\int_0^{2\pi}\Theta_0^{n-1}\Theta_1\cos\theta\, d\theta = -\frac{a}{(k^2+1)^{n+1}}\int_0^{2\pi} e^{-k\theta}\cos^n\theta\, d\theta\int_{-\infty}^{\theta} e^{k\varphi}\cos^n\varphi\, d\varphi$$
$$- \frac{ka}{(k^2+1)^{n+1}}\int_0^{2\pi} e^{-k\theta}\cos^{n-1}\theta\sin\theta\, d\theta\int_{-\infty}^{\theta} e^{k\varphi}\cos^n\varphi\, d\varphi.$$

Or, en posant, pour abréger,

$$\int_0^{2\pi} e^{-k\theta}\cos^n\theta\, d\theta\int_{-\infty}^{\theta} e^{k\varphi}\cos^n\varphi\, d\varphi = J,$$

on trouve, en intégrant par parties,

$$n\int_0^{2\pi} e^{-k\theta}\cos^{n-1}\theta\sin\theta\, d\theta\int_{-\infty}^{\theta} e^{k\varphi}\cos^n\varphi\, d\varphi = \int_0^{2\pi}\cos^{2n}\theta\, d\theta - kJ.$$

Par suite, en remarquant que

$$\int_0^{2\pi} \Theta_0^{2n} \sin\theta \cos\theta \, d\theta = \frac{k}{(k^2+1)^{n+1}} \left[\int_0^{2\pi} \cos^{2n}\theta \, d\theta - 2 \int_0^{2\pi} \cos^{2n+2}\theta \, d\theta \right],$$

nous arrivons définitivement à l'égalité

$$\int_0^{2\pi} R_{2n-1} \, d\theta = \frac{4\pi k a^2}{(k^2+1)^{n+1}} \left[\frac{k^2-n}{4\pi k} J - \frac{1.3.5\ldots(2n+1)}{2.4.6\ldots(2n+2)} \right].$$

De cette égalité résulte l'exactitude de ce que nous avons dit plus haut; car la quantité se trouvant entre crochets au second membre est inférieure à

$$\frac{kJ}{4\pi} - \frac{1.3.5\ldots(2n+1)}{2.4.6\ldots(2n+2)}$$

(puisque J est positif); et comme kJ est, évidemment, inférieur à l'intégrale

$$\int_0^{2\pi} \cos^n\theta \, d\theta = \frac{1.3.5\ldots(n-1)}{2.4.6\ldots n} 2\pi,$$

cette quantité est inférieure à la suivante :

$$\frac{1.3.5\ldots(n-1)}{2.4.6\ldots n} \left[\frac{1}{2} - \frac{(n+1)(n+3)\ldots(2n+1)}{(n+2)(n+4)\ldots(2n+2)} \right],$$

qui est certainement négative.

Ainsi, pour n pair, la constante g sera toujours négative.

Nous arrivons par conséquent à la conclusion que, dans le cas de n impair, le mouvement non troublé est stable pour a positif et instable pour a négatif, et que dans le cas de n pair il est toujours stable.

Exemple VI. — On demande d'examiner la stabilité dans le cas des équations différentielles

$$\frac{d^2x}{dt^2} + x = az^n, \qquad \frac{dz}{dt} + kz = \frac{dx}{dt},$$

les lettres ayant la même signification que précédemment.

En opérant absolument de la même manière que dans l'exemple précédent, nous aurons : dans le cas de n impair,

$$g = \frac{2ka}{\pi(k^2+1)^{\frac{n+1}{2}}} \int_0^{\frac{\pi}{2}} \sin^{n+1}\theta \, d\theta$$

et, dans le cas de n pair,

$$(95)\qquad g = \frac{2ka^2}{(k^2+1)^{n+1}}\left[\frac{1.3.5\ldots(2n+1)}{2.4.6\ldots(2n+2)} - \frac{(n+1)kJ}{4\pi}\right],$$

J représentant la même chose que plus haut.

Dans le premier cas, la constante g aura, par conséquent, le signe de la constante a. Dans le second, son signe ne dépendra pas de celui de a. Montrons qu'elle sera alors négative.

Dans ce but, montrons avant tout que kJ est une fonction croissante de k.

Cela se démontrera facilement à l'aide de la formule de réduction par laquelle sont liées les valeurs de J pour deux valeurs de n, différant l'une de l'autre de deux unités. Si J, comme fonction de n, est désigné par J_n, cette formule, qu'on obtient aisément en intégrant par parties, sera la suivante :

$$(96)\qquad kJ_n = \frac{n^2(n-1)^2}{(k^2+n^2)^2}kJ_{n-2} + \frac{k^2}{k^2+n^2}\left[\int_0^{2\pi}\cos^{2n}\theta\,d\theta + \frac{n(n-1)}{k^2+n^2}\int_0^{2\pi}\cos^{2n-2}\theta\,d\theta\right].$$

Comme elle se ramène facilement à la forme

$$(97)\qquad kJ_n = \int_0^{2\pi}\cos^{2n}\theta\,d\theta - \frac{n}{2(k^2+n^2)}\int_0^{2\pi}\cos^{2n-2}\theta\,d\theta - \frac{n^2(n-1)^2}{(k^2+n^2)^2}\left\{\left[\frac{n-2}{2(n-1)^2}+1\right]\int_0^{2\pi}\cos^{2n-4}\theta\,d\theta - kJ_{n-2}\right\},$$

on en conclut que, si pour $m = n-2$ on a

$$kJ_m < \int_0^{2\pi}\cos^{2m}\theta\,d\theta,$$

la même inégalité aura aussi lieu pour $m = n$.

Or, on voit immédiatement par (97) que cette inégalité est exacte dans le cas de $m = 2$. Elle le sera donc aussi pour toute valeur paire de m supérieure à 2.

En tenant compte de l'inégalité ci-dessus, nous concluons de la formule (97) que, si kJ_{n-2} est une fonction croissante de k, il en sera de même de kJ_n. Par suite, en remarquant que la fonction

$$kJ_2 = \pi\left(\frac{3}{4} - \frac{1}{k^2+4}\right)$$

croît lorsque k croît, nous pouvons conclure que kJ_n jouira de cette propriété pour toutes les valeurs paires de n.

Ayant démontré que kJ_n ou, suivant notre notation primitive, kJ est une fonction croissante de k, nous en aurons une limite inférieure en y faisant $k = 0$. Cette limite s'obtiendra facilement par la formule (96) et sera la suivante :

$$\left[\frac{1.3.5\ldots(n-1)}{2.4.6\ldots n}\right]^2 2\pi.$$

En revenant maintenant à la formule (95), remplaçons-y kJ par sa limite inférieure que nous venons d'obtenir. Alors l'expression placée entre crochets se réduira à la suivante :

$$\frac{1.3.5\ldots(n-1)}{2.4.6\ldots n}\left[\frac{(n+1)(n+3)\ldots(2n+1)}{(n+2)(n+4)\ldots(2n+2)} - \frac{n+1}{2}\,\frac{1.3.5\ldots(n-1)}{2.4.6\ldots n}\right].$$

Et cette dernière, qui se réduit à

$$\frac{1}{2}\,\frac{1.3.5\ldots(n-1)}{2.4.6\ldots n}\left[\frac{(n+3)(n+5)\ldots(2n+1)}{(n+2)(n+4)\ldots 2n} - \frac{3.5.7\ldots(n+1)}{2.4.6\ldots n}\right],$$

est évidemment négative.

Donc la constante g définie par la formule (95) le sera à plus forte raison.

En résumé, nous arrivons ainsi à la conclusion que, dans le cas de n impair, le mouvement non troublé sera stable pour a négatif et instable pour a positif; quant au cas de n pair, il sera toujours stable.

DES SOLUTIONS PÉRIODIQUES DES ÉQUATIONS DIFFÉRENTIELLES DU MOUVEMENT TROUBLÉ.

42. Nous avons vu que, toutes les fois qu'il était possible de trouver certaines séries périodiques satisfaisant formellement au système (45), ce dernier admettait effectivement une solution périodique représentée par de telles séries.

La démonstration de cette proposition était basée sur la supposition que toutes les racines de l'équation déterminante du système (45), à l'exception de deux, avaient des parties réelles négatives. Or cette supposition n'a rien d'essentiel, et ladite proposition s'étend facilement à un système quelconque d'équations différentielles, pourvu que l'équation déterminante qui lui correspond ait au moins une paire de racines purement imaginaires.

Montrons comment on pourra le faire, en nous bornant toutefois au cas où, parmi les racines purement imaginaires, il se trouve une paire de racines conjuguées *simples*

(98) $$\lambda\sqrt{-1}, \quad -\lambda\sqrt{-1},$$

dont les multiples entiers ne soient pas des racines, et où l'équation déterminante n'a pas de racines nulles.

En admettant que le système proposé d'équations différentielles satisfait à ces suppositions et en nous servant d'une substitution linéaire à coefficients constants convenablement choisie, nous le ramènerons à la forme (45). D'ailleurs, les racines (98) étant simples, nous pouvons supposer cette substitution telle que tous les α_s, β_s soient nuls, et nous le ferons pour simplifier notre analyse.

De cette manière, le système transformé sera de la forme

$$(99)\quad \begin{cases} \dfrac{dx}{dt} = -\lambda y + X, \qquad \dfrac{dy}{dt} = \lambda x + Y, \\ \dfrac{dx_s}{dt} = p_{s1}x_1 + p_{s2}x_2 + \ldots + p_{sn}x_n + X_s \qquad (s = 1, 2, \ldots, n), \end{cases}$$

avec le même caractère des fonctions désignées par X, Y, X_s qu'auparavant. Mais les coefficients $p_{s\sigma}$ seront maintenant d'un caractère plus général, car on supposera ici seulement que l'équation

$$\begin{vmatrix} p_{11} - x & \ldots & p_{1n} \\ \ldots\ldots & \ldots & \ldots \\ p_{n1} & \ldots & p_{nn} - x \end{vmatrix} = 0$$

n'a pas de racines de la forme $m\lambda\sqrt{-1}$, m étant un entier réel.

Posons dans les équations (99)

$$x = r\cos\theta, \qquad y = r\sin\theta, \qquad x_1 = rz_1, \qquad x_2 = rz_2, \qquad \ldots, \qquad x_n = rz_n$$

et tirons-en les équations définissant les quantités r, z_1, z_2, ..., z_n en fonctions de la variable θ.

En faisant

$$q_{s\sigma} = \frac{p_{s\sigma}}{\lambda} \qquad (s, \sigma = 1, 2, \ldots, n)$$

et en désignant par $\varphi_1, \varphi_2, \ldots, \varphi_n$ certaines formes quadratiques des quantités $\sin\theta$ et $\cos\theta$, nous pourrons présenter ces équations sous la forme

$$(100)\quad \frac{dr}{d\theta} = R, \qquad \frac{dz_s}{d\theta} = q_{s1}z_1 + q_{s2}z_2 + \ldots + q_{sn}z_n + \varphi_s r + Z_s \qquad (s = 1, 2, \ldots, n),$$

où R, Z_s sont des fonctions des variables $z_1, z_2, \ldots, z_n, r, \theta$ se déduisant aisément des fonctions X, Y, Z_s. Étant développées suivant les puissances des quantités r, z_s, les fonctions R, Z_s ne contiendront pas de termes de degré inférieur au second et posséderont des coefficients périodiques relativement à θ. D'ailleurs, $|r|$, $|z_s|$

étant au-dessous de certains nombres fixes, leurs développements seront uniformément convergents pour toutes les valeurs réelles de θ.

Cela posé, traitons les équations (100) comme nous avons traité les équations (47) aux nos 34 et 35.

En recherchant pour le système (100) une solution sous forme de séries

$$(101)\qquad \begin{cases} r = c + u^{(2)}c^2 + u^{(3)}c^3 + \ldots, \\ z_s = u_s^{(1)}c + u_s^{(2)}c^2 + u_s^{(3)}c^3 + \ldots \qquad (s = 1, 2, \ldots, n) \end{cases}$$

ordonnées suivant les puissances croissantes de la constante arbitraire c, avec des coefficients u périodiques par rapport à θ, nous obtiendrons, pour déterminer ces coefficients, des systèmes d'équations différentielles du même caractère que dans le cas considéré dans les numéros cités; et quand notre problème est possible, ces systèmes donneront les coefficients cherchés sous forme de suites finies de sinus et cosinus de multiples entiers de θ, dans le même ordre de succession que dans le cas que nous venons d'indiquer. Pour toute valeur de l, la recherche des coefficients $u_1^{(l)}, u_2^{(l)}, \ldots, u_n^{(l)}$, après qu'on aura trouvé tous ceux qui les précèdent, ne présentera pas, comme auparavant, de difficulté; car l'équation déterminante

$$(102)\qquad \begin{vmatrix} q_{11}-\varkappa & \ldots & q_{1n} \\ \ldots\ldots & \ldots & \ldots \\ q_{n1} & \ldots & q_{nn}-\varkappa \end{vmatrix} = 0$$

du système d'équations différentielles linéaires, dont dépendent ces coefficients, n'aura, dans les suppositions admises, ni de racines nulles, ni de racines représentant des multiples entiers de $\sqrt{-1}$. La possibilité de notre problème ne dépendra donc comme précédemment que de la condition que chacune des fonctions $u^{(l)}$, qui seront données par des quadratures, soit périodique.

Admettons que cette condition soit effectivement remplie et, en supposant comme auparavant que le calcul soit conduit de façon que tous les $u^{(l)}$ s'annulent pour $\theta = 0$, examinons la convergence des séries (101).

Dans ce but, supposons que ces séries soient transformées à l'aide d'une substitution linéaire, semblable à celle considérée, pour les séries (49), au n° 35.

La question se ramènera ainsi à l'examen des séries (101), formées dans l'hypothèse que tous les coefficients $q_{s\sigma}$, autres que ceux-ci

$$q_{11} = \varkappa_1, \quad q_{22} = \varkappa_2, \quad \ldots, \quad q_{nn} = \varkappa_n, \quad q_{21} = \sigma_1, \quad q_{32} = \sigma_2, \quad \ldots, \quad q_{n\,n-1} = \sigma_{n-1},$$

soient nuls.

En considérant ces séries, supposons que tous les $u^{(i)}$, $u_s^{(i)}$ pour lesquels $i < l$ soient déjà connus. Alors, pour déterminer les coefficients $u^{(l)}$, $u_s^{(l)}$, nous aurons les équations

$$\frac{du^{(l)}}{d\theta} = \mathrm{U}^{(l)}, \qquad \frac{du_1^{(l)}}{d\theta} = \varkappa_1 u_1^{(l)} + \varphi_1 u^{(l)} + \mathrm{U}_1^{(l)},$$

$$\frac{du_j^{(l)}}{d\theta} = \varkappa_j u_j^{(l)} + \sigma_{j-1} u_{j-1}^{(l)} + \varphi_j u^{(l)} + \mathrm{U}_j^{(l)} \qquad (j = 2, 3, \ldots, n),$$

où les termes connus $\mathrm{U}^{(l)}$, $\mathrm{U}_s^{(l)}$ seront des fonctions du même caractère que dans le système d'équations analogues, considéré au n° 35.

La première de ces équations donnera

$$u^{(l)} = \int_0^\theta \mathrm{U}^{(l)}\, d\theta.$$

Mais, pour obtenir les solutions périodiques des autres équations, il ne sera plus permis de se servir des formules telles que (53), car ces formules ne sont valables que dans le cas où les parties réelles de tous les $\varkappa_s$ sont négatives.

Pour obtenir des formules qui conviennent au cas considéré, faisons observer d'une façon générale que la solution périodique de l'équation

$$\frac{du}{d\theta} = \varkappa u + f(\theta),$$

où $\varkappa$ est une constante non nulle et $f(\theta)$ une fonction périodique de θ ayant pour période ω, s'obtient par la formule

$$u = \frac{e^{\varkappa\theta}}{e^{-\varkappa\omega} - 1} \int_\theta^{\theta+\omega} e^{-\varkappa\theta} f(\theta)\, d\theta,$$

pourvu que $\varkappa\omega$ ne représente pas un multiple entier de $2\pi\sqrt{-1}$.

Pour $\omega = 2\pi$ et $\varkappa = \varkappa_s$, cette condition est remplie, car les quantités $\varkappa_s$ sont les racines de l'équation (102).

Aussi, pour le calcul des coefficients $u_s^{(l)}$, on pourra se servir des formules

$$u_1^{(l)} = \frac{e^{\varkappa_1\theta}}{e^{-2\pi\varkappa_1} - 1} \int_\theta^{\theta+2\pi} e^{-\varkappa_1\theta} (\varphi_1 u^{(l)} + \mathrm{U}_1^{(l)})\, d\theta,$$

$$u_j^{(l)} = \frac{e^{\varkappa_j\theta}}{e^{-2\pi\varkappa_j} - 1} \int_\theta^{\theta+2\pi} e^{-\varkappa_j\theta} (\sigma_{j-1} u_{j-1}^{(l)} + \varphi_j u^{(l)} + \mathrm{U}_j^{(l)})\, d\theta \qquad (j = 2, 3, \ldots, n).$$

Cela posé, soit

$$\varkappa_s = \lambda_s + \mu_s\sqrt{-1}, \qquad \rho_s = \frac{\lambda_s}{e^{2\pi\lambda_s} - 1}\sqrt{1 - 2e^{2\pi\lambda_s}\cos 2\pi\mu_s + e^{4\pi\lambda_s}},$$

λ_s, μ_s étant des nombres réels et le radical dans l'expression de ρ_s étant supposé positif. Dans le cas de $\lambda_s = 0$, nous entendrons par ρ_s la limite

$$\frac{|\sin \pi\mu_s|}{\pi},$$

vers laquelle tend son expression quand λ_s tend vers zéro.

Dans les conditions où nous nous sommes placé, tous les ρ_s seront différents de zéro.

Désignons ensuite par $v^{(i)}$, $v_s^{(i)}$ des limites supérieures des modules des fonctions $u^{(i)}$, $u_s^{(i)}$ et par a_s celles des modules des fonctions φ_s, dans le domaine des valeurs réelles de θ.

Alors, si nous entendons par $V_s^{(l)}$ les constantes obtenues en partant des fonctions $U_s^{(l)}$ comme il a été indiqué au n° 35, on pourra prendre, conformément à nos formules,

$$v^{(l)} = 2\pi V^{(l)},$$

$$v_1^{(l)} = \frac{e^{\lambda_1\theta}}{|e^{-2\pi\varkappa_1} - 1|} \int_\theta^{\theta+2\pi} e^{-\lambda_1\theta}(a_1 v^{(l)} + V_1^{(l)})\, d\theta,$$

$$v_j^{(l)} = \frac{e^{\lambda_j\theta}}{|e^{-2\pi\varkappa_j} - 1|} \int_\theta^{\theta+2\pi} e^{-\lambda_j\theta}(|\sigma_{j-1}|\, v_{j-1}^{(l)} + a_j v^{(l)} + V_j^{(l)})\, d\theta \qquad (j = 2, 3, \ldots, n).$$

De cette manière, nous obtiendrons les équations

$$v^{(l)} = 2\pi V^{(l)}, \qquad \rho_1 v_1^{(l)} = a_1 v^{(l)} + V_1^{(l)},$$

$$\rho_j v_j^{(l)} = |\sigma_{j-1}|\, v_{j-1}^{(l)} + a_j v^{(l)} + V_j^{(l)} \qquad (j = 2, 3, \ldots, n),$$

dans lesquelles $V^{(l)}$, $V_s^{(l)}$ ne dépendront que des $v^{(i)}$, $v_s^{(i)}$ pour lesquels $i < l$. On pourra se servir de ces équations pour toute valeur de l supérieure à 1. En même temps, on pourra prendre

$$\rho_1 v_1^{(1)} = a_1, \qquad \rho_j v_j^{(1)} = |\sigma_{j-1}|\, v_{j-1}^{(1)} + a_j \qquad (j = 2, 3, \ldots, n),$$

et alors les constantes v seront complètement définies.

La marche ultérieure des raisonnements serait la même que dans le n° 35.

De cette manière, nous démontrerons que, dans les hypothèses admises, $|c|$ étant assez petit, les séries (101) seront absolument convergentes, et que les séries des modules de leurs termes convergeront uniformément pour toutes les valeurs réelles de θ.

L'analyse précédente, à des modifications insignifiantes près, s'étend facilement aux valeurs complexes de θ, pour lesquelles la valeur absolue du coefficient devant $\sqrt{-1}$ ne dépasse pas une limite donnée.

D'après cela, nous pourrons nous servir des raisonnements du n° 36 pour tirer de la solution périodique du système (100), définie par les séries que nous venons de considérer, une solution périodique pour le système (99).

Celle-ci se représentera par des séries de la forme (61) et renfermera deux constantes arbitraires : c, que nous avons considérée plus haut, et t_0, qui figurera conjointement avec t dans la combinaison $t - t_0$. La première de ces constantes entrera aussi dans l'expression

$$T = \frac{2\pi}{\lambda}(1 + h_2 c^2 + h_3 c^3 + \ldots)$$

de la période (correspondant à la variable t), qui sera une fonction holomorphe de c.

On pourra du reste former directement les séries exprimant cette solution périodique, en faisant usage de la méthode exposée dans la remarque au n° 36.

Arrêtons-nous à quelques circonstances se présentant dans la recherche de cette solution.

43. Considérons le système d'équations aux dérivées partielles

$$(103)\qquad \left\{\begin{aligned} &(-\lambda y + X)\frac{\partial x_s}{\partial x} + (\lambda x + Y)\frac{\partial x_s}{\partial y} \\ &\quad = p_{s1}x_1 + p_{s2}x_2 + \ldots + p_{sn}x_n + X_s \qquad (s = 1, 2, \ldots, n) \end{aligned}\right.$$

semblable à celui auquel nous avons eu affaire au n° 39.

On s'assure facilement que, dans les suppositions actuelles au sujet des $p_{s\sigma}$, on pourra toujours, comme dans le cas considéré au numéro cité, satisfaire formellement à ce système par des séries ordonnées suivant les puissances entières et positives des quantités x et y, sans termes constants ([1]), et que de telles séries seront uniques.

Or, si nous nous arrêtons à l'hypothèse qu'il existe, pour le système (99), une solution périodique de la forme indiquée plus haut, nous démontrerons, de même qu'au n° 39, que ces séries, $|x|$ et $|y|$ étant suffisamment petits, seront absolument convergentes, que les fonctions holomorphes des variables x et y définies par ces séries satisferont effectivement au système (103), et qu'en égalant les x_s à ces fonctions, on obtiendra le résultat de l'élimination des constantes c et t_0 entre les équations exprimant la solution périodique.

Cette solution est caractérisée, par conséquent, par ce fait que les quantités x_s y sont des fonctions holomorphes parfaitement déterminées des variables x et y.

([1]) Dans le cas considéré, il n'y aura évidemment pas non plus de termes du premier degré dans ces séries.

Quant à ce qui touche à ces variables, ce seront des fonctions de t que l'on obtiendra en cherchant l'intégrale générale des équations

$$\frac{dx}{dt} = -\lambda y + (X), \qquad \frac{dy}{dt} = \lambda x + (Y), \tag{104}$$

auxquelles se réduiront les deux premières équations du système (99), quand les x_s y seront remplacés par les fonctions holomorphes susdites.

D'après cela, si nous introduisons les valeurs initiales des fonctions $x, y, x_1, x_2, \ldots, x_n$, en les désignant respectivement par a, b, a_1, a_2, ..., a_n, nous pouvons caractériser notre solution périodique par la condition que tous les a_s soient des fonctions holomorphes des quantités a et b, s'annulant pour $a = b = 0$ et satisfaisant au système d'équations différentielles partielles, obtenu en remplaçant dans celui (103) les quantités $x, y, x_1, x_2, \ldots, x_n$ par les quantités $a, b, a_1, a_2, \ldots, a_n$.

Voyons à quelle forme se ramèneront les séries représentant cette solution, si au lieu des constantes c et t_0 nous y introduisons les constantes a et b.

Montrons tout d'abord que la période T sera une fonction holomorphe de a et b.

Pour cela, nous allons nous servir de la proposition qui nous est déjà connue, en vertu de laquelle, dans les conditions considérées ici, le système (104) admettra une intégrale holomorphe indépendante de t.

Comme cette dernière pourra toujours être choisie de façon que l'ensemble des termes de plus bas degré s'y réduise à $x^2 + y^2$, nous aurons, en considérant une telle intégrale et en désignant par C une constante arbitraire, une équation de la forme

$$x^2 + y^2 + F(x, y) = C^2,$$

où F est une fonction holomorphe de x et y, ne renfermant pas de termes de degré inférieur au troisième.

En faisant dans cette équation $x = r\cos\theta$, $y = r\sin\theta$, nous en tirerons la suivante :

$$r^2 + F(r\cos\theta, r\sin\theta) = C^2. \tag{105}$$

Et cette dernière, si nous y considérons r comme une inconnue et θ comme une quantité donnée, n'aura que deux solutions satisfaisant à la condition que, par un choix de $|C|$ suffisamment petit, on puisse rendre le module de r aussi petit qu'on le veut, et ces solutions, holomorphes par rapport à C, seront représentées par cette formule commune

$$r = \pm C + u^{(2)} C^2 \pm u^{(3)} C^3 + \ldots.$$

Les coefficients u seront ici des fonctions périodiques de θ, telles que, θ étant remplacé par $\theta + \pi$, tous les $u^{(m)}$ correspondant à m pair reprendront leurs valeurs primitives avec des signes contraires, et tous les $u^{(m)}$ correspondant à m impair ne changeront pas du tout. On s'en assure en remarquant que l'équation (105) ne change pas en remplaçant r par $-r$ et θ par $\theta+\pi$.

Par suite, chacune des deux solutions considérées, en y remplaçant C par $-$ C et θ par $\theta+\pi$, donnera pour r la valeur primitive avec un signe contraire.

Il résulte de là que, si en nous servant de l'une des deux valeurs de r, nous exprimons en fonction de θ le second membre de l'équation

$$\frac{dt}{d\theta}=\frac{r}{\lambda r+(\mathrm{Y})\cos\theta-(\mathrm{X})\sin\theta},$$

le résultat ne changera pas par la substitution indiquée.

Donc l'intégrale

$$\int_0^{2\pi}\frac{r\,d\theta}{\lambda r+(\mathrm{Y})\cos\theta-(\mathrm{X})\sin\theta},$$

représentant la période T, ne changera pas en remplaçant C par $-$ C, et par conséquent la période T, qui sera une fonction holomorphe de C, sera donnée par la série

$$\mathrm{T}=\frac{2\pi}{\lambda}(1+h_2\mathrm{C}^2+h_4\mathrm{C}^4+\ldots),$$

ne renfermant que des puissances paires de C.

Or, le carré de C, en vertu de la signification même de cette constante, représente une fonction holomorphe de a et b. Il en sera donc de même de la période T.

Cela posé, nous remarquons que, $\mathrm{T}(a, b)$ étant la notation de la période T, considérée comme fonction de a et b, $\mathrm{T}(x, y)$ sera nécessairement une intégrale du système (104). D'après cela, si en posant

$$dt=\mathrm{T}(x, y)\frac{d\tau}{2\pi}$$

nous prenons τ pour variable indépendante, les fonctions x et y satisfaisant au système (104) seront périodiques par rapport à τ et auront pour période 2π, quelles que soient leurs valeurs initiales, pourvu que les modules en soient assez petits.

Ces fonctions satisferont d'ailleurs aux équations

$$(106)\qquad \frac{dx}{d\tau}=[-\lambda y+(\mathrm{X})]\frac{\mathrm{T}(x, y)}{2\pi},\qquad \frac{dy}{d\tau}=[\lambda x+(\mathrm{Y})]\frac{\mathrm{T}(x, y)}{2\pi},$$

dont les seconds membres sont holomorphes par rapport à x et y.

Par suite, si les modules de leurs valeurs initiales a et b sont suffisamment petits, ces fonctions seront représentées par des séries ordonnées suivant les puissances entières et positives de a et b, pour toutes les valeurs de τ comprises entre des limites arbitrairement choisies à l'avance. Et comme les séries en question, pour toutes les valeurs de a et b, dont les modules sont suffisamment petits, doivent donner des fonctions périodiques de τ à une période indépendante de a et b, leurs coefficients eux-mêmes doivent être nécessairement périodiques. Or, par la nature des équations (106), ces coefficients doivent être pour cela des séries finies de sinus et cosinus de multiples entiers de τ.

De cette manière, nous parvenons à établir, tout à fait indépendamment des expressions primitives des fonctions x et y par les constantes c et t_0, que, si nous exprimons notre solution périodique au moyen des constantes a et b, elle se représentera par des séries ordonnées suivant les puissances entières et positives de a et b, où les coefficients seront des sommes d'un nombre limité de termes périodiques, représentant des produits, par des constantes, des sinus et cosinus de multiples entiers de

$$\tau = \frac{2\pi t}{T(a, b)},$$

et que ces séries définiront, si l'on y considère τ comme un paramètre indépendant de a et b, des fonctions de a et b uniformément holomorphes pour toutes les valeurs réelles de τ.

Remarque. — Si l'on ne se borne pas à la considération des solutions périodiques réelles, et que l'on regarde des valeurs imaginaires de a et de b comme possibles, on pourra tirer de notre solution périodique deux autres, dépendant chacune d'une seule constante arbitraire et remarquables par cette circonstance qu'elles auront pour période un nombre fixe, qui sera égal à $\frac{2\pi}{\lambda}$. On obtiendra ces solutions en établissant entre les constantes a et b la relation

$$C^2 = a^2 + b^2 + F(a, b) = 0,$$

qui permet d'exprimer chacune de ces constantes en fonction holomorphe de l'autre, et cela de deux manières différentes.

On peut du reste définir ces solutions indépendamment de la nôtre. D'ailleurs l'existence même de cette dernière n'est pas nécessaire pour qu'elles existent : il suffit pour cela que les équations (99) satisfassent aux hypothèses énoncées au début du numéro précédent.

En parlant dans la suite de solutions périodiques, nous sous-entendrons qu'il s'agit de solutions du type considéré plus haut, avec deux constantes arbitraires.

44. Reprenons le système (99) dans les mêmes suppositions au sujet des coefficients $p_{s\sigma}$ qu'auparavant.

Admettons que l'on ait trouvé pour ce système une intégrale holomorphe indépendante de t et que l'ensemble des termes du second degré y dépende de x et y.

On s'assure facilement que cet ensemble ne pourra contenir x et y que sous la forme de la combinaison x^2+y^2.

Nous devons donc admettre que notre intégrale, étant multipliée par une constante, se ramène à la forme suivante :

$$x^2+y^2+\mathrm{F}(x_1, x_2, \ldots, x_n, x, y),$$

où F est une fonction holomorphe des variables x_s, x, y, dont le développement ne contient pas de termes de degré inférieur au second et, dans les termes du second degré, s'il s'en trouve, ne renferme ni x, ni y (1).

Nous allons montrer que, dans ces conditions, le système (99) admettra toujours une solution périodique.

Dans ce but, introduisons dans notre intégrale, au lieu des variables x, y, x_s, les variables r, θ, z_s à l'aide de la substitution dont nous nous sommes déjà servi auparavant.

Alors, en extrayant la racine carrée de notre intégrale, on pourra en déduire la suivante

$$r+r\,\varphi(z_1, z_2, \ldots, z_n, r, \theta), \tag{107}$$

où φ représente une fonction holomorphe des quantités z_s, r, s'annulant quand celles-ci sont nulles simultanément et possédant dans son développement des coefficients périodiques par rapport à θ.

Cela posé, admettons provisoirement qu'il n'existe pas de solution périodique, et que, dans les séries (101), ceci se fait voir, pour la première fois, par les termes du $m^{\text{ième}}$ degré. En d'autres termes, admettons que les coefficients

$$\begin{array}{llll} & u^{(2)}, & \ldots, & u^{(m-1)}, \\ u_s^{(1)}, & u_s^{(2)}, & \ldots, & u_s^{(m-1)} \qquad (s=1, 2, \ldots, n) \end{array}$$

représentent des fonctions périodiques, tandis que le coefficient $u^{(m)}$ est de la forme

$$u^{(m)}=g\theta+v,$$

où g est une constante non nulle et v une fonction périodique de θ.

(1) Dans nos hypothèses cette intégrale ne pourra pas contenir de termes du premier degré.

Dans cette hypothèse, faisons dans l'expression (107)

$$r = c + u^{(2)}c^2 + \ldots + u^{(m-1)}c^{m-1} + u^{(m)}c^m,$$

$$z_s = u_s^{(1)}c + u_s^{(2)}c^2 + \ldots + u_s^{(m-1)}c^{m-1} \qquad (s = 1, 2, \ldots, n),$$

et ordonnons le résultat suivant les puissances croissantes de c.

Comme cette expression est une intégrale du système (100), la manière même dont les fonctions u sont définies assure que les termes contenant c à des puissances inférieures à la $(m+1)^{\text{ième}}$ doivent s'y réduire à des constantes.

Or ceci n'est évidemment pas possible pour le terme en c^m, car, pour la fonction $r\varphi$, ce terme sera nécessairement périodique et ne pourra, par suite, donner une somme constante quand on l'ajoute au terme $(g\theta + v)c^m$ de la fonction r.

Nous devons donc conclure que notre supposition est impossible, et que, par conséquent, quelque loin que l'on prolonge les séries (101), on pourra déterminer leurs termes de manière qu'ils soient périodiques. Et à cette condition l'existence d'une solution périodique, comme nous l'avons vu, est assurée.

Remarque. — Nous avons supposé que l'équation déterminante n'a pas de racines nulles. Mais, dans le cas de telles racines, il ne se présenterait pas non plus de difficulté, si notre système d'équations différentielles admettait un nombre suffisant d'intégrales holomorphes indépendantes de t, où il y aurait des termes du premier degré, dont les ensembles seraient indépendants entre eux.

Nous avons en vue le cas où le nombre de ces intégrales atteint sa limite supérieure, qui est toujours égale au degré m de multiplicité de la racine nulle.

En effet, si nous nous trouvons dans ce cas, nous aurons, en égalant lesdites intégrales à des constantes arbitraires $c_1, c_2, \ldots, c_m$, m équations intégrales, dont nous pourrons nous servir pour abaisser l'ordre de notre système d'équations différentielles de m unités. Alors, si les calculs ont été dirigés d'une manière convenable, on obtiendra définitivement un système d'équations différentielles, pour lequel l'équation déterminante n'aura pas de racines nulles, tant que les $|c|$ seront suffisamment petits.

45. Les conclusions précédentes peuvent trouver application dans beaucoup de problèmes de Mécanique.

Signalons par exemple la question du mouvement d'un corps solide pesant, ayant un point fixe ou s'appuyant par sa surface sur un plan horizontal poli. Dans un cas et dans l'autre existeront certains mouvements périodiques, dans lesquels les composantes de la vitesse angulaire suivant les axes invariablement liés au corps, ainsi que les cosinus des angles que font ces axes avec la verticale, varieront périodiquement dans le cours du temps.

Pour indiquer des applications d'un caractère plus général, supposons que notre système d'équations différentielles ait la forme canonique

$$\frac{dx_s}{dt} = -\frac{\partial H}{\partial y_s}, \qquad \frac{dy_s}{dt} = \frac{\partial H}{\partial x_s} \qquad (s = 1, 2, \ldots, k).$$

On suppose ici H une fonction holomorphe des quantités $x_1, x_2, \ldots, x_k, y_1, y_2, \ldots, y_k$, dans laquelle les termes de plus bas degré se réduisent à une forme quadratique H_2.

Toutes les fois que ce système satisfera aux hypothèses faites au début du n° 42, il admettra une solution périodique avec deux constantes arbitraires.

En effet, ce système admet toujours une intégrale holomorphe indépendante de t, car la fonction H en est une intégrale. Par suite, pour établir ce que nous venons de dire, il suffit (d'après ce qu'on a remarqué au numéro précédent) de montrer que la fonction H_2, transformée à l'aide de la substitution linéaire qui ramène notre système à la forme (99), contiendra les variables qui joueront le rôle de x et de y.

Or, dans les conditions considérées, l'équation déterminante n'ayant pas de racines nulles, cela se voit nettement déjà par ce fait que le hessien de la fonction H_2 ne sera pas nul.

Si l'équation déterminante n'a que des racines purement imaginaires

$$\pm\lambda_1\sqrt{-1}, \qquad \pm\lambda_2\sqrt{-1}, \qquad \ldots, \qquad \pm\lambda_k\sqrt{-1},$$

les nombres $\lambda_1, \lambda_2, \ldots, \lambda_k$ étant tels que, parmi leurs rapports mutuels, il ne s'en trouve pas de nombres entiers, on aura, pour notre système canonique, k solutions périodiques, contenant chacune deux constantes arbitraires.

En nous plaçant dans ce cas, supposons que l'ensemble des termes du second degré dans la fonction H soit de la forme

$$\frac{\lambda_1}{2}(x_1^2 + y_1^2) + \frac{\lambda_2}{2}(x_2^2 + y_2^2) + \ldots + \frac{\lambda_k}{2}(x_k^2 + y_k^2).$$

Nous savons (n° 21) que, si l'on entend par chaque λ_s un nombre de signe convenable, cet ensemble pourra toujours y être réduit par une certaine transformation linéaire de notre système canonique.

Dans ces hypothèses, en considérant les quantités

$$\begin{matrix} x_1, & x_2, & \ldots, & x_{j-1}, & x_{j+1}, & \ldots, & x_k, \\ y_1, & y_2, & \ldots, & y_{j-1}, & y_{j+1}, & \ldots, & y_k \end{matrix}$$

comme fonctions des variables x_j et y_j, formons le système suivant d'équations aux dérivées partielles

$$\left.\begin{aligned} \frac{\partial H}{\partial x_j}\frac{\partial x_s}{\partial y_j} - \frac{\partial H}{\partial y_j}\frac{\partial x_s}{\partial x_j} &= -\frac{\partial H}{\partial y_s} \\ \frac{\partial H}{\partial x_j}\frac{\partial y_s}{\partial y_j} - \frac{\partial H}{\partial y_j}\frac{\partial y_s}{\partial x_j} &= \frac{\partial H}{\partial x_s} \end{aligned}\right\} \qquad (s=1, 2, \ldots, j-1, j+1, \ldots, k),$$

et cherchons-en une solution où tous les x_s, y_s seraient holomorphes par rapport à x_j et y_j et s'annuleraient pour $x_j = y_j = 0$. Une telle solution, comme nous le savons, existera toujours et sera unique.

En la considérant, formons l'expression

$$1 + \sum_s \left(\frac{\partial x_s}{\partial x_j}\frac{\partial y_s}{\partial y_j} - \frac{\partial x_s}{\partial y_j}\frac{\partial y_s}{\partial x_j}\right) = [x_j, y_j]$$

(en supposant que dans la somme on exclut la valeur $s = j$) et désignons par $H_j(x_j, y_j)$ la fonction à laquelle se réduira H, quand les quantités x_s, y_s y seront remplacées par leurs expressions trouvées.

Puis intégrons les équations

$$[x_j, y_j]\frac{dx_j}{dt} = -\frac{\partial H_j}{\partial y_j}, \qquad [x_j, y_j]\frac{dy_j}{dt} = \frac{\partial H_j}{\partial x_j},$$

en prenant pour constantes arbitraires les valeurs initiales a_j, b_j des fonctions x_j et y_j.

Alors, si nous exprimons tous les x, y en fonction de t, nous aurons une des solutions périodiques de notre système canonique, et cela quels que soient a_j et b_j, pourvu que leurs valeurs absolues soient assez petites.

Dans cette solution, que l'on peut nommer celle correspondante au nombre λ_j, la période T_j relative à la variable t sera définie, pour des valeurs suffisamment petites de $|a_j|$ et $|b_j|$, par une formule de la forme

$$T_j = \frac{2\pi}{\lambda_j}\left\{1 + h_j^{(1)} H_j(a_j, b_j) + h_j^{(2)}[H_j(a_j, b_j)]^2 + \ldots\right\},$$

dans laquelle les h désignent des nombres indépendants des constantes arbitraires.

En opérant comme il vient d'être indiqué pour toutes les valeurs de j, nous obtiendrons toutes les k solutions périodiques.

Chacune de ces solutions pourra être définie par certaines conditions relatives aux valeurs initiales des fonctions inconnues, et ces conditions s'obtiendront immédiatement d'après ce qui précède.

De cette manière, dans le cas d'un système canonique satisfaisant aux hypothèses que nous venons de considérer, si nous ne pouvons pas résoudre complètement la question de la stabilité, nous pourrons du moins indiquer pour les perturbations une série de conditions sous lesquelles le mouvement non troublé sera certainement stable.

Remarque. — Quand pour le système canonique proposé les nombres λ_1, λ_2, ..., λ_k satisfont à la condition que nous venons de considérer, pour obtenir toutes les solutions périodiques qui leur correspondent, conformément à la règle proposée, nous devons préalablement effectuer une certaine transformation linéaire de notre système. A savoir, nous devons prendre, pour nouvelles fonctions inconnues u_s, v_s, des formes linéaires des anciennes x_s, y_s, telles que l'ensemble des termes du second degré dans la fonction H se ramène à la forme.

$$\frac{\lambda_1}{2}(u_1^2+v_1^2)+\frac{\lambda_2}{2}(u_2^2+v_2^2)+\ldots+\frac{\lambda_k}{2}(u_k^2+v_k^2),$$

et que les équations différentielles conservent la forme canonique.

Montrons maintenant comment on peut éviter cette transformation.

Remarquons pour cela que, dans la solution périodique correspondant au nombre λ_j, les u_s, v_s, pour lesquels s n'est pas égal à j, sont des fonctions holomorphes de u_j et v_j, dans lesquelles il ne figure pas de termes de degré inférieur au second. Aussi, si nous considérons deux formes linéaires quelconques

$$p=\alpha_1 u_1+\beta_1 v_1+\alpha_2 u_2+\beta_2 v_2+\ldots+\alpha_k u_k+\beta_k v_k,$$
$$q=\gamma_1 u_1+\delta_1 v_1+\gamma_2 u_2+\delta_2 v_2+\ldots+\gamma_k u_k+\delta_k v_k$$

des quantités u_s, v_s, elles se réduiront, pour cette même solution périodique, à des fonctions holomorphes de u_j et v_j, dans lesquelles les ensembles des termes du premier degré seront

$$\alpha_j u_j+\beta_j v_j, \qquad \gamma_j u_j+\delta_j v_j.$$

Il résulte de là que, si

$$\alpha_j\delta_j-\beta_j\gamma_j \tag{108}$$

n'est pas nul, toutes les fonctions inconnues seront dans cette solution holomorphes par rapport à p et q.

Admettons que la condition que l'on vient d'indiquer soit remplie pour toutes les valeurs de j, de 1 à k inclusivement. Alors tous les x_s, y_s seront des fonctions holomorphes de p et q pour chacune des k solutions périodiques.

La question se ramènera ainsi à la recherche de ces fonctions holomorphes et à l'intégration des équations

$$\frac{dp}{dt}=P, \qquad \frac{dq}{dt}=Q, \tag{109}$$

que l'on obtiendra ensuite pour déterminer p et q.

En recherchant les fonctions holomorphes en question, on devra avant tout satisfaire à un certain système d'équations algébriques non linéaires, dont dépendront les coefficients dans leurs termes du premier degré. Ce système admettra plus de k solutions. Mais, pour s'orienter dans le choix de celles d'entre elles qui correspondent à notre problème, il suffira de tenir compte de la condition que, pour chacune des solutions *périodiques* cherchées, les quantités P et Q, comme fonctions de p et q, doivent être telles que l'expression

$$\frac{\partial P}{\partial p} + \frac{\partial Q}{\partial q}$$

s'annule pour $p = q = 0$. Cette condition, qui exprime que la somme des racines de l'équation déterminante du système (109) est nulle, ne sera remplie que pour k solutions. En s'arrêtant à l'une quelconque d'entre elles et en passant ensuite à la détermination des coefficients dans les termes de plus hauts degrés, on aura pour cela des systèmes d'équations linéaires, dont la résolution n'offrira plus aucune difficulté.

De cette manière nous obtiendrons k systèmes de fonctions holomorphes, dont chacun conduira à une des solutions périodiques cherchées.

Il reste à indiquer une règle suivant laquelle on pourrait choisir les formes linéaires p et q en fonctions des variables x_s, y_s, sans recourir à la formation des formes u_s, v_s.

Dans ce but considérons, en même temps que p et q, encore $2k-2$ formes linéaires

$$p_1, \quad p_2, \quad \ldots, \quad p_{k-1}, \qquad q_1, \quad q_2, \quad \ldots, \quad q_{k-1},$$

représentant les ensembles de termes du premier degré dans les expressions des dérivées

$$\frac{d^2p}{dt^2}, \quad \frac{d^4p}{dt^4}, \quad \ldots, \quad \frac{d^{2k-2}p}{dt^{2k-2}}, \quad \frac{d^2q}{dt^2}, \quad \frac{d^4q}{dt^4}, \quad \ldots, \quad \frac{d^{2k-2}q}{dt^{2k-2}},$$

formées à l'aide de nos équations différentielles.

En exprimant ces formes en fonctions des variables u_s, v_s, nous aurons, par la propriété de ces dernières,

$$(-1)^m p_m = \lambda_1^{2m}(\alpha_1 u_1 + \beta_1 v_1) + \lambda_2^{2m}(\alpha_2 u_2 + \beta_2 v_2) + \ldots + \lambda_k^{2m}(\alpha_k u_k + \beta_k v_k),$$
$$(-1)^m q_m = \lambda_1^{2m}(\gamma_1 u_1 + \delta_1 v_1) + \lambda_2^{2m}(\gamma_2 u_2 + \delta_2 v_2) + \ldots + \lambda_k^{2m}(\gamma_k u_k + \delta_k v_k).$$

Nous concluons de là, en tenant compte de ce que les nombres $\lambda_1^2, \lambda_2^2, \ldots, \lambda_k^2$, d'après nos hypothèses, sont tous distincts, que, si aucune des quantités (108) n'est nulle, les formes

$$(110) \qquad \begin{cases} p, & p_1, & p_2, & \ldots, & p_{k-1}, \\ q, & q_1, & q_2, & \ldots, & q_{k-1} \end{cases}$$

seront indépendantes entre elles, et inversement, si cette dernière condition est remplie, parmi les quantités (108) aucune assurément ne sera nulle.

Par suite, la seule condition à laquelle il faudra satisfaire en choisissant les formes p et q se réduit à ce que les $2k$ formes (110) doivent représenter des fonctions des variables x_s, y_s indépendantes entre elles.

Exemple. — Soit proposé le système du quatrième ordre

$$\frac{d^2x}{dt^2} - 2\frac{dy}{dt} = \frac{\partial U}{\partial x}, \qquad \frac{d^2y}{dt^2} + 2\frac{dx}{dt} = \frac{\partial U}{\partial y},$$

dans lequel U représente une fonction holomorphe donnée des variables x et y, ne contenant pas de termes de degré inférieur au second.

On peut, si l'on veut, transformer ce système dans celui canonique,

$$\frac{dx}{dt} = -\frac{\partial H}{\partial \xi}, \qquad \frac{d\xi}{dt} = \frac{\partial H}{\partial x},$$

$$\frac{dy}{dt} = -\frac{\partial H}{\partial \eta}, \qquad \frac{d\eta}{dt} = \frac{\partial H}{\partial y},$$

en posant

$$\xi = \frac{dx}{dt} - y, \qquad \eta = \frac{dy}{dt} + x,$$

$$H = U - \frac{1}{2}(x^2 + y^2) + x\eta - y\xi - \frac{1}{2}(\xi^2 + \eta^2).$$

Admettons que l'équation déterminante qui lui correspond n'a que des racines purement imaginaires

$$\pm\lambda_1\sqrt{-1}, \qquad \pm\lambda_2\sqrt{-1},$$

qui soient telles qu'aucun des deux rapports

$$\frac{\lambda_1}{\lambda_2}, \quad \frac{\lambda_2}{\lambda_1}$$

ne représente un nombre entier.

Le système d'équations proposé admettra alors deux solutions périodiques, et, pour les déterminer d'après la méthode que l'on vient d'indiquer, on pourra prendre, pour les formes p et q, les variables x et y elles-mêmes.

En effet, si l'ensemble des termes du second degré dans la fonction U est représenté par l'expression

$$\frac{1}{2}(Ax^2 + 2Bxy + Cy^2),$$

nous aurons, en posant $p = x$, $q = y$,

$$p_1 = \mathrm{A}x + \mathrm{B}y + 2\frac{dy}{dt} = (\mathrm{A} - 2)x + \mathrm{B}y + 2\eta,$$

$$q_1 = \mathrm{B}x + \mathrm{C}y - 2\frac{dx}{dt} = \mathrm{B}x + (\mathrm{C} - 2)y - 2\xi,$$

et les formes p, q, p_1, q_1 seront, par suite, indépendantes, quelles que soient les constantes A, B, C.

Les solutions périodiques dont il s'agit s'obtiendront donc en intégrant les équations différentielles

$$\frac{dx}{dt} = f(x, y), \qquad \frac{dy}{dt} = \varphi(x, y),$$

dont les seconds membres sont des fonctions holomorphes des variables x et y, définies par le système d'équations

$$f\frac{\partial f}{\partial x} + \varphi\frac{\partial f}{\partial y} - 2\varphi = \frac{\partial \mathrm{U}}{\partial x}, \qquad f\frac{\partial \varphi}{\partial x} + \varphi\frac{\partial \varphi}{\partial y} + 2f = \frac{\partial \mathrm{U}}{\partial y},$$

avec les deux conditions suivantes : que ces fonctions s'annulent pour $x = y = 0$, et que, dans les termes du premier degré de leurs développements

$$f = ax + by + \ldots, \qquad \varphi = \alpha x + \beta y + \ldots,$$

on ait pour les coefficients a et β la relation $a + \beta = 0$.

Or, si nous en venons au calcul des coefficients a, b, α, β, nous obtiendrons le système d'équations suivant :

$$a^2 + b\alpha - 2\alpha = \mathrm{A}, \qquad ab + b\beta - 2\beta = \mathrm{B},$$

$$b\alpha + \beta^2 + 2b = \mathrm{C}, \qquad a\alpha + \alpha\beta + 2a = \mathrm{B},$$

qui aura deux solutions satisfaisant à la condition $a + \beta = 0$; et nous aurons ces solutions par les formules

$$a = \frac{\mathrm{B}}{2}, \qquad b = \frac{\lambda^2 + \mathrm{C}}{2}, \qquad \alpha = -\frac{\lambda^2 + \mathrm{A}}{2}, \qquad \beta = -\frac{\mathrm{B}}{2},$$

en remplaçant λ^2 successivement par chacune des racines de l'équation

$$z^2 - (4 - \mathrm{A} - \mathrm{C})z + \mathrm{AC} - \mathrm{B}^2 = 0,$$

qui sont λ_1^2 et λ_2^2.

A chacune de ces solutions correspondra une paire de fonctions f et φ, et, par conséquent, une solution périodique du système proposé d'équations différentielles.

Si nous considérons les variables x et y comme les coordonnées d'un point se mouvant dans un plan, nous aurons ainsi deux mouvements périodiques. La trajectoire dans chacun d'eux sera définie par l'équation

$$2U - f^2 - \varphi^2 = \text{const.}$$ [1].

CHAPITRE III.

ÉTUDE DES MOUVEMENTS PÉRIODIQUES.

DES ÉQUATIONS DIFFÉRENTIELLES LINÉAIRES A COEFFICIENTS PÉRIODIQUES.

46. Considérons le système d'équations différentielles linéaires

$$(1) \qquad \frac{dx_s}{dt} = p_{s1}x_1 + p_{s2}x_2 + \ldots + p_{sn}x_n \qquad (s = 1, 2, \ldots, n)$$

dans l'hypothèse que tous les coefficients $p_{s\sigma}$ sont des fonctions périodiques de t à même période réelle ω, et que ces fonctions restent déterminées et continues pour toutes les valeurs réelles de t.

Ne considérant que de telles valeurs de t, supposons que l'on ait trouvé pour notre système n solutions indépendantes

$$(2) \qquad \left\{ \begin{array}{llll} x_{11}, & x_{21}, & \ldots, & x_{n1}, \\ x_{12}, & x_{22}, & \ldots, & x_{n2}, \\ \ldots, & \ldots, & \ldots, & \ldots, \\ x_{1n}, & x_{2n}, & \ldots, & x_{nn}, \end{array} \right.$$

le premier indice de x se rapportant, comme toujours, à la fonction inconnue et le second, à la solution.

Désirant indiquer la valeur attribuée à la variable indépendante, nous écrirons $x_{sj}(t)$ au lieu de x_{sj}.

[1] La question des solutions périodiques des équations différentielles non linéaires est considérée aussi, quoique à un autre point de vue, dans le dernier Mémoire de M. Poincaré : *Sur le problème des trois corps et les équations de la Dynamique* (*Acta mathematica*, t. XIII).

Cela posé, le groupe de fonctions

$$x_{1j}(t+\omega), \quad x_{2j}(t+\omega), \quad \ldots, \quad x_{nj}(t+\omega),$$

correspondant à une valeur quelconque de j prise dans la suite $1, 2, \ldots, n$, représentera, par la nature du système d'équations considéré, encore une solution.

Par suite, en désignant par a_{ij} certaines constantes, nous aurons

$$(3) \quad x_{sj}(t+\omega) = a_{1j}\, x_{s1}(t) + a_{2j}\, x_{s2}(t) + \ldots + a_{nj}\, x_{sn}(t) \qquad (j = 1, 2, \ldots, n)$$

pour toute valeur de s.

A l'aide des constantes a_{ij} définies de cette manière, formons l'équation algébrique suivante :

$$\begin{vmatrix} a_{11}-\rho & a_{12} & \ldots & a_{1n} \\ a_{21} & a_{22}-\rho & \ldots & a_{2n} \\ \ldots & \ldots\ldots & \ldots & \ldots \\ a_{n1} & a_{n2} & \ldots & a_{nn}-\rho \end{vmatrix} = 0,$$

qui sera de degré n par rapport à l'inconnue ρ.

Cette équation, jouant un rôle très important dans la théorie des équations différentielles considérées, nous l'appellerons l'équation *caractéristique* correspondant à la période ω [1]. De même le déterminant, représentant le premier membre, sera appelé *déterminant caractéristique*.

Si, au lieu de (2), nous avions considéré un autre système quelconque de n solutions indépendantes, nous aurions obtenu en général d'autres valeurs pour les constantes a_{ij}. Mais les coefficients A_s devant les différentes puissances de ρ dans l'équation caractéristique ramenée à la forme

$$\rho^n + A_1 \rho^{n+1} + \ldots + A_{n-1}\rho + A_n = 0$$

seraient restés les mêmes.

C'est là une des propriétés fondamentales de ces coefficients, en vertu de laquelle on peut les appeler des *invariants*.

Pour le coefficient A_n, cette propriété se fait déjà voir par l'expression qu'on peut trouver pour lui en se servant de la formule connue, donnant la valeur du déterminant formé des n solutions indépendantes du système (1).

Pour obtenir cette expression, désignons le déterminant formé des fonctions (2)

---

(1) On peut considérer une équation caractéristique, correspondant à une période $m\omega$, où m est un nombre entier arbitraire, positif ou négatif.

En parlant d'équation caractéristique correspondant à la période ω, nous ne ferons pas souvent mention, pour abréger le discours, de la période.

par $\Delta(t)$. Alors ladite formule donnera l'égalité suivante :

$$\Delta(t+\omega) = \Delta(t) e^{\int_0^\omega \sum p_{ss}\, dt}$$

Et comme, en vertu des relations (3), le déterminant $\Delta(t+\omega)$ sera égal au produit du déterminant $\Delta(t)$ par le déterminant des quantités a_{ij}, l'égalité que nous venons d'écrire se réduira à la forme

$$(4)\qquad (-1)^n A_n = \begin{vmatrix} a_{11} & a_{12} & \dots & a_{1n} \\ a_{21} & a_{22} & \dots & a_{2n} \\ \dots & \dots & \dots & \dots \\ a_{n1} & a_{n2} & \dots & a_{nn} \end{vmatrix} = e^{\int_0^\omega \sum p_{ss}\, dt}$$

De cette égalité résulte entre autres que l'équation caractéristique ne peut avoir de racines nulles.

Remarquons que, si tous les coefficients $p_{s\sigma}$ dans les équations (1) sont des fonctions réelles, tous les coefficients A_s dans l'équation caractéristique seront nécessairement réels aussi. En effet, dans ce cas on peut toujours choisir le système (2) de façon que toutes les fonctions y soient réelles; et alors toutes les constantes a_{ij} le seront également.

La formule (4), qui définit le produit des racines de l'équation caractéristique, montre que, dans ce cas, ce produit sera toujours positif et que, par conséquent, si l'équation caractéristique a des racines négatives, le nombre de ces racines sera toujours pair.

On sait qu'à chaque racine ρ de l'équation caractéristique correspond une solution du système (1) de la forme

$$(5)\qquad x_1 = f_1(t)\rho^{\frac{t}{\omega}}, \qquad x_2 = f_2(t)\rho^{\frac{t}{\omega}}, \qquad \dots, \qquad x_n = f_n(t)\rho^{\frac{t}{\omega}} \quad (^1),$$

où tous les f_s sont des fonctions périodiques de t ayant pour période ω (parmi lesquelles une au moins n'est pas identiquement nulle). Aussi, si l'équation caractéristique n'a pas de racines multiples, en considérant toutes ses racines, nous obtiendrons n solutions de cette forme, et ces solutions seront indépendantes.

Dans le cas des racines multiples, le système (1) peut admettre des solutions de forme plus générale. A savoir, à une racine multiple ρ peuvent correspondre des solutions pour lesquelles les fonctions f_s dans les équations (5) seront de la

(1) Nous entendons par $\rho^{\frac{t}{\omega}}$ la fonction $e^{\frac{t}{\omega}\log\rho}$ correspondant à une détermination fixe quelconque du logarithme $\log\rho$.

forme

$$f_s(t) = \varphi_{s0}(t) + t\,\varphi_{s1}(t) + t^2\,\varphi_{s2}(t) + \ldots + t^m\,\varphi_{sm}(t),$$

où tous les φ_{sj} sont des fonctions périodiques de t ([1]).

Si l'on comprend *zéro* au nombre des valeurs de m, on aura pour chaque racine multiple, dont μ est le degré de multiplicité, μ solutions indépendantes de cette forme.

Dans aucune de ces solutions, le nombre m ne surpassera $\mu - 1$ (nous supposons que parmi les fonctions φ_{sm} une au moins n'est pas nulle identiquement), mais il pourra atteindre cette limite, et, si la racine considérée ρ n'annule pas au moins un des premiers mineurs du déterminant caractéristique, il lui correspondra toujours une solution où l'on aura $m = \mu - 1$.

En partant de cette solution, on peut alors obtenir toutes les autres solutions qui correspondent à la même racine par un procédé très simple.

En effet, si dans une solution quelconque de la forme (5) nous remplaçons toutes les fonctions $f_s(t)$ par leurs différences finies d'un ordre quelconque, ces différences correspondant à l'accroissement ω de la variable indépendante t, nous obtiendrons évidemment une nouvelle solution du système (1). Si donc, en partant de la solution où $m = \mu - 1$, nous formons, pour les fonctions $f_s(t)$, toutes les différences, depuis la première jusqu'à celle d'ordre $\mu - 1$ inclusivement, nous en déduirons par la voie indiquée encore $\mu - 1$ solutions, et ces solutions avec celle primitive constitueront un système de μ solutions, qui seront évidemment indépendantes.

Du reste, au lieu du procédé que nous venons d'indiquer, on peut en proposer un autre. A savoir, au lieu de remplacer les fonctions $f_s(t)$ par des différences finies, on peut dans le même but les remplacer par les expressions revenant à leurs dérivées par rapport à t lorsque les quantités φ_{sj} sont considérées comme des constantes. En effet, par les relations connues entre les différences finies et les dérivées, on voit immédiatement qu'on obtiendra de cette manière encore des solutions.

En appliquant ce procédé au cas considéré ci-dessus et prenant pour point de départ la solution où $m = \mu - 1$, nous obtiendrons toutes les μ solutions indépendantes qui correspondent à la racine ρ considérée.

Nous dirons que, dans ce cas, à la racine ρ correspond un seul groupe de solutions.

Si une racine multiple annule tous les mineurs du déterminant caractéristique jusqu'à l'ordre $k - 1$ inclusivement, sans annuler au moins un des mineurs d'ordre k, il lui correspondra k groupes de solutions indépendantes, qu'on

---

(1) En parlant de fonctions périodiques sans indiquer la période, nous sous-entendrons qu'il s'agit de fonctions à période ω.

pourra former par l'un ou par l'autre des deux procédés indiqués, en partant de certaines k solutions.

Le nombre k, sans jamais dépasser le degré de multiplicité μ de la racine considérée, peut toutefois l'atteindre, et alors, dans chaque solution correspondant à cette racine, toutes les fonctions f_s seront périodiques.

Les théorèmes énoncés, qui découlent des propositions fondamentales de la théorie des substitutions, peuvent être considérés comme bien connus [1]. D'ailleurs leurs démonstrations ne présentent pas la moindre difficulté. Aussi pouvons-nous nous dispenser d'exposer ces démonstrations.

Remarque. — Soient

$$\rho_1, \quad \rho_2, \quad \ldots, \quad \rho_n$$

les racines de l'équation caractéristique correspondant à la période ω.

En nous arrêtant à une détermination quelconque des logarithmes, posons

$$\varkappa_1 = \frac{1}{\omega}\log\rho_1, \qquad \varkappa_2 = \frac{1}{\omega}\log\rho_2, \qquad \ldots, \qquad \varkappa_n = \frac{1}{\omega}\log\rho_n.$$

Alors les parties réelles des quantités

$$-\varkappa_1, \quad -\varkappa_2, \quad \ldots, \quad -\varkappa_n$$

représenteront les nombres caractéristiques du système d'équations (1).

En désignant par N un certain nombre entier réel, nous tirons de (4) l'égalité

$$\sum \varkappa_s = \frac{1}{\omega}\int_0^\omega \sum p_{ss}\,dt + \mathrm{N}\frac{2\pi\sqrt{-1}}{\omega},$$

qui montre que la partie réelle de la quantité $\sum \varkappa_s$ est égale au nombre caractéristique de la fonction

$$e^{-\int \sum p_{ss}\,dt}.$$

Par suite, conformément à ce qui a été observé au n° 9, nous concluons que le système d'équations (1) est régulier.

47. Considérons le système d'équations

$$(6) \qquad \frac{dy_s}{dt} + p_{1s}y_1 + p_{2s}y_2 + \ldots + p_{ns}y_n = 0 \qquad (s = 1, 2, \ldots, n),$$

---

[1] *Voir*, par exemple, FLOQUET, *Sur les équations différentielles linéaires à coefficients périodiques* (*Annales scientifiques de l'École Normale supérieure*, t. XII, 1883).

adjoint à (1), et supposons que le groupe de fonctions

$$\begin{matrix} y_{11}, & y_{21}, & \ldots, & y_{n1}, \\ y_{12}, & y_{22}, & \ldots, & y_{n2}, \\ \ldots, & \ldots, & \ldots, & \ldots, \\ y_{1n}, & y_{2n}, & \ldots, & y_{nn} \end{matrix}$$

en soit un système de n solutions indépendantes. Alors le groupe de fonctions

$$\begin{matrix} y_{11}x_1 + y_{21}x_2 + \ldots + y_{n1}x_n, \\ y_{12}x_1 + y_{22}x_2 + \ldots + y_{n2}x_n, \\ \ldots\ldots\ldots\ldots\ldots\ldots\ldots\ldots, \\ y_{1n}x_1 + y_{2n}x_2 + \ldots + y_{nn}x_n \end{matrix}$$

représentera un système de n intégrales indépendantes du système (1).

Soient

$$(7) \qquad \frac{1}{\rho_1}, \quad \frac{1}{\rho_2}, \quad \ldots, \quad \frac{1}{\rho_k}$$

toutes les racines de l'équation caractéristique du système (6), en supposant que chaque racine multiple figure dans la série des nombres (7) autant de fois qu'il lui correspond de groupes de solutions. Alors à chacun des nombres ρ_s on pourra faire correspondre un groupe de solutions, et cela de telle manière que toutes ces solutions soient indépendantes.

Soit n_s le nombre de solutions dans le groupe correspondant dans cette supposition au nombre ρ_s. Les nombres n_1, n_2, ..., n_k satisferont assurément à la condition

$$n_1 + n_2 + \ldots + n_k = n.$$

En prenant pour les $y_{s\sigma}$ les fonctions constituant ces groupes et en nous arrêtant pour les former au second des deux procédés indiqués plus haut, nous aurons, pour le nombre ρ_s, n_s intégrales indépendantes du système (1) de la forme

$$(8) \qquad \left[z_1^{(s)}\frac{t^m}{m!} + z_2^{(s)}\frac{t^{m-1}}{(m-1)!} + \ldots + z_m^{(s)}t + z_{m+1}^{(s)}\right]\rho_s^{-\frac{t}{\omega}} \qquad (m = 0, 1, 2, \ldots, n_s - 1),$$

où les z_s désignent des formes linéaires des quantités x_σ à coefficients périodiques.

En considérant l'ensemble de tous les k groupes, nous obtiendrons pour le système (1) n intégrales indépendantes de cette forme.

Les variables x_σ entrent dans ces intégrales seulement par l'intermédiaire des formes linéaires $z_j^{(s)}$, dont le nombre est égal au nombre de toutes les intégrales. Par suite, si ces dernières sont indépendantes, les formes $z_j^{(s)}$ le seront également.

On pourra donc prendre ces formes pour nouvelles fonctions inconnues au lieu de $x_1, x_2, \ldots, x_n$.

Par cette voie, en faisant

$$\varkappa_s = \frac{1}{\omega}\log\rho_s, \qquad \rho_s^{-\frac{t}{\omega}} = e^{-\varkappa_s t},$$

nous arrivons au système suivant d'équations :

$$(9) \qquad \begin{cases} \dfrac{dz_1^{(s)}}{dt} = \varkappa_s z_1^{(s)} \\ \dfrac{dz_j^{(s)}}{dt} = \varkappa_s z_j^{(s)} - z_{j-1}^{(s)} \end{cases} \qquad \begin{pmatrix} j = 2, 3, \ldots, n_s \\ s = 1, 2, \ldots, k \end{pmatrix},$$

auquel doivent évidemment satisfaire les quantités $z_j^{(s)}$ d'après la manière même dont elles entrent dans les intégrales (8).

Le système (1) se trouve ainsi être transformé dans un système à coefficients constants. En outre, la transformation est accomplie au moyen d'une substitution satisfaisant à toutes les conditions du n° 10.

En effet, pour l'établir dans le cas considéré, il suffit évidemment de montrer que la quantité inverse au déterminant fonctionnel, formé des dérivées partielles des fonctions $z_j^{(s)}$ par rapport aux variables x_σ, est une fonction limitée de t. Et l'on s'en assure en remarquant que ce déterminant, qui est égal au produit de la fonction

$$e^{(n_1\varkappa_1 + n_2\varkappa_2 + \ldots + n_k\varkappa_k)t}$$

par le déterminant fonctionnel des intégrales (8), ne peut différer de la fonction

$$e^{\frac{t}{\omega}\int_0^\omega \sum p_{ss}dt - \int_0^t \sum p_{ss}dt}$$

que par un facteur de la forme

$$Ce^{\frac{2m\pi}{\omega}it}$$

(où $i = \sqrt{-1}$, m un entier réel et C une constante).

Nous arrivons donc à la conclusion que le système (1) est réductible.

En même temps, en considérant sa transformée (9), nous en concluons que les quantités ρ_s sont les racines de l'équation caractéristique de ce système ([1]). Nous obtenons donc ce théorème que *les racines de l'équation caractéristique du*

([1]) Cette conclusion repose sur la proposition que, si le système (1) admet une solution de la forme (5), les fonctions f_s ayant le caractère défini plus haut, ρ est une racine de l'équation caractéristique, et que, si l'on a trouvé μ solutions indépendantes de cette forme, le **degré de multiplicité** de la racine ρ n'est pas inférieur à μ.

système adjoint sont les inverses des racines de l'équation caractéristique du système donné.

Supposons que les coefficients $p_{s\sigma}$ dans le système (1) soient des fonctions réelles de t.

Nous savons (n° **18**, remarque) qu'à cette condition on pourra le transformer dans un système à coefficients constants, ne faisant usage que des substitutions à coefficients réels. Mais la question se pose de savoir si l'on peut assujettir de telles substitutions à la condition que les coefficients y soient périodiques, comme cela avait lieu dans la transformation que nous venons d'indiquer.

On s'assure facilement que, si l'on veut que les coefficients aient pour période le nombre ω, comme cela a eu lieu dans la transformation précédente, ce ne sera en général possible que dans le cas où l'équation caractéristique n'a pas de racines négatives ([1]).

Quant au cas où il existe de pareilles racines, il faudra que certaines conditions soient remplies et, entre autres, que toutes les racines négatives soient multiples.

Au contraire, les substitutions dont il s'agit seront toujours possibles, si l'on se borne à supposer que les coefficients en aient pour période le nombre 2ω ([2]).

QUELQUES PROPOSITIONS RELATIVES A L'ÉQUATION CARACTÉRISTIQUE.

48. Dans chaque question de stabilité des mouvements périodiques, le premier problème dont on aura à s'occuper consistera dans la recherche et l'examen de l'équation caractéristique correspondant au système d'équations différentielles linéaires qui définissent la première approximation. C'est pourquoi nous croyons nécessaire de nous arrêter ici à quelques considérations dont on pourrait se servir dans cette sorte de recherches.

Avant tout, appelons l'attention sur une proposition générale qui pourra servir

---

([1]) Dans notre hypothèse, les coefficients des formes $z_j^{(s)}$, correspondant aux racines ρ_s positives, peuvent être supposés des fonctions réelles de t. Quant aux racines imaginaires ρ_s, elles se répartiront en paires de conjuguées, et, en partant des formes $z_j^{(s)}$ correspondant à une telle racine, on en déduira les formes correspondant à la racine conjuguée, en remplaçant $\sqrt{-1}$ par $-\sqrt{-1}$. Par suite, si l'équation caractéristique n'a pas de racines négatives, on obtiendra, en opérant comme on l'a montré au n° 18, une substitution réelle dans laquelle les coefficients seront des fonctions périodiques de t à période ω.

([2]) Pour s'en assurer, il suffit de remarquer que, pour chaque racine ρ_s négative, on peut supposer réels les coefficients dans les formes

$$z_j^{(s)} e^{\frac{i\pi t}{\omega}} \qquad (i = \sqrt{-1}).$$

de base à certaines méthodes de calcul des coefficients de l'équation caractéristique.

Cette proposition consiste en ceci :

THÉORÈME. — *Supposons que les coefficients* $p_{s\sigma}$ *dans les équations* (1) *dépendent de certains paramètres* $\varepsilon_1, \varepsilon_2, \ldots$, *tout en conservant leurs propriétés admises tant que les modules de* $\varepsilon_1, \varepsilon_2, \ldots$ *sont assez petits, et supposons que la période* ω *ne dépende pas de ces paramètres. Alors, si les coefficients* $p_{s\sigma}$ *peuvent être représentés par des séries ordonnées suivant les puissances entières et positives des paramètres* $\varepsilon_1, \varepsilon_2, \ldots$, *uniformément convergentes pour toutes les valeurs réelles de* t, *tant que les modules de* $\varepsilon_1, \varepsilon_2, \ldots$ *ne dépassent pas certaines limites non nulles* $E_1, E_2, \ldots$, *les coefficients* A_s *dans l'équation caractéristique*

$$\rho^n + A_1\rho^{n-1} + \ldots + A_{n-1}\rho + A_n = 0$$

seront des fonctions holomorphes des paramètres considérés. D'ailleurs, si les constantes $E_1, E_2, \ldots$ *sont choisies de telle façon que, dans le cas où*

$$(10) \qquad |\varepsilon_1| = E_1, \qquad |\varepsilon_2| = E_2, \qquad \ldots,$$

les séries obtenues en remplaçant, dans les développements des $p_{s\sigma}$, *tous les termes par leurs modules, convergent uniformément pour toutes les valeurs réelles de* t, *les séries par lesquelles se représenteront les invariants* A_s *seront certainement convergentes dans le cas des égalités* (10).

Ce théorème s'établira de suite, si nous montrons que les fonctions $x_1, x_2, \ldots, x_n$, satisfaisant aux équations (1) et prenant pour $t = 0$ des valeurs données quelconques $a_1, a_2, \ldots, a_n$, indépendantes des paramètres $\varepsilon_1, \varepsilon_2, \ldots$, peuvent être représentées par des séries, ordonnées suivant les puissances entières et positives de ces paramètres et absolument convergentes pour toute valeur réelle de t, tant que les modules de $\varepsilon_1, \varepsilon_2, \ldots$ ne dépassent pas les limites $E_1, E_2, \ldots$, choisies conformément à la condition indiquée.

Quant à cette dernière proposition, on la démontrera facilement en considérant, au lieu du système (1), le suivant,

$$\frac{dx_s}{dt} = \varepsilon(p_{s1}x_1 + p_{s2}x_2 + \ldots + p_{sn}x_n) \qquad (s = 1, 2, \ldots, n),$$

dans lequel ε représente un nouveau paramètre, et en recherchant les fonctions x_s sous forme de séries, ordonnées suivant les puissances de $\varepsilon, \varepsilon_1, \varepsilon_2, \ldots$. En effet, un seul coup d'œil sur les équations se présentant dans cette recherche suffira pour conclure que les modules des coefficients des séries cherchées ne dépasseront pas les coefficients correspondants dans le développement suivant les puissances de ces mêmes paramètres de la fonction suivante :

$$ae^{\pm n\varepsilon \int_0^t p\,dt} \quad [1],$$

où a représente la plus grande des quantités $|a_s|$ et p une série, ordonnée suivant les puissances de $\varepsilon_1, \varepsilon_2, \ldots$, dans laquelle chaque coefficient, pour toute valeur donnée de t, est égal au plus grand des modules des coefficients correspondants dans les développements des $p_{s\sigma}$.

En revenant au système (1), supposons que le groupe de fonctions

$$x_{1s}, \quad x_{2s}, \quad \ldots, \quad x_{ns}$$

représente une solution de ce système, définie par la condition

$$x_{ss}(0) = 1, \qquad x_{js}(0) = 0 \qquad (j \lesseqgtr s).$$

Alors, en considérant n solutions semblables correspondant à $s = 1, 2, \ldots, n$, nous tirerons des égalités (3)

$$a_{sj} = x_{sj}(\omega) \qquad (s, j = 1, 2, \ldots, n).$$

Il résulte de là, en vertu de la proposition qui vient d'être signalée, que les constantes a_{sj}, correspondant à notre système de solutions particulières, sont développables, sous les conditions (10), en séries absolument convergentes suivant les puissances de $\varepsilon_1, \varepsilon_2, \ldots$.

Par suite, les coefficients A_s dans l'équation caractéristique, qui sont des polynomes entiers en a_{sj}, seront dans le même cas.

Supposons qu'on sache intégrer le système (1) dans l'hypothèse

$$\varepsilon_1 = \varepsilon_2 = \ldots = 0.$$

Alors, si nous cherchons les fonctions x_s sous forme de séries, ordonnées suivant les puissances des paramètres $\varepsilon_1, \varepsilon_2, \ldots$, nous aurons, pour calculer les coefficients dans ces séries, des systèmes d'équations différentielles que l'on pourra intégrer successivement, ce qui n'exigera que des quadratures. On obtiendra ensuite les invariants A_s sous forme de séries de puissances où les coefficients s'exprimeront au moyen de certaines intégrales multiples.

Il peut arriver que les équations proposées ne contiennent point de paramètres suivant les puissances desquels on puisse développer les constantes A_s. Alors on pourra remplacer ces équations par d'autres, qui renferment de tels paramètres

---

[1] Le signe supérieur se rapporte ici au cas de $t > 0$; le signe inférieur, à celui de $t < 0$.

et qui, pour certaines valeurs particulières de ceux-ci, se réduisent aux équations proposées (comme on a fait par exemple pour la démonstration du théorème).

Aussi les méthodes de calcul des invariants A_s, fondées sur les développements suivant les puissances des paramètres, peuvent être considérées comme tout à fait générales ([1]).

49. En se servant des séries dont on a parlé au numéro précédent, on peut traiter plusieurs questions générales au sujet de l'équation caractéristique.

Montrons-le à propos de l'équation différentielle suivante :

$$\frac{d^2x}{dt^2} + px = 0, \tag{11}$$

où nous entendrons par p une fonction périodique de t à période réelle ω, déterminée et continue pour toutes les valeurs réelles de t.

Cette équation étant remplacée par le système

$$\frac{dx}{dt} = x', \qquad \frac{dx'}{dt} = -px,$$

nous concluons immédiatement, en nous reportant à la formule (4), que l'équation caractéristique correspondante sera de la forme

$$\rho^2 - 2A\rho + 1 = 0. \tag{12}$$

La question se réduit donc à la recherche d'une seule constante A.

Ne considérant comme précédemment que des valeurs réelles de t, nous supposerons que la fonction p reste toujours réelle. Alors la constante A le sera aussi.

Cela posé, deux cas pourront se présenter : 1° $A^2 \leqq 1$, où les racines de l'équation (12) auront leurs modules égaux à 1, et 2° $A^2 > 1$, où ces racines seront réelles, l'une étant en valeur absolue supérieure à 1, l'autre inférieure.

La question de savoir lequel de ces deux cas a lieu est la première qu'il faudra résoudre dans les problèmes de la stabilité. Il convient donc d'indiquer quelques criteriums dont on pourrait se servir pour discerner l'un de l'autre.

On peut arriver à certains criteriums de cette espèce en partant d'une expression de la constante A sous forme de série.

Pour former cette série, considérons provisoirement, au lieu de l'équation (11),

---

([1]) Quelques applications de ces méthodes ont été indiquées dans mon Mémoire *Sur la stabilité du mouvement dans un cas particulier du problème des trois corps* (*Communications de la Société mathématique de Kharkow*, 2e série, t. II, 1889).

la suivante :

$$\frac{d^2 x}{dt^2} = \varepsilon p x, \tag{13}$$

et cherchons la constante A qui lui correspond sous forme de série ordonnée suivant les puissances entières et positives du paramètre ε.

D'après le théorème du numéro précédent, cette série sera absolument convergente pour toute valeur de ε, de sorte que A sera non seulement une fonction holomorphe de ε, mais encore une fonction entière de ce paramètre.

Soient $f(t)$ et $\varphi(t)$ des solutions particulières de l'équation (13), définies par les conditions

$$f(0) = 1, \qquad f'(0) = 0; \qquad \varphi(0) = 0, \qquad \varphi'(0) = 1.$$

En développant les fonctions f et φ suivant les puissances de ε, nous trouverons

$$f(t) = 1 + \varepsilon f_1(t) + \varepsilon^2 f_2(t) + \ldots,$$
$$\varphi(t) = t + \varepsilon \varphi_1(t) + \varepsilon^2 \varphi_2(t) + \ldots,$$

en désignant d'une façon générale par $f_n(t)$, $\varphi_n(t)$ des fonctions de t, se calculant successivement par les formules

$$f_n(t) = \int_0^t dt \int_0^t p f_{n-1}(t)\, dt, \qquad \varphi_n(t) = \int_0^t dt \int_0^t p\, \varphi_{n-1}(t)\, dt,$$

dans l'hypothèse que

$$f_0(t) = 1, \qquad \varphi_0(t) = t.$$

Pour obtenir maintenant le développement de la constante A, nous remarquons que l'équation caractéristique peut être présentée sous la forme

$$\begin{vmatrix} f(\omega) - \rho & f'(\omega) \\ \varphi(\omega) & \varphi'(\omega) - \rho \end{vmatrix} = 0$$

et que, par conséquent,

$$2\text{A} = f(\omega) + \varphi'(\omega).$$

Le développement cherché sera donc

$$\text{A} = 1 + \frac{1}{2} \sum_{n=1}^{\infty} [f_n(\omega) + \varphi'_n(\omega)]\, \varepsilon^n. \tag{14}$$

En se servant des formules obtenues, on pourra résoudre, pour l'équation (13), la question posée plus haut, quand le paramètre ε est assez petit en valeur absolue.

Comme

$$f_1(\omega) + \varphi_1'(\omega) = \omega \int_0^\omega p\,dt,$$

cette question dépendra tout d'abord de l'examen de l'intégrale

$$\int_0^\omega p\,dt,$$

et, toutes les fois que celle-ci ne sera pas nulle, elle sera résolue dès qu'on connaîtra le signe de cette intégrale.

Les mêmes formules conduisent à la proposition suivante :

Théorème I. — *Si la fonction p ne peut prendre que des valeurs négatives ou nulles (sans être identiquement nulle), les racines de l'équation caractéristique correspondant à l'équation* (11) *seront toujours réelles, et l'une d'entre elles sera plus grande, l'autre plus petite que* 1.

Arrêtons-nous maintenant au cas où la fonction p ne peut prendre que des valeurs positives ou nulles, en supposant qu'elle ne soit pas identiquement nulle.

Les fonctions $f_n(t)$, $\varphi_n'(t)$ auront alors la même propriété. En outre, on pourra démontrer que pour $n > 1$ elles satisferont à l'inégalité

$$(f_{n-1} + \varphi_{n-1}')t \int_0^t p\,dt - 2n(f_n + \varphi_n') > 0, \tag{15}$$

pour toute valeur réelle de t différente de zéro.

Ceci se démontrera de la manière suivante :

En posant

$$S_n = (f_{n-1} + \varphi_{n-1}')t \int_0^t p\,dt - 2n(f_n + \varphi_n'),$$

nous remarquons qu'on peut écrire

$$S_n = \int_0^t (F_n + p\Phi_n)\,dt,$$

en désignant par F_n et Φ_n les fonctions suivantes :

$$F_n = tf_{n-1}' \int_0^t p\,dt + (f_{n-1} + \varphi_{n-1}') \int_0^t p\,dt - 2nf_n',$$

$$\Phi_n = t\varphi_{n-2} \int_0^t p\,dt + (f_{n-1} + \varphi_{n-1}')t - 2n\varphi_{n-1}.$$

Notre inégalité sera donc démontrée, si nous montrons que pour les valeurs positives de t on a les inégalités

(16) $$F_n > 0, \qquad \Phi_n > 0,$$

et, pour celles négatives, les inégalités

(17) $$F_n < 0, \qquad \Phi_n < 0.$$

Remarquons à cet effet que les expressions précédentes des fonctions F_n et Φ_n se ramènent facilement à la forme

$$F_n = \int_0^t \left(2f'_{n-1}\int_0^t p\,dt + pu_n\right)dt, \qquad \Phi_n = \int_0^t (2pt\varphi_{n-2} + v_n)\,dt,$$

où u_n et v_n représentent les expressions

$$u_n = (\varphi_{n-2} + tf_{n-2})\int_0^t p\,dt + \varphi'_{n-1} + tf'_{n-1} - (2n-1)f_{n-1},$$

$$v_n = (\varphi_{n-2} + t\varphi'_{n-2})\int_0^t p\,dt + f_{n-1} + tf'_{n-1} - (2n-1)\varphi'_{n-1},$$

que l'on peut écrire ainsi :

$$u_n = \int_0^t [2p(\varphi_{n-2} + tf_{n-2}) + F_{n-1}]\,dt,$$

$$v_n = \int_0^t \left(2f'_{n-1} + 2\varphi'_{n-2}\int_0^t p\,dt + p\Phi_{n-1}\right)dt.$$

Nous concluons de là que, si pour toutes les valeurs positives de t ont lieu les inégalités

$$F_{n-1} > 0, \qquad \Phi_{n-1} > 0,$$

pour les mêmes valeurs de t auront lieu les inégalités (16), et que, si pour toutes les valeurs négatives de t on a

$$F_{n-1} < 0, \qquad \Phi_{n-1} < 0,$$

pour les mêmes valeurs de t seront remplies les inégalités (17).

Il en résulte que l'exactitude des inégalités (16) pour $t > 0$ et des inégalités (17) pour $t < 0$ sera assurée pour toute valeur de n, supérieure à 1, si ces inégalités ont lieu dans le cas de $n = 2$.

Or, dans ce dernier cas, on le voit immédiatement par les expressions suivantes qu'on tire de nos formules

$$F_2 = 2\int_0^t \left[\left(\int_0^t p\,dt\right)^2 + 2p\varphi'_1\right]dt, \qquad \Phi_2 = 2\int_0^t (pt^2 + 2f_1)\,dt.$$

On peut donc regarder l'inégalité (15) comme démontrée.

Revenons maintenant à notre problème.

La formule (14), pour l'équation (11), prend la forme

$$A = 1 + \frac{1}{2}\sum_{n=1}^{\infty}(-1)^n[f_n(\omega) + \varphi'_n(\omega)].$$

Par suite, en remarquant qu'en vertu de (15)

$$f_n(\omega) + \varphi'_n(\omega) < [f_{n-1}(\omega) + \varphi'_{n-1}(\omega)]\frac{\omega}{2n}\int_0^\omega p\,dt,$$

nous arrivons à ces inégalités :

$$A < 1 - \frac{1}{2}\sum_{n=1}^{\infty}\left(1 - \frac{\omega}{4n}\int_0^\omega p\,dt\right)[f_{2n-1}(\omega) + \varphi'_{2n-1}(\omega)],$$

$$A > 1 - \frac{\omega}{2}\int_0^\omega p\,dt + \frac{1}{2}\sum_{n=1}^{\infty}\left(1 - \frac{\omega}{4n+2}\int_0^\omega p\,dt\right)[f_{2n}(\omega) + \varphi'_{2n}(\omega)].$$

Nous concluons de là immédiatement que, si

$$\omega\int_0^\omega p\,dt \leqq 4,$$

on aura nécessairement

$$-1 < A < 1,$$

et de cette manière nous parvenons à la proposition suivante :

Théorème II. — *Si la fonction p ne peut prendre que des valeurs positives ou nulles (sans être identiquement nulle), et si en outre elle satisfait à la condition*

$$\omega\int_0^\omega p\,dt \leqq 4,$$

les racines de l'équation caractéristique correspondant à l'équation (11) *seront toujours imaginaires, leurs modules étant égaux à* 1.

Les conditions exprimées dans ce théorème sont suffisantes, mais, bien entendu, non nécessaires.

Dans le cas particulier où la fonction p se réduit à une constante (on peut alors prendre pour période ω un nombre arbitraire), la condition $p > 0$ suffit déjà à elle seule pour que les racines de l'équation caractéristique, correspondant à une période réelle quelconque, aient leurs modules égaux à 1.

Aussi se pose naturellement la question s'il n'en sera pas de même dans le cas général.

La réponse est toutefois négative, car on peut citer des exemples où la fonction p restera toujours positive et l'équation caractéristique aura néanmoins des racines réelles dont une sera, en valeur absolue, plus grande que 1, l'autre plus petite que 1.

Pour donner un exemple de cette sorte, considérons l'équation de Lamé :

$$\frac{d^2x}{dt^2} = (h + 2k^2 \operatorname{sn}^2 t)\,x$$

dans un de ses cas les plus simples.

On entend ici par h une constante quelconque et par k une fraction positive, représentant le module de la fonction elliptique $\operatorname{sn} t$.

Grâce aux recherches d'Hermite, nous savons que, si au lieu de h on introduit une nouvelle constante λ, en posant

$$h = -1 - k^2 \operatorname{cn}^2 \lambda,$$

une des solutions particulières de l'équation considérée sera donnée par l'expression

$$\frac{\mathrm{H}(t+\lambda)}{\Theta(t)}\, e^{-\frac{\Theta'(\lambda)}{\Theta(\lambda)} t},$$

où H et Θ sont les fonctions jacobiennes connues. Quant à une autre solution indépendante, on la déduira, en général, de celle-ci en y remplaçant t par $-t$ ou λ par $-\lambda$ (¹).

Pour la période ω, on pourra prendre dans le cas considéré le nombre $2\mathrm{K}$, en entendant par K, comme d'ordinaire, l'intégrale

$$\int_0^{\frac{\pi}{2}} \frac{d\varphi}{\sqrt{1 - k^2 \sin^2\varphi}},$$

et l'on voit par l'expression ci-dessus que les racines de l'équation caractéristique, correspondant à cette période, sont les suivantes :

$$(18) \qquad -e^{2\mathrm{K}\frac{\Theta'(\lambda)}{\Theta(\lambda)}} \quad \text{et} \quad -e^{-2\mathrm{K}\frac{\Theta'(\lambda)}{\Theta(\lambda)}}.$$

Supposons le nombre λ réel et compris entre zéro et $2\mathrm{K}$, sans toutefois atteindre

(¹) *Voir* HERMITE, *Sur quelques applications des fonctions elliptiques* (Paris, Gauthier-Villars, 1885, p. 14).

ces limites. Supposons-le d'ailleurs suffisamment petit pour qu'on ait

$$1 - k^2 - k^2 \operatorname{sn}^2\lambda > 0.$$

Alors la fonction

$$p = 1 + k^2 \operatorname{cn}^2\lambda - 2k^2 \operatorname{sn}^2 t$$

sera positive pour toutes les valeurs réelles de t, et cependant les nombres (18) seront réels, l'un étant plus grand, l'autre plus petit que 1 en valeur absolue.

50. Parfois, en s'appuyant sur les propriétés fonctionnelles des coefficients dans les équations différentielles, on peut tirer à l'instant quelques conclusions relativement à l'équation caractéristique.

Ainsi, par exemple, si dans le système

$$\frac{d^2 x_s}{dt^2} = q_{s1}\frac{dx_1}{dt} + q_{s2}\frac{dx_2}{dt} + \ldots + q_{sn}\frac{dx_n}{dt} + p_{s1}x_1 + p_{s2}x_2 + \ldots + p_{sn}x_n$$

$$(s = 1, 2, \ldots, n),$$

à coefficients périodiques $q_{s\sigma}$, $p_{s\sigma}$, tous les $q_{s\sigma}$ sont des fonctions impaires de t et tous les $p_{s\sigma}$ des fonctions paires, on peut affirmer que dans l'équation caractéristique qui lui correspond

$$\rho^{2n} + A_1\rho^{2n-1} + \ldots + A_{2n-1}\rho + A_{2n} = 0$$

les coefficients A_s satisferont aux relations

$$A_{2n} = 1, \qquad A_{2n-s} = A_s \qquad (s = 1, 2, \ldots, n),$$

de sorte que cette équation appartiendra au type d'équations appelées *réciproques*.

Nous nous en convaincrons en remarquant que le système considéré ne change pas quand on remplace t par $-t$.

Le cas que nous venons d'indiquer rentre dans un cas plus général, où dans le système proposé d'équations, de la forme (1), tous ceux des coefficients $p_{s\sigma}$ pour lesquels les indices s et σ ne dépassent pas un certain nombre k, ainsi que tous ceux pour lesquels les deux indices sont supérieurs à k, représentent des fonctions impaires de t, et tous les autres, des fonctions paires.

Un tel système ne changera pas, si l'on y remplace t par $-t$ et en même temps

$$x_{k+1} \text{ par } -x_{k+1}, \qquad x_{k+2} \text{ par } -x_{k+2}, \qquad \ldots, \qquad x_n \text{ par } -x_n.$$

Et en s'appuyant sur ceci il est facile de montrer qu'il existera entre les coefficients de l'équation caractéristique qui lui correspond

$$\rho^n + A_1\rho^{n-1} + \ldots + A_{n-1}\rho + A_n = 0$$

les relations suivantes :

$$(19) \qquad A_n = (-1)^n, \qquad A_{n-1} = (-1)^n A_1, \qquad A_{n-2} = (-1)^n A_2, \qquad \ldots .$$

On peut considérer des conditions d'un caractère encore plus général, à savoir, des conditions telles que les équations (1) ne changent pas à la suite du remplacement de t par $-t$, lorsqu'en même temps les x_s sont remplacés par certaines formes linéaires de ces variables à coefficients constants.

En désignant les coefficients $p_{s\sigma}$, quand il faudra mettre en évidence la variable t, par $p_{s\sigma}(t)$, supposons qu'ils satisfassent aux relations suivantes :

$$(20) \qquad \sum_{j=1}^{n} [\alpha_{sj} p_{j\sigma}(t) + \alpha_{j\sigma} p_{sj}(-t)] = 0 \qquad (s, \sigma = 1, 2, \ldots, n),$$

où les $\alpha_{s\sigma}$ sont des constantes, dont le déterminant

$$(21) \qquad \begin{vmatrix} \alpha_{11} & \alpha_{12} & \ldots & \alpha_{1n} \\ \alpha_{21} & \alpha_{22} & \ldots & \alpha_{2n} \\ \ldots & \ldots & \ldots & \ldots \\ \alpha_{n1} & \alpha_{n2} & \ldots & \alpha_{nn} \end{vmatrix}$$

sera supposé différent de zéro.

Alors le système d'équations

$$(22) \qquad \frac{dy_s}{dt} = -p_{s1}(-t)y_1 - p_{s2}(-t)y_2 - \ldots - p_{sn}(-t)y_n \qquad (s = 1, 2, \ldots, n)$$

représentera la transformée du système (1) au moyen de la substitution

$$(23) \qquad y_s = \alpha_{s1}x_1 + \alpha_{s2}x_2 + \ldots + \alpha_{sn}x_n \qquad (s = 1, 2, \ldots, n).$$

En s'appuyant sur cela il est facile de démontrer que les invariants A_s satisferont aux relations (19).

En effet, soit ρ une racine de l'équation caractéristique du système (1), et supposons que les équations

$$(24) \qquad x_1 = f_1(t)\rho^{\frac{t}{\omega}}, \qquad x_2 = f_2(t)\rho^{\frac{t}{\omega}}, \qquad \ldots, \qquad x_n = f_n(t)\rho^{\frac{t}{\omega}}$$

donnent pour ce système une des solutions correspondant à la racine ρ; de sorte que les $f_s(t)$ sont des fonctions périodiques de t ou des sommes d'un nombre limité de termes représentant des produits de fonctions périodiques par des puissances entières de t.

En nous reportant aux formules (23), nous en déduirons la solution suivante du système (22) :

$$y_1 = \varphi_1(t)\rho^{\frac{t}{\omega}}, \quad y_2 = \varphi_2(t)\rho^{\frac{t}{\omega}}, \quad \ldots, \quad y_n = \varphi_n(t)\rho^{\frac{t}{\omega}},$$

où les fonctions

$$\varphi_s(t) = \alpha_{s1} f_1(t) + \alpha_{s2} f_2(t) + \ldots + \alpha_{sn} f_n(t)$$

seront du même caractère que les fonctions $f_s(t)$. D'ailleurs, si les fonctions $f_s(t)$ ne sont pas toutes identiquement nulles (ce que nous supposerons), il en sera de même des fonctions $\varphi_s(t)$, en vertu de notre hypothèse au sujet du déterminant (21).

Or, de chaque solution du système (22) on déduit, en remplaçant t par $-t$, une solution du système (1). Nous obtiendrons donc pour ce dernier la solution

$$(25) \quad x_1 = \varphi_1(-t)\left(\frac{1}{\rho}\right)^{\frac{t}{\omega}}, \quad x_2 = \varphi_2(-t)\left(\frac{1}{\rho}\right)^{\frac{t}{\omega}}, \quad \ldots, \quad x_n = \varphi_n(-t)\left(\frac{1}{\rho}\right)^{\frac{t}{\omega}},$$

dont l'existence montre que $\frac{1}{\rho}$ est une des racines de l'équation caractéristique du système (1).

Si ρ était une racine multiple et que son degré de multiplicité fût m, on aurait pour le système (1) m solutions indépendantes de la forme (24), et de là, par la voie que nous venons d'indiquer, on déduirait m solutions de la forme (25), qui seraient encore indépendantes, le déterminant (21) n'étant pas nul. On pourrait donc conclure que $\frac{1}{\rho}$ est une racine multiple et que son degré de multiplicité n'est pas inférieur à m. Et comme la racine ρ a été prise d'une façon arbitraire, il s'ensuivrait également que le degré de multiplicité de la racine $\frac{1}{\rho}$ ne peut être supérieur à m.

De cette manière nous pouvons affirmer que, si l'équation caractéristique du système (1) a une racine ρ d'un degré de multiplicité m, elle aura aussi la racine $\frac{1}{\rho}$ du même degré de multiplicité m, et que par conséquent les coefficients dans cette équation doivent satisfaire aux relations

$$A_n = \pm 1, \quad A_{n-1} = A_n A_1, \quad A_{n-2} = A_n A_2, \quad \ldots.$$

Ainsi, pour prouver les égalités (19), il ne reste qu'à démontrer la première d'entre elles [1].

---

[1] Si les coefficients $p_{s\sigma}$ étaient des fonctions réelles de t, cette égalité n'exigerait aucune démonstration, puisque, en vertu de (4), la quantité $(-1)^n A_n$ serait alors toujours positive.

Dans ce but, en désignant par A le déterminant (21) et par $A_{s\sigma}$ son mineur correspondant à l'élément $\alpha_{s\sigma}$, nous remarquons que les égalités (20) donnent la suivante :

$$\sum_{s=1}^{n}\sum_{\sigma=1}^{n} A_{s\sigma}\sum_{j=1}^{n}[\alpha_{sj}\,p_{j\sigma}(t)+\alpha_{j\sigma}\,p_{sj}(-t)]=0,$$

laquelle, étant divisée par A, se réduit à

$$\sum_{s=1}^{n}[p_{ss}(t)+p_{ss}(-t)]=0$$

et fait ainsi voir que $\sum p_{ss}$ est une fonction impaire de t

Par suite, nous obtenons

$$\int_0^{\omega}\sum p_{ss}\,dt=0,$$

et nous en concluons, eu égard à (4), que $A_n=(-1)^n$.

On peut observer que dans le cas de n impair l'équation caractéristique du système (1), satisfaisant à la condition que nous venons de considérer, aura au moins une racine égale à 1, et que, par conséquent, ce système admettra alors une solution périodique (autre que celle évidente $x_1=x_2=\ldots=x_n=0$).

Remarque. — Remarquons que, si les relations (20) ont lieu avec de telles valeurs des constantes $\alpha_{s\sigma}$ que l'équation

$$(26)\qquad \begin{vmatrix} \alpha_{11}-\lambda & \alpha_{12} & \ldots & \alpha_{1n} \\ \alpha_{21} & \alpha_{22}-\lambda & \ldots & \alpha_{2n} \\ \ldots & \ldots\ldots & \ldots & \ldots \\ \alpha_{n1} & \alpha_{n2} & \ldots & \alpha_{nn}-\lambda \end{vmatrix}=0$$

n'a ni racines multiples, ni racines qui ne diffèrent entre elles que par le signe, l'intégration du système (1) se ramène aux quadratures.

En effet, on s'assure facilement que, si les racines $\lambda_1, \lambda_2, \ldots, \lambda_n$ de l'équation (26) sont toutes différentes, il se trouvera toujours une substitution linéaire à coefficients constants, telle que le système (1) soit transformé dans un système de la même forme,

$$\frac{dz_s}{dt}=q_{s1}(t)z_1+q_{s2}(t)z_2+\ldots+q_{sn}(t)z_n \qquad (s=1, 2, \ldots, n),$$

où les coefficients $q_{s\sigma}$ satisfassent aux relations

$$\lambda_s q_{s\sigma}(t) + \lambda_\sigma q_{s\sigma}(-t) = 0 \qquad (s, \sigma = 1, 2, \ldots, n).$$

Or, les carrés de tous les λ_s étant par hypothèse distincts, ces relations ne seront possibles à moins que les $q_{s\sigma}$, à indices s et σ différents, ne soient tous nuls. Et si l'on a $q_{s\sigma} = 0$, dès que σ n'est pas égal à s, l'intégration du système transformé revient à chercher n quadratures

$$\int q_{11}\,dt, \quad \int q_{22}\,dt, \quad \ldots, \quad \int q_{nn}\,dt.$$

Pour ce qui concerne les racines de l'équation caractéristique dans les suppositions considérées, remarquons que, le déterminant (21) n'étant pas nul, toutes ces racines seront égales à 1; et si ce déterminant était nul, une racine pourrait être quelconque, tandis que toutes les autres seraient égales à 1.

51. Parfois les relations entre invariants dont on a parlé au numéro précédent peuvent résulter de la forme même des équations différentielles, quelles que soient les propriétés fonctionnelles de leurs coefficients.

Signalons un des cas les plus importants de cette espèce.

Supposons que le système proposé soit canonique :

$$\frac{dx_s}{dt} = -\frac{\partial H}{\partial y_s}, \qquad \frac{dy_s}{dt} = \frac{\partial H}{\partial x_s} \qquad (s = 1, 2, \ldots, k), \tag{27}$$

H représentant une forme quadratique des variables $x_1, x_2, \ldots, x_k, y_1, y_2, \ldots, y_k$ à coefficients périodiques et continus.

Soient

$$\left\{ \begin{array}{llllllll} x_{11}, & x_{21}, & \ldots, & x_{k1}; & y_{11}, & y_{21}, & \ldots, & y_{k1}, \\ x_{12}, & x_{22}, & \ldots, & x_{k2}; & y_{12}, & y_{22}, & \ldots, & y_{k2} \end{array} \right. \tag{28}$$

deux solutions quelconques de ce système.

En désignant par H_1 et par H_2 ce que devient H en y remplaçant les x_s, y_s respectivement par les x_{s1}, y_{s1} et les x_{s2}, y_{s2}, on trouve

$$\frac{d}{dt}\sum_{j=1}^{k}(x_{j1}y_{j2} - x_{j2}y_{j1}) = \sum_{j=1}^{k}\left(x_{j1}\frac{\partial H_2}{\partial x_{j2}} - x_{j2}\frac{\partial H_1}{\partial x_{j1}} + y_{j1}\frac{\partial H_2}{\partial y_{j2}} - y_{j2}\frac{\partial H_1}{\partial y_{j1}}\right).$$

Or le second membre de cette égalité est identiquement nul, car ses dérivées partielles par rapport aux quantités (28), considérées comme des variables indépendantes, sont identiquement nulles. Ainsi, par exemple, sa dérivée partielle par rapport à x_{s1} est égale à

$$\frac{\partial H_2}{\partial x_{s2}} - \sum_{j=1}^{k} \left(x_{j2} \frac{\partial^2 H}{\partial x_j \, \partial x_s} + y_{j2} \frac{\partial^2 H}{\partial y_j \, \partial x_s} \right) = 0.$$

Notre égalité conduit donc à la relation suivante :

$$\sum_{j=1}^{k} (x_{j1} y_{j2} - x_{j2} y_{j1}) = \text{const.},$$

par laquelle seront ainsi liées deux solutions quelconques du système (27).

Cela posé, considérons $2k$ solutions indépendantes de ce système

$$x_{1s}, \quad x_{2s}, \quad \ldots, \quad x_{ks}; \quad y_{1s}, \quad y_{2s}, \quad \ldots, \quad y_{ks} \qquad (s = 1, 2, \ldots, 2k).$$

En vertu de ce qu'on vient de montrer, il existera entre elles $k(2k-1)$ relations de la forme

$$(29) \qquad \sum_{j=1}^{k} (x_{js} y_{j\sigma} - x_{j\sigma} y_{js}) = C_{s\sigma},$$

dans lesquelles les constantes $C_{s\sigma} = -C_{\sigma s}$ $(s, \sigma = 1, 2, \ldots, 2k)$, par suite de l'indépendance des solutions considérées, seront telles que, parmi les constantes

$$C_{s1}, \quad C_{s2}, \quad \ldots, \quad C_{s,2k},$$

quel que soit le nombre donné s, il en existera au moins une qui ne sera pas nulle.

En désignant maintenant par $\rho_1, \rho_2, \ldots, \rho_{2k}$ les racines de l'équation caractéristique du système (27) et en nous plaçant d'abord dans le cas où ces racines sont toutes distinctes, supposons que nos solutions aient été choisies de manière que les fonctions x_{js}, y_{js} soient de la forme

$$x_{js} = f_{js}(t) \rho_s^{\frac{t}{\omega}}, \qquad y_{js} = \varphi_{js}(t) \rho_s^{\frac{t}{\omega}},$$

f_{js}, φ_{js} désignant des fonctions périodiques de t.

Alors de l'égalité (29), qui prendra la forme

$$(\rho_s \rho_\sigma)^{\frac{t}{\omega}} \sum_{j=1}^{k} [f_{js}(t) \varphi_{j\sigma}(t) - f_{j\sigma}(t) \varphi_{js}(t)] = C_{s\sigma},$$

nous conclurons que, si $C_{s\sigma}$ n'est pas nul, on aura nécessairement

$$\rho_s \rho_\sigma = 1.$$

Or, d'après ce que l'on a remarqué plus haut, à tout nombre donné s il correspondra un nombre σ, tel que la constante $C_{s\sigma}$ ne soit pas nulle, et ce nombre σ sera évidemment différent de s. Donc, à chaque racine ρ_s de l'équation caractéristique correspondra une racine égale à $\frac{1}{\rho_s}$.

D'après cela, nous pouvons conclure que, si l'équation caractéristique

$$\rho^{2k} + A_1 \rho^{2k-1} + \ldots + A_{2k-1}\rho + A_{2k} = 0$$

du système (27) n'a pas de racines multiples, ses coefficients vérifieront les relations

$$(30) \qquad A_{2k} = 1, \qquad A_{2k-s} = A_s \qquad (s = 1, 2, \ldots, k-1).$$

Or, ces relations ayant lieu dans le cas de racines simples, elles seront nécessairement remplies dans tous les cas.

Pour le prouver, nous raisonnerons de la manière suivante.

Dans la fonction H, qui aura une expression de la forme

$$H = \sum_{s=1}^{k} \sum_{\sigma=1}^{k} (p_{s\sigma} x_s x_\sigma + q_{s\sigma} y_s y_\sigma + r_{s\sigma} x_s y_\sigma),$$

remplaçons les coefficients $p_{s\sigma}$, $q_{s\sigma}$, r_{ss} et $r_{s\sigma}$ (pour s et σ différents) respectivement par

$$\varepsilon p_{s\sigma}, \quad \varepsilon q_{s\sigma}, \quad \varkappa_s + \varepsilon(r_{ss} - \varkappa_s), \quad \varepsilon r_{s\sigma},$$

en entendant par ε un paramètre arbitraire et par $\varkappa_1, \varkappa_2, \ldots, \varkappa_k$ des constantes quelconques, telles que les nombres

$$(31) \qquad e^{\varkappa_1\omega}, \quad e^{\varkappa_2\omega}, \quad \ldots, \quad e^{\varkappa_k\omega}, \qquad e^{-\varkappa_1\omega}, \quad e^{-\varkappa_2\omega}, \quad \ldots, \quad e^{-\varkappa_k\omega}$$

soient tous différents, et considérons le système canonique correspondant à la fonction H ainsi modifiée.

Ce système, pour $\varepsilon = 0$, se réduira à un système à coefficients constants, pour lequel les nombres

$$\varkappa_1, \quad \varkappa_2, \quad \ldots, \quad \varkappa_k, \qquad -\varkappa_1, \quad -\varkappa_2, \quad \ldots, \quad -\varkappa_k$$

seront les racines de l'équation déterminante et, par conséquent, les nombres (31), les racines de l'équation caractéristique correspondant à la période ω.

Par suite, en remarquant que, pour notre nouveau système canonique, les invariants A_s seront continus par rapport à ε, car, en vertu du théorème du n° **48**, ce seront certaines fonctions entières (transcendantes) de ε, et en tenant compte de ce que par hypothèse les nombres (31) sont tous différents, nous pouvons affirmer que l'équation caractéristique de ce système n'aura pas de racines multiples ni pour $\varepsilon = 0$, ni pour des valeurs non nulles de ε dont les modules sont suffisamment petits. Donc, pour de telles valeurs de ε, les relations (30) seront satisfaites. Mais alors ces relations, comme ayant lieu entre des fonctions entières de ε, seront nécessairement remplies pour toutes les valeurs de ε. Elles le seront donc en particulier pour $\varepsilon = 1$, quand notre nouveau système canonique se réduit au primitif.

De cette manière, nous obtenons le théorème suivant :

Théorème. — *Si le système proposé d'équations différentielles linéaires à coefficients périodiques a la forme canonique, l'équation caractéristique qui lui correspond est toujours réciproque* [1].

Notre démonstration reposait sur l'existence d'une certaine relation entre deux solutions quelconques du système (27).

Or, on peut indiquer d'autres systèmes admettant de pareilles relations, d'où l'on pourra tirer des conclusions semblables sur l'équation caractéristique.

Tel est, par exemple, le cas où les coefficients $p_{s\sigma}$ dans le système (1) sont liés entre eux par les égalités

$$\sum_{j=1}^{n}(\alpha_{js}p_{j\sigma} - \alpha_{j\sigma}p_{js}) = 0 \qquad (s, \sigma = 1, 2, \ldots, n),$$

dans lesquelles $\alpha_{s\sigma}$ sont des constantes, telles que l'on ait $\alpha_{s\sigma} + \alpha_{\sigma s} = 0$ pour toutes les valeurs de s et de σ, prises dans la suite $1, 2, \ldots, n$.

Il peut arriver que le système proposé, sans être canonique, s'y ramène à l'aide d'une substitution linéaire à coefficients constants ou périodiques. Toutes les fois qu'il en sera ainsi et que la substitution satisfera aux conditions du n° **10**, on pourra affirmer que l'équation caractéristique pour ce système est réciproque.

---

(1) Ce théorème est indiqué aussi par M. Poincaré dans son Mémoire *Sur le problème des trois corps et les équations de la Dynamique* (*Acta mathematica*, t. XIII, p. 99-100), où l'auteur le base aussi sur les relations de la forme (29). Mais je le connaissais avant la publication de ce Mémoire et, en février 1900, je l'ai communiqué, sous la forme précédente, à la Société mathématique de Kharkow, avec d'autres propositions se rapportant à l'équation caractéristique (*Communications de la Société mathématique de Kharkow*, 2e série, t. II; extrait des procès-verbaux des séances).

Ainsi, par exemple, soit proposé le système

$$\frac{d^2 x_s}{dt^2} = \sum_{\sigma=1}^{k} \left[\alpha_{s\sigma} + \int_0^t (p_{s\sigma} - p_{\sigma s})\, dt \right] \frac{dx_\sigma}{dt} + \sum_{\sigma=1}^{k} p_{s\sigma} x_\sigma \qquad (s = 1, 2, \ldots, k),$$

dans lequel les coefficients $p_{s\sigma}$ satisfont aux conditions

$$\int_0^\omega (p_{s\sigma} - p_{\sigma s})\, dt = 0 \qquad (s, \sigma = 1, 2, \ldots, k),$$

et $\alpha_{s\sigma}$ sont des constantes quelconques vérifiant les relations

$$\alpha_{s\sigma} + \alpha_{\sigma s} = 0 \qquad (s, \sigma = 1, 2, \ldots, k).$$

En faisant

$$y_s = \frac{dx_s}{dt} - \frac{1}{2} \sum_{\sigma=1}^{k} \left[\alpha_{s\sigma} + \int_0^t (p_{s\sigma} - p_{\sigma s})\, dt \right] x_\sigma \qquad (s = 1, 2, \ldots, k)$$

et en posant

$$= \frac{1}{4} \sum_{s=1} \sum_{\sigma=1} \left[p_{s\sigma} + p_{\sigma s} - \frac{1}{2} \sum_{i=1}^{k} q_{si} q_{\sigma i} \right] x_s x_\sigma + \frac{1}{2} \sum_{s=1}^{k} \sum_{\sigma=1}^{k} q_{s\sigma} x_s y_\sigma - \frac{1}{2} \sum_{s=1}^{k} y_s^2,$$

où

$$q_{s\sigma} = \alpha_{s\sigma} + \int_0^t (p_{s\sigma} - p_{\sigma s})\, dt,$$

nous ramènerons ce système à la forme (27). Nous pouvons donc affirmer que l'équation caractéristique correspondante sera réciproque.

52. Si dans les équations (1) les coefficients $p_{s\sigma}$ sont des fonctions réelles de t (ce que nous supposerons ici), on pourra parvenir à quelques conclusions sur l'équation caractéristique, en se servant des procédés semblables à ceux que nous avons proposés, pour l'étude de la stabilité, sous le nom de la *seconde méthode*.

Ces procédés permettent toujours d'obtenir, pour les modules des racines de l'équation caractéristique, des limites, supérieure et inférieure, plus ou moins précises. Pour y parvenir, on peut, par exemple, opérer comme on l'a fait au n° 7 pour démontrer le théorème I.

Mais la même méthode peut aussi servir parfois pour mettre en évidence quelques autres propriétés de l'équation caractéristique.

Prenons, par exemple, le système suivant :

$$(32) \qquad \frac{d^2 x_s}{dt^2} = p_{s1} x_1 + p_{s2} x_2 + \ldots + p_{sn} x_n \qquad (s = 1, 2, \ldots, n),$$

où les coefficients $p_{s\sigma}$, représentant des fonctions périodiques réelles de t, sont supposés tels que l'équation

$$\begin{vmatrix} 2(p_{11}-k) & p_{12}+p_{21} & \dots & p_{1n}+p_{n1} \\ p_{21}+p_{12} & 2(p_{22}-k) & \dots & p_{2n}+p_{n2} \\ \dots\dots & \dots\dots & \dots & \dots\dots \\ p_{n1}+p_{1n} & p_{n2}+p_{2n} & \dots & 2(p_{nn}-k) \end{vmatrix} = 0,$$

à l'inconnue k, n'ait de racines négatives pour aucune valeur de t (nous ne considérons, comme auparavant, que les valeurs réelles de t).

Soit p la plus petite de ses racines (lesquelles sont, comme on sait, toutes réelles).

Les coefficients dans nos équations différentielles étant continus pour toutes les valeurs considérées de t, il en sera de même de la fonction p. Cette fonction sera d'ailleurs périodique et sa période ω sera la même que celle des coefficients $p_{s\sigma}$.

Nous supposerons que la fonction p ne soit pas identiquement nulle (quoique, peut-être, elle puisse s'annuler pour certaines valeurs de t).

Alors, on pourra démontrer que *l'équation caractéristique du système* (32) *a n racines de modules supérieurs à* 1 *et n racines de modules inférieurs à* 1.

Dans ce but, en posant

$$x_1\frac{dx_1}{dt} + x_2\frac{dx_2}{dt} + \dots + x_n\frac{dx_n}{dt} = X,$$

nous remarquons que nos équations donnent

$$\frac{dX}{dt} = \sum_{s=1}^{n}\sum_{\sigma=1}^{n} p_{s\sigma}x_s x_\sigma + \sum_{s=1}^{n}\left(\frac{dx_s}{dt}\right)^2.$$

De là, d'après une propriété connue des formes quadratiques, les x_s étant supposés réels, on déduit

$$\frac{dX}{dt} \geqq p\sum_{s=1}^{n} x_s^2 + \sum_{s=1}^{n}\left(\frac{dx_s}{dt}\right)^2. \tag{33}$$

Or, le second membre de cette inégalité est plus grand que

$$2\sqrt{p}\left(x_1\frac{dx_1}{dt} + x_2\frac{dx_2}{dt} + \dots + x_n\frac{dx_n}{dt}\right).$$

On a donc

$$\frac{dX}{dt} \geqq 2\sqrt{p}\,X.$$

Cela posé, désignons par X_0 la valeur de la fonction X pour $t = 0$ et ne considérons que des valeurs positives de t. Alors l'inégalité ci-dessus donnera

$$X \geqq X_0 e^{2\int_0^t \sqrt{p}\,dt}$$

En posant

$$\frac{1}{\omega}\int_0^\omega \sqrt{p}\,dt = \lambda,$$

on en conclut que, si X_0 est une quantité positive, on pourra rendre la fonction

$$X e^{-2(\lambda-\varepsilon)t}$$

aussi grande que l'on veut, quelque petit que soit le nombre positif ε, en choisissant t suffisamment grand.

Supposons que l'on ait trouvé pour le système (32) $2n$ solutions indépendantes réelles, et soient

$$(34) \qquad X_1, \quad X_2, \quad \ldots, \quad X_{2n}$$

les fonctions auxquelles se réduit pour ces solutions l'expression X.

Quelles que soient nos solutions, aucune de ces fonctions ne sera identiquement nulle, car l'égalité $X = 0$, en vertu de (33), ne serait possible que pour la solution

$$x_1 = x_2 = \ldots = x_n = 0,$$

qui n'entre pas dans le nombre de celles que nous considérons.

Nous pouvons, en outre, toujours admettre que nos solutions soient choisies de telle manière que l'on ait

$$X_1 = r_1^{\frac{2t}{\omega}} F_1(t), \qquad X_2 = r_2^{\frac{2t}{\omega}} F_2(t), \qquad \ldots, \qquad X_{2n} = r_{2n}^{\frac{2t}{\omega}} F_{2n}(t),$$

où $r_1, r_2, \ldots, r_{2n}$ sont les modules des racines de l'équation caractéristique correspondant à la période ω, et les $F_s(t)$ désignent certaines fonctions réelles de t, telles que chacune des fonctions

$$F_1(t), \quad F_2(t), \quad \ldots, \quad F_{2n}(t), \qquad F_1(-t), \quad F_2(-t), \quad \ldots, \quad F_{2n}(-t)$$

ait pour nombre caractéristique zéro.

Nous remarquons maintenant qu'il y aura toujours des valeurs de t pour lesquelles aucune des fonctions (34) ne sera nulle.

Pour fixer les idées, admettons que la valeur $t = 0$ satisfait à cette condition. Admettons en outre que, pour $t = 0$, les fonctions

$$X_1, \quad X_2, \quad \ldots, \quad X_m$$

deviennent positives et toutes les autres négatives.

En vertu de ce qui a été démontré, nous pouvons alors affirmer que, si petit que soit le nombre positif ε, les fonctions

$$X_1 e^{-2(\lambda-\varepsilon)t}, \quad X_2 e^{-2(\lambda-\varepsilon)t}, \quad \ldots, \quad X_m e^{-2(\lambda-\varepsilon)t},$$

t étant assez grand, deviendront toutes aussi grandes que l'on veut. Et cela n'est possible, dans notre hypothèse au sujet de la forme des fonctions X_s, que si

$$r_1 \geqq e^{\lambda\omega}, \quad r_2 \geqq e^{\lambda\omega}, \quad \ldots, \quad r_m \geqq e^{\lambda\omega}$$

(nous supposons le nombre ω positif).

Considérons maintenant, au lieu de (32), le système qui s'en déduit en remplaçant t par $-t$.

Ce nouveau système satisfera évidemment à toutes les hypothèses faites relativement au primitif. Nous pouvons donc lui appliquer les raisonnements précédents en remplaçant les fonctions (34) par les suivantes :

$$X'_1 = - r_1^{-\frac{2t}{\omega}} F_1(-t), \quad X'_2 = - r_2^{-\frac{2t}{\omega}} F_2(-t), \quad \ldots, \quad X'_{2n} = - r_{2n}^{-\frac{2t}{\omega}} F_{2n}(-t).$$

Or, parmi ces dernières, les fonctions

$$X'_{m+1}, \quad X'_{m+2}, \quad \ldots, \quad X'_{2n},$$

conformément à ce qu'on a admis plus haut, deviennent pour $t = 0$ positives. Nous pouvons donc conclure, pareillement à ce qui précède, que l'on aura

$$\frac{1}{r_{m+1}} \geqq e^{\lambda\omega}, \quad \frac{1}{r_{m+2}} \geqq e^{\lambda\omega}, \quad \ldots, \quad \frac{1}{r_{2n}} \geqq e^{\lambda\omega}.$$

Nous arrivons ainsi à la conclusion (en tenant compte de ce que λ est un nombre positif) que, dans nos suppositions, l'équation caractéristique du système (32) aura m racines de modules

$$r_1, \quad r_2, \quad \ldots, \quad r_m,$$

supérieurs à 1, et $2n - m$ racines de modules

$$r_{m+1}, \quad r_{m+2}, \quad \ldots, \quad r_{2n},$$

inférieurs à 1.

Faisons voir que l'on aura nécessairement $m = n$.

Pour cela, nous remarquons d'abord que, si les coefficients $p_{s\sigma}$ dans nos équations différentielles satisfaisaient à la condition $p_{s\sigma} = p_{\sigma s}$ pour tous les s et σ pris dans la suite 1, 2, ..., n, l'égalité $m = n$ serait une conséquence de ce qui a été montré au numéro précédent. En effet, d'après ce que nous y avons vu, l'équation caractéristique du système (32) serait dans ce cas réciproque.

Cela posé, et en revenant au cas général, remplaçons dans le système (32) les coefficients $p_{s\sigma}$ par les expressions suivantes :

$$q_{s\sigma} = \frac{1}{2}(p_{s\sigma} + p_{\sigma s}) + \frac{\varepsilon}{2}(p_{s\sigma} - p_{\sigma s}) \qquad (s, \sigma = 1, 2, \ldots, n),$$

ε étant un paramètre réel arbitraire.

Quel que soit le nombre ε, nous aurons

$$q_{s\sigma} + q_{\sigma s} = p_{s\sigma} + p_{\sigma s},$$

d'où l'on voit que notre nouveau système, pour toute valeur de ε, satisfera aux hypothèses faites relativement au système (32).

Par suite, en lui appliquant ce que nous venons d'établir, nous pouvons affirmer que l'équation caractéristique de ce nouveau système n'aura pas de racines de modules égaux à 1 pour aucune valeur de ε.

Mais alors, en tenant compte de ce que les coefficients A_s dans cette équation,

$$\rho^{2n} + A_1\rho^{2n-1} + \ldots + A_{2n-1}\rho + A_{2n} = 0,$$

seront des fonctions continues de ε pour toutes les valeurs de ce dernier (n° 48), nous devons conclure que le nombre de racines de cette équation, dont les modules sont supérieurs à 1 (ou inférieurs à 1), sera toujours le même, quel que soit ε. Pour déterminer ce nombre, il suffit, par conséquent, de considérer l'hypothèse $\varepsilon = 0$. Or, dans cette hypothèse, on a $q_{s\sigma} = q_{\sigma s}$ pour toutes les valeurs de s et σ. Par suite, en vertu de ce que l'on a remarqué plus haut, le nombre cherché doit être égal à n.

Nous pouvons donc considérer notre théorème comme démontré, car, en posant $\varepsilon = 1$, nous arrivons au système (32).

Ayant démontré que l'équation caractéristique de ce système a n racines de modules plus grands que 1, et le même nombre de racines avec des modules plus petits que 1, nous avons trouvé en même temps la limite inférieure $e^{\lambda\omega}$ pour les modules des racines du premier groupe et la limite supérieure $e^{-\lambda\omega}$ pour les modules des racines du second.

On peut remarquer que le théorème I du n° 49 n'est qu'un cas particulier de celui que nous venons de démontrer.

Pour donner encore un exemple, admettons que pour le système (1) on est parvenu à trouver une intégrale, représentant une forme quadratique des variables x_s à coefficients constants ou périodiques. Admettons en outre que cette intégrale soit une fonction définie (n° 15), de sorte que, t, x_1, x_2, ..., x_n étant réels, elle ne puisse devenir, en valeur absolue, inférieure à la fonction

$$N(x_1^2 + x_2^2 + \ldots + x_n^2),$$

où N représente une constante positive.

Une fois qu'une pareille intégrale existe, nous pourrons conclure que dans chaque solution réelle du système (1) toutes les fonctions x_s resteront toujours en valeur absolue inférieures à une certaine limite, quel que soit t, positif ou négatif. Et ceci n'est possible qu'à la condition que toutes les racines de l'équation caractéristique possèdent des modules égaux à 1, et qu'en outre, dans les solutions du type (5) correspondant aux racines multiples, toutes les fonctions $f_s(t)$ soient périodiques.

Nous tomberons sur un tel cas, par exemple, quand les coefficients $p_{s\sigma}$ dans le système (1) satisfont à la condition

$$p_{s\sigma} + p_{\sigma s} = 0$$

pour tous les s et σ pris dans la suite 1, 2, ..., n. Ce système admettra alors l'intégrale

$$x_1^2 + x_2^2 + \ldots + x_n^2.$$

53. Jusqu'ici nous n'avons considéré que des valeurs réelles de la variable t. Mais si l'on en considère aussi des valeurs imaginaires (en les représentant comme d'ordinaire par des points sur un plan), et si l'on fait au sujet des coefficients $p_{s\sigma}$ des hypothèses convenables, on pourra profiter, pour la solution des différentes questions relatives au système (1), et en particulier de la question de la détermination des invariants A_s, des principes généraux de la théorie des points critiques des équations différentielles linéaires.

Supposons tracées, dans le plan de la variable complexe t, deux droites parallèles à l'axe des valeurs réelles, de l'un et l'autre côté de cet axe à des distances égales à h, et admettons que les coefficients $p_{s\sigma}$ (supposés comme précédemment périodiques à période réelle ω) soient donnés pour la région du plan comprise entre ces droites comme fonctions de la variable complexe t, n'y ayant pas de points critiques [1].

A cette condition, si l'on trace une circonférence de rayon h ayant pour centre le point $t = 0$, pour tous les points situés à l'intérieur ou sur la circonférence elle-même, on pourra représenter les coefficients $p_{s\sigma}$, ainsi que les fonctions x_s satisfaisant aux équations (1), par des séries ordonnées suivant les puissances entières et positives de t.

Par conséquent, si $\omega \leqq h$ (nous supposons ω positif), on pourra, en se servant

---

(1) Nous ne considérons pas les points éloignés à l'infini.

de ces séries, déterminer les valeurs des fonctions x_s pour $t = \omega$ d'après les valeurs qu'on leur donne pour $t = 0$. Et les séries par lesquelles s'exprimeront ces valeurs fourniront à l'instant même des séries pour le calcul des invariants A_s.

Quand $\omega > h$, l'emploi de ces séries ne sera pas assurément toujours légitime. Mais alors on pourra obtenir pour le calcul des invariants des séries d'un autre genre, en se servant par exemple des procédés indiqués par Hamburger et Poincaré (1).

Nous ne nous arrêterons pas à l'examen de ces séries, ni à celui de toutes autres séries que l'on pourrait proposer pour le calcul des invariants, et nous nous bornerons ici à indiquer un cas où les invariants peuvent être calculés sans faire usage des séries.

Ce cas se déduit du théorème connu de Fuchs sur les solutions régulières des équations différentielles linéaires au voisinage de leurs points critiques.

Posons

$$e^{i\frac{2\pi t}{\omega}} = z \qquad (i = \sqrt{-1}).$$

En prenant au lieu de t pour variable indépendante z, nous transformerons le système (1) dans le suivant :

$$(35) \qquad \frac{2\pi i}{\omega} z \frac{dx_s}{dz} = p_{s1}(z)x_1 + p_{s2}(z)x_2 + \ldots + p_{sn}(z)x_n \qquad (s = 1, 2, \ldots, n).$$

Conformément aux hypothèses faites, les coefficients $p_{s\sigma}(z)$ seront ici des fonctions de la variable complexe z, n'ayant pas de points critiques dans la région du plan située entre deux circonférences concentriques de rayons $e^{\frac{2\pi h}{\omega}}$ et $e^{-\frac{2\pi h}{\omega}}$ et de centre commun au point $z = 0$; ces fonctions y seront d'ailleurs monodromes.

Or nous allons maintenant supposer que ces coefficients n'aient pas de points critiques dans toute la région du plan qui se trouve à l'intérieur de la circonférence de rayon $e^{\frac{2\pi h}{\omega}}$.

Cela étant, le système (35) satisfera aux conditions du théorème de Fuchs pour le point $z = 0$.

Nous pouvons, par conséquent, affirmer que, $\varkappa_1, \varkappa_2, \ldots, \varkappa_n$ étant les racines de

---

(1) Hamburger, *Ueber ein Princip zur Darstellung des Verhaltens mehrdeutiger Functionen, etc.* (*J. für Mathematik*, Bd. LXXXIII).

Poincaré, *Sur les groupes des équations différentielles linéaires* (*Acta mathematica*, t. IV).

Voir aussi le Mémoire récemment paru de Mittag-Leffler : *Sur la représentation analytique des intégrales et des invariants d'une équation différentielle linéaire et homogène* (*Acta mathematica*, t. XV).

l'équation

$$\begin{vmatrix} p_{11}(0) - \varkappa & p_{12}(0) & \dots & p_{1n}(0) \\ p_{21}(0) & p_{22}(0) - \varkappa & \dots & p_{2n}(0) \\ \dots\dots & \dots\dots\dots & \dots & \dots\dots \\ p_{n1}(0) & p_{n2}(0) & \dots & p_{nn}(0) - \varkappa \end{vmatrix} = 0,$$

les nombres

$$(36) \qquad e^{\varkappa_1\omega}, \quad e^{\varkappa_2\omega}, \quad \dots, \quad e^{\varkappa_n\omega}$$

seront les racines de l'équation caractéristique du système (35), correspondant à un circuit du point $z = 0$ selon une circonférence de rayon suffisamment petit ayant ce point pour centre. Et comme, d'après nos hypothèses, on peut faire le rayon de cette circonférence égal à 1, les nombres (36) représenteront également les racines qui nous intéressent de l'équation caractéristique du système (1), correspondant à un changement de t, supposé réel, de la période ω.

Il est du reste facile de le prouver sans avoir recours au théorème de Fuchs.

Pour cela, en désignant par ε un paramètre arbitraire, considérons au lieu de (35) le système

$$\frac{2\pi i}{\omega} z \frac{dx_s}{dz} = p_{s1}(\varepsilon z)x_1 + p_{s2}(\varepsilon z)x_2 + \dots + p_{sn}(\varepsilon z)x_n \qquad (s = 1, 2, \dots, n),$$

qui s'en déduit en changeant z en εz.

Il est clair que les invariants de ce nouveau système, correspondant à un circuit du point $z = 0$ selon la circonférence de rayon 1 et de centre en ce point, seront les mêmes pour toutes les valeurs de ε dont les modules ne dépassent pas le nombre $e^{\frac{2\pi h}{\omega}}$, supérieur à 1. Et du théorème du n° 48 on conclut qu'en faisant le module de ε suffisamment petit on pourra rendre ces invariants aussi peu différents que l'on voudra des invariants correspondants du système

$$(37) \qquad \frac{2\pi i}{\omega} z \frac{dx_s}{dz} = p_{s1}(0)x_1 + p_{s2}(0)x_2 + \dots + p_{sn}(0)x_n \qquad (s = 1, 2, \dots, n).$$

Par conséquent, les invariants du système (35), se rapportant au circuit susdit, seront nécessairement identiques aux invariants correspondants du système (37).

Or ce dernier système s'intègre d'une manière bien connue, et les racines de son équation caractéristique s'obtiennent précisément comme on l'a indiqué ci-dessus [1].

Pour l'objet principal de notre étude, le cas seul peut présenter d'intérêt où les

---

[1] Le procédé dont nous venons de nous servir s'applique facilement à la démonstration du théorème même de Fuchs.

coefficients dans les équations différentielles sont réels pour toutes les valeurs réelles de t; et les systèmes d'équations que nous venons de considérer ne sont pas évidemment dans ce cas, à moins que leurs coefficients ne se réduisent à des constantes. Il y a cependant des systèmes à coefficients réels qui peuvent s'y ramener au moyen de certaines transformations.

Considérons, par exemple, le système suivant :

38) $$\left\{\begin{aligned} \frac{dx_s}{dt} &= p_{s1}x_1 + p_{s2}x_2 + \ldots + p_{sn}x_n - q_{s1}y_1 - q_{s2}y_2 - \ldots - q_{sn}y_n \\ \frac{dy_s}{dt} &= q_{s1}x_1 + q_{s2}x_2 + \ldots + q_{sn}x_n + p_{s1}y_1 + p_{s2}y_2 + \ldots + p_{sn}y_n \end{aligned}\right\} \quad (s = 1, 2, \ldots, n)$$

en supposant que les coefficients $p_{s\sigma}$, $q_{s\sigma}$ soient des fonctions périodiques de t à une période réelle ω, n'ayant pas de points critiques ni sur l'axe réel, ni à des distances de cet axe égales ou inférieures à une certaine limite h. Nous supposerons en outre que ces coefficients satisfassent aux relations

$$\int_0^\omega p_{s\sigma}\cos\frac{2\pi mt}{\omega}\,dt = \int_0^\omega q_{s\sigma}\sin\frac{2\pi mt}{\omega}\,dt,$$

$$\int_0^\omega p_{s\sigma}\sin\frac{2\pi mt}{\omega}\,dt = -\int_0^\omega q_{s\sigma}\cos\frac{2\pi mt}{\omega}\,dt,$$

pour toute valeur entière et positive du nombre m.

Ces relations expriment que, si les développements des fonctions $p_{s\sigma}$ en séries de sinus et cosinus de multiples entiers de $\frac{2\pi t}{\omega}$ sont les suivantes :

$$p_{s\sigma} = a_{s\sigma}^{(0)} + \sum_{m=1}^{\infty}\left(a_{s\sigma}^{(m)}\cos\frac{2\pi mt}{\omega} - b_{s\sigma}^{(m)}\sin\frac{2\pi mt}{\omega}\right),$$

les développements des fonctions $q_{s\sigma}$ seront de la forme

$$q_{s\sigma} = b_{s\sigma}^{(0)} + \sum_{m=1}^{\infty}\left(a_{s\sigma}^{(m)}\sin\frac{2\pi mt}{\omega} + b_{s\sigma}^{(m)}\cos\frac{2\pi mt}{\omega}\right).$$

On sait que, dans les hypothèses considérées ici, on peut représenter les coefficients $p_{s\sigma}$, $q_{s\sigma}$ par de telles séries pour toutes les valeurs de t dont les points représentatifs sont écartés de l'axe réel de distances inférieures à h.

En revenant maintenant à notre système d'équations nous remarquons que, si l'on prend pour fonctions inconnues les quantités

$$u_s = x_s + iy_s, \qquad v_s = x_s - iy_s \qquad (s = 1, 2, \ldots, n),$$

i désignant $\sqrt{-1}$, ce système se décomposera en deux systèmes

$$\frac{du_s}{dt} = (p_{s1} + iq_{s1})\,u_1 + (p_{s2} + iq_{s2})\,u_2 + \ldots + (p_{sn} + iq_{sn})\,u_n \qquad (s = 1, 2, \ldots, n),$$

$$\frac{dv_s}{dt} = (p_{s1} - iq_{s1})\,v_1 + (p_{s2} - iq_{s2})\,v_2 + \ldots + (p_{sn} - iq_{sn})\,v_n \qquad (s = 1, 2, \ldots, n),$$

qui s'intégreront séparément.

Or chacun de ces systèmes satisfera aux conditions du système considéré plus haut.

En effet, si nous posons

$$e^{i\frac{2\pi t}{\omega}} = z,$$

les coefficients du premier système seront représentés par les séries

$$p_{s\sigma} + iq_{s\sigma} = \sum_{m=0}^{\infty} (a_{s\sigma}^{(m)} + i b_{s\sigma}^{(m)})\,z^m,$$

ne contenant pas de puissances négatives de z et définissant, par suite, des fonctions de la variable complexe z, n'ayant pas de points critiques à l'intérieur du cercle de rayon $e^{\frac{2\pi h}{\omega}}$ et de centre au point $z = 0$. De même, si nous posons

$$e^{-i\frac{2\pi t}{\omega}} = \zeta,$$

les coefficients du second système seront représentés par les séries

$$p_{s\sigma} - iq_{s\sigma} = \sum_{m=0}^{\infty} (a_{s\sigma}^{(m)} - i b_{s\sigma}^{(m)})\,\zeta^m,$$

ne renfermant pas de puissances négatives de ζ et, par conséquent, définissant des fonctions de la variable complexe ζ, n'ayant pas de points critiques à l'intérieur du cercle de rayon $e^{\frac{2\pi h}{\omega}}$ et de centre au point $\zeta = 0$.

Par suite, nous pouvons affirmer que les racines de l'équation caractéristique du système (38) s'obtiendront comme il suit :

En posant

$$\frac{1}{\omega}\int_0^{\omega} p_{s\sigma}\,dt = a_{s\sigma}, \qquad \frac{1}{\omega}\int_0^{\omega} q_{s\sigma}\,dt = b_{s\sigma},$$

on remplacera les coefficients $p_{s\sigma}$, $q_{s\sigma}$ dans ce système par les quantités $a_{s\sigma}$, $b_{s\sigma}$, et l'on formera l'équation déterminante pour le système à coefficients constants ainsi obtenu. Soient $\varkappa_1, \varkappa_2, \ldots, \varkappa_{2n}$ les racines de cette équation. Alors les nombres

$$e^{\varkappa_1\omega}, \quad e^{\varkappa_2\omega}, \quad \ldots, \quad e^{\varkappa_{2n}\omega}$$

seront les racines cherchées de l'équation caractéristique correspondant à la période ω.

Ajoutons que l'équation déterminante dont il s'agit sera de la forme $\Delta\Delta' = 0$, où

$$\Delta = \begin{vmatrix} a_{11} + ib_{11} - \varkappa & a_{12} + ib_{12} & \ldots & a_{1n} + ib_{1n} \\ a_{21} + ib_{21} & a_{22} + ib_{22} - \varkappa & \ldots & a_{2n} + ib_{2n} \\ \ldots\ldots\ldots & \ldots\ldots\ldots\ldots & \ldots & \ldots\ldots\ldots \\ a_{n1} + ib_{n1} & a_{n2} + ib_{n2} & \ldots & a_{nn} + ib_{nn} - \varkappa \end{vmatrix}$$

et Δ' s'en déduit en remplaçant i par $-i$.

ÉTUDE DES ÉQUATIONS DIFFÉRENTIELLES DU MOUVEMENT TROUBLÉ.

54. Soient données les équations différentielles

$$(39) \qquad \frac{dx_s}{dt} = p_{s1}x_1 + p_{s2}x_2 + \ldots + p_{sn}x_n + X_s \qquad (s = 1, 2, \ldots, n),$$

où les X_s désignent comme d'ordinaire des fonctions de $x_1, x_2, \ldots, x_n, t$, développables en séries

$$X_s = \sum P_s^{(m_1, m_2, \ldots, m_n)} x_1^{m_1} x_2^{m_2} \ldots x_n^{m_n}$$

suivant les puissances entières et positives des variables $x_1, x_2, \ldots, x_n$ et ne contenant pas de termes de degré inférieur au second.

Nous allons considérer ici ces équations dans l'hypothèse que tous les coefficients $p_{s\sigma}$, $P_s^{(m_1, \ldots, m_n)}$ sont des fonctions périodiques de t à une seule et même période réelle ω.

D'ailleurs, en considérant exclusivement des valeurs réelles de t, nous supposerons que ces coefficients restent toujours déterminés, continus et réels, et que les séries par lesquelles s'expriment les fonctions X_s représentent des fonctions des variables $x_1, x_2, \ldots, x_n$ uniformément holomorphes pour toutes les valeurs réelles de t (n° **33**, remarque).

Les coefficients dans ces séries étant périodiques, la dernière hypothèse n'est qu'une autre expression de l'hypothèse du n° **4** ou de celle du n° **11**.

Au lieu du système (39), nous en considérerons souvent diverses transformations et, entre autres, les transformations au moyen de substitutions linéaires à coefficients périodiques.

Ces dernières transformations seront toujours telles que les coefficients dans le système transformé jouiront de toutes les propriétés énumérées plus haut.

On pourra d'ailleurs choisir lesdites substitutions de telle façon que, pour le système transformé, les coefficients dans les termes du premier degré deviennent constants, et une telle transformation sera possible avec des substitutions à coefficients réels, pourvu que la période ω soit choisie de façon que le nombre $\frac{\omega}{2}$ soit encore une période pour les coefficients du système (39) (n° **47**).

Nous parlerons souvent de l'équation caractéristique du système d'équations différentielles du mouvement troublé, en entendant par là l'équation caractéristique du système d'équations différentielles linéaires, se rapportant à la première approximation. D'ailleurs nous supposerons toujours qu'il s'agit d'équation caractéristique correspondant à la période ω, laquelle, pour fixer les idées, sera supposée positive.

Considérons les séries qu'on obtient en intégrant le système (39) par la méthode indiquée au n° **3**.

Soient $\rho_1, \rho_2, \ldots, \rho_n$ les racines de l'équation caractéristique de ce système.

En nous arrêtant à des déterminations quelconques des logarithmes, posons

$$\frac{1}{\omega}\log\rho_1 = \varkappa_1, \qquad \frac{1}{\omega}\log\rho_2 = \varkappa_2, \qquad \ldots, \qquad \frac{1}{\omega}\log\rho_n = \varkappa_n.$$

Alors, si

$$x_1^{(m)}, \quad x_2^{(m)}, \quad \ldots, \quad x_n^{(m)}$$

sont les ensembles de termes, dans les séries en question, de la $m^{\text{ième}}$ dimension par rapport aux constantes arbitraires, on aura pour les quantités $x_s^{(m)}$ des expressions de la forme

$$x_s^{(m)} = \sum T_s^{(m_1, m_2, \ldots, m_n)} e^{(m_1\varkappa_1 + m_2\varkappa_2 + \ldots + m_n\varkappa_n)t}, \tag{40}$$

où la sommation s'étend à toutes les valeurs des entiers non négatifs $m_1, m_2, \ldots, m_n$ assujettis à la condition

$$0 < m_1 + m_2 + \ldots + m_n \leqq m,$$

et où tous les $T_s^{(m_1, \ldots, m_n)}$ représentent soit des fonctions périodiques de t, soit des sommes d'un nombre limité de termes, représentant des produits de fonctions périodiques par des puissances entières non négatives de t [1].

---

[1] Les fonctions périodiques dont il s'agit ici possèdent la période ω et restent détermi-

On s'en assure en considérant de plus près les expressions des $x_s^{(m)}$, données au n° 3, et en tenant compte des formules que nous allons écrire à l'instant.

Soient $f(t)$ une fonction périodique de t à période ω, m un nombre entier positif ou nul et $\varkappa$ une constante, telle que le nombre $\varkappa\omega$ ne se présente pas sous la forme $2\pi N\sqrt{-1}$, N étant un entier réel. Nous aurons alors

$$\int e^{\varkappa t} t^m f(t)\,dt = e^{\varkappa t}[t^m f_0(t) + t^{m-1} f_1(t) + \ldots + f_m(t)] + \text{const.},$$

$$\int t^m f(t)\,dt = \frac{h}{m+1} t^{m+1} + t^m \varphi_0(t) + t^{m-1}\varphi_1(t) + \ldots + \varphi_m(t),$$

où tous les $f_s(t)$, $\varphi_s(t)$ représentent des fonctions périodiques de t à période ω et h la constante suivante :

$$h = \frac{1}{\omega}\int_0^\omega f(t)\,dt.$$

Si, pour former les séries considérées, les calculs sont conduits de telle façon que tous les $x_s^{(m)}$ pour lesquels $m > 1$ s'annulent pour $t = 0$, ces séries, quand les modules des constantes arbitraires sont suffisamment petits, représenteront effectivement des fonctions satisfaisant à nos équations, au moins dans certaines limites de variation de t.

Mais, en laissant de côté la condition indiquée, on peut conduire les calculs de telle façon que dans les expressions (40) tous les termes pour lesquels

$$m_1 + m_2 + \ldots + m_n < m$$

disparaissent, et que les expressions des $T_s^{(m_1, m_2, \ldots, m_n)}$ prennent la forme

$$T_s^{(m_1, m_2, \ldots, m_n)} = K_s^{(m_1, m_2, \ldots, m_n)} \alpha_1^{m_1} \alpha_2^{m_2} \ldots \alpha_n^{m_n},$$

où $\alpha_1, \alpha_2, \ldots, \alpha_n$ sont des constantes arbitraires et $K_s^{(m_1, \ldots, m_n)}$ des fonctions de t indépendantes de ces constantes.

Si l'on considère les séries ainsi obtenues comme ordonnées suivant les puissances des quantités

$$\alpha_1 e^{\varkappa_1 t}, \quad \alpha_2 e^{\varkappa_2 t}, \quad \ldots, \quad \alpha_n e^{\varkappa_n t},$$

les coefficients y seront des sommes d'un nombre fini de termes périodiques et séculaires (¹).

nées et continues pour toutes les valeurs réelles de t. D'une manière générale, toutes les fonctions périodiques de t, que nous rencontrerons dans la suite, jouiront des mêmes propriétés. Mais, pour abréger le discours, nous ne le dirons pas toujours expressément.

(¹) Nous appellerons *séculaires* tous les termes de la forme $t^m f(t)$, où m est un nombre entier positif et $f(t)$ une fonction périodique.

Au sujet de la convergence de ces séries, on ne pourra faire en général aucune conclusion. Mais dans le cas où parmi les nombres $\varkappa_s$ il s'en trouve

$$(41) \qquad \varkappa_1, \quad \varkappa_2, \quad \ldots, \quad \varkappa_k$$

dont les parties réelles sont différentes de zéro et toutes d'un même signe, et quand ces séries sont formées dans l'hypothèse

$$\alpha_{k+1} = \alpha_{k+2} = \ldots = \alpha_n = 0,$$

on aura, à leur égard, un théorème tout semblable à celui qui a été énoncé au n° 23.

Dans ce cas, pour un choix arbitraire des constantes $\alpha_1, \alpha_2, \ldots, \alpha_k$, les séries considérées définiront une solution du système (39), soit pour toute valeur de t supérieure à une certaine limite (dépendant du choix des constantes α_s), quand les parties réelles des nombres (41) sont toutes négatives, soit pour toute valeur de t inférieure à une certaine limite, quand les parties réelles de ces nombres sont toutes positives.

55. De ce qui précède on tire de suite quelques propositions relatives aux conditions de stabilité dans le cas qui nous intéresse maintenant.

Ainsi, du théorème II du n° 13 on déduit le suivant :

Théorème I. — *Toutes les fois que l'équation caractéristique a des racines de modules inférieurs à 1, le mouvement non troublé possédera une certaine stabilité conditionnelle, et parmi les perturbations il s'en trouvera pour lesquelles les mouvements troublés s'approcheront asymptotiquement du mouvement non troublé. Si le nombre desdites racines est k, ces perturbations dépendront de k constantes arbitraires.*

Pour ce qui touche à la stabilité absolue, le théorème I du numéro cité, eu égard à ce qui a été observé au n° 26 (remarque), conduit à la proposition suivante :

Théorème II. — *Quand l'équation caractéristique n'a que des racines dont les modules sont inférieurs à 1, le mouvement non troublé sera stable, et cela de telle manière que tout mouvement troublé qui en est suffisamment voisin s'en rapprochera asymptotiquement. Mais si, au nombre des racines de cette équation, il s'en trouve dont les modules sont supérieurs à 1, ce mouvement sera instable.*

Il résulte de ce théorème qu'il ne reste de douteux relativement à la stabilité que les cas où l'équation caractéristique, sans avoir des racines de modules supérieurs à 1, a des racines dont les modules sont égaux à 1.

Cependant, pour beaucoup de questions, de tels cas, qu'on peut appeler *singuliers,* sont les seuls où la stabilité absolue est possible.

Telles sont par exemple les questions dans lesquelles le système d'équations différentielles du mouvement troublé a la forme canonique.

Nous savons (n° **51**) que, pour un tel système, à toute racine ρ de l'équation caractéristique, il correspondra une racine égale à $\frac{1}{\rho}$. Par suite, la stabilité absolue ne sera possible que si toutes les racines ont des modules égaux à 1.

Les questions de stabilité dans les cas singuliers, même pour les mouvements permanents, sont très difficiles. Et pour les mouvements périodiques les difficultés deviennent assurément encore plus grandes. Toutefois, dans certains cas de cette espèce (sous condition que l'on soit parvenu à intégrer le système d'équations différentielles linéaires correspondant à la première approximation), on peut proposer des méthodes générales dont on puisse se servir dans ces sortes de recherches; c'est ce que nous allons faire maintenant.

Semblablement à ce que nous avons fait dans le Chapitre précédent, nous allons considérer ici successivement les deux cas suivants : 1° quand l'équation caractéristique a une racine égale à 1, les autres racines ayant des modules inférieurs à 1; et 2° quand cette équation a deux racines imaginaires conjuguées de modules égaux à 1, toutes les autres racines, comme dans le premier cas, ayant des modules inférieurs à 1.

Nous n'avons pas indiqué le cas où l'équation caractéristique a une racine égale à -1, les autres racines ayant des modules inférieurs à 1, puisque ce cas se ramène au premier des deux précédents, en prenant pour période un nombre deux fois plus grand que l'ancien.

Premier cas. — *Une racine égale à* un.

56. Admettons que l'équation caractéristique du système considéré (qui sera supposé d'ordre $n+1$) a une racine égale à 1 et n racines de modules inférieurs à 1.

En vertu de ce qui a été exposé au n° **47**, nous pouvons supposer qu'au moyen d'une substitution linéaire à coefficients périodiques notre système soit ramené à la forme suivante :

$$(42)\quad \begin{cases} \dfrac{dx}{dt} = X, \\ \dfrac{dx_s}{dt} = p_{s1}x_1 + p_{s2}x_2 + \ldots + p_{sn}x_n + p_s x + X_s \qquad (s=1, 2, \ldots, n), \end{cases}$$

où X, X_s, qui représentent des fonctions holomorphes des variables x, x_1, x_2, ..., x_n, ne contiennent pas dans leurs développements de termes de degré inférieur au second.

Les coefficients dans ces développements, de même que les coefficients p_s, sont des fonctions périodiques de t. Quant aux coefficients $p_{s\sigma}$, nous les supposerons constants et, conformément à ce qu'on a admis, tels que l'équation

$$(43)\qquad \begin{vmatrix} p_{11}-\varkappa & p_{12} & \dots & p_{1n} \\ p_{21} & p_{22}-\varkappa & \dots & p_{2n} \\ \dots & \dots\dots & \dots & \dots \\ p_{n1} & p_{n2} & \dots & p_{nn}-\varkappa \end{vmatrix} = 0$$

n'ait que des racines à parties réelles négatives.

Nous supposerons d'ailleurs que tous les coefficients dans le système (42) soient réels.

Dans deux cas, comme nous le verrons, la question de stabilité se résoudra immédiatement d'après la forme des équations (42).

Si $X^{(0)}$, $X_s^{(0)}$ sont ce que deviennent X, X_s quand on pose

$$x_1 = x_2 = \ldots = x_n = 0,$$

un de ces cas sera celui où tous les p_s sont nuls, et où le développement de la fonction $X^{(0)}$ suivant les puissances de x commence par un terme à coefficient constant et de degré non supérieur à la moindre puissance de x entrant dans les développements des fonctions $X_s^{(0)}$. L'autre cas sera celui où $X^{(0)}$, tous les $X_s^{(0)}$ et tous les p_s sont identiquement nuls.

Pour ce qui concerne tous les autres cas possibles, ils se ramèneront, comme nous le montrerons tout de suite, à deux cas que nous venons de signaler.

Cherchons à satisfaire aux équations (42) par les séries

$$(44)\qquad \begin{cases} x = \phantom{u_s^{(1)}} c + u^{(2)} c^2 + u^{(3)} c^3 + \ldots, \\ x_s = u_s^{(1)} c + u_s^{(2)} c^2 + u_s^{(3)} c^3 + \ldots \qquad (s = 1, 2, \ldots, n) \end{cases}$$

ordonnées suivant les puissances entières et positives de la constante arbitraire c, avec cette condition que les coefficients $u^{(l)}$, $u_s^{(l)}$ représentent soit des fonctions périodiques de t, soit des sommes d'un nombre fini de termes périodiques et séculaires.

Le calcul de ces coefficients dépendra des équations différentielles qui seront au fond du même caractère que les équations avec lesquelles nous avons eu affaire au n° 34, et, de même que là, nous arriverons à cette conclusion que, si parmi les fonctions $u^{(l)}$, $u_s^{(l)}$ il en existe de non périodiques, on en trouvera déjà dans la série de fonctions

$$u^{(2)},\quad u^{(3)},\quad u^{(4)},\quad \ldots,$$

et que, si $u^{(m)}$ est la première fonction non périodique dans cette série, les fonctions

$$u_s^{(1)},\quad u_s^{(2)},\quad \ldots,\quad u_s^{(m-1)} \qquad (s=1, 2, \ldots, n)$$

seront toutes périodiques et celle $u^{(m)}$ sera de la forme

$$u^{(m)} = gt + v,$$

où g est une constante non nulle et v une fonction périodique de t.

En admettant que nous ayons affaire avec ce cas et que le calcul soit conduit de telle manière que tous les $u^{(l)}$, $u_s^{(l)}$ deviennent réels, transformons le système (42) au moyen de la substitution

$$\begin{aligned} x &= \quad\; z + u^{(2)}z^2 + \ldots + u^{(m-1)}z^{m-1} + vz^m, \\ x_s &= u_s^{(1)}z + u_s^{(2)}z^2 + \ldots + u_s^{(m-1)}z^{m-1} + z_s \qquad (s=1, 2, \ldots, n). \end{aligned}$$

Nous arriverons alors à un système de la forme primitive

$$(45) \qquad \frac{dz}{dt} = Z, \qquad \frac{dz_s}{dt} = p_{s1}z_1 + p_{s2}z_2 + \ldots + p_{sn}z_n + Z_s \qquad (s=1, 2, \ldots, n),$$

mais satisfaisant aux conditions du premier des deux cas indiqués plus haut. En effet, on s'assure facilement que, si $Z^{(0)}$, $Z_s^{(0)}$ sont ce que deviennent Z, Z_s pour $z_1 = z_2 = \ldots = z_n = 0$, le développement de la fonction $Z^{(0)}$ suivant les puissances croissantes de z commencera par la $m^{\text{ième}}$ puissance, laquelle sera affectée d'un coefficient constant g, et en même temps les développements des fonctions $Z_s^{(0)}$ ne contiendront pas z à des puissances inférieures à la $m^{\text{ième}}$.

Admettons maintenant que nous ayons affaire avec le cas où $u^{(l)}$, $u_s^{(l)}$ se trouvent être tous périodiques, quelque grand que soit le nombre l.

Alors, de même qu'au n° 35, on démontrera que, si le calcul est conduit d'après la règle que tous les $u^{(l)}$ s'annulent pour une seule et même valeur de t, par exemple pour $t=0$, les séries (44), $|c|$ étant assez petit, convergeront uniformément pour toutes les valeurs réelles de t.

Ces séries définiront alors une solution périodique du système (42), et pour toute valeur réelle suffisamment petite de c il correspondra à cette solution un mouvement périodique. Nous nous trouverons donc dans le cas où il existe une série continue de mouvements périodiques renfermant le mouvement non troublé considéré.

Dans ce cas, en transformant le système (42) au moyen de la substitution

$$\begin{aligned} x &= z \;\; + u^{(2)}z^2 + u^{(3)}z^3 + \ldots, \\ x_s &= z_s + u_s^{(1)}z \;\; + u_s^{(2)}z^2 + \ldots \qquad (s=1, 2, \ldots, n), \end{aligned}$$

nous obtiendrons un système de la forme (45), où Z et tous les Z_s, pour $z_1 = z_2 = \ldots = z_n = 0$, deviendront nuls. Nous tomberons, par conséquent, sur le second des deux cas indiqués plus haut.

Dans les deux cas, nos transformations sont telles que le problème de la stabilité par rapport aux anciennes variables x, x_s sera entièrement équivalent au problème de la stabilité par rapport aux nouvelles z, z_s.

Remarquons en outre que, si les fonctions X, X_s sont, par rapport aux variables x, x_σ, *uniformément* holomorphes pour toutes les valeurs réelles de t (ce qui aura lieu en vertu de ce qu'on a supposé au n° 54), il en sera de même des fonctions Z, Z_s par rapport aux variables z, z_σ.

57. Considérons le système (45) dans l'hypothèse qu'il satisfait aux conditions du premier cas.

En désignant par g une constante non nulle, par $P^{(1)}$, $P^{(2)}$, ..., $P^{(m-1)}$ des formes linéaires des quantités z_s et par Q une forme quadratique des mêmes quantités, toutes ces formes ayant des coefficients indépendants de z et périodiques par rapport à t, supposons qu'on ait

$$Z = g z^m + P^{(1)} z + P^{(2)} z^2 + \ldots + P^{(m-1)} z^{m-1} + Q + \ldots,$$

de sorte que ceux des termes suivants qui sont linéaires par rapport aux z_s (y compris ceux qui n'en dépendent point) soient au moins de degré $m+1$, et les autres au moins du troisième degré par rapport à z, z_s.

Comme on se trouve, par hypothèse, dans le premier cas, les fonctions Z_s, dans les termes indépendants des quantités z_σ, ne contiendront pas z à des puissances inférieures à la $m^{\text{ième}}$.

Par suite, ne considérant outre ces termes que ceux linéaires par rapport aux quantités z_σ, et en ordonnant les uns et les autres suivant les puissances croissantes de z, nous pouvons admettre que

$$Z_s = g_s z^m + \ldots + P_s^{(1)} z + P_s^{(2)} z^2 + P_s^{(3)} z^3 + \ldots + \ldots.$$

Les g_s sont ici des fonctions périodiques de t et les $P_s^{(j)}$ des formes linéaires des variables z_σ à coefficients périodiques.

Cela posé, désignons par $U^{(1)}$, $U^{(2)}$, ..., $U^{(m-1)}$ des formes linéaires et par W une forme quadratique des variables z_s à coefficients indéterminés qui seront supposés des fonctions périodiques de t.

En considérant d'abord le cas de m pair, posons

$$V = z + U^{(1)} z + U^{(2)} z^2 + \ldots + U^{(m-1)} z^{m-1} + W$$

et cherchons à disposer des formes linéaires $U^{(k)}$ de façon que dans l'expression de la dérivée $\frac{dV}{dt}$, formée en vertu de nos équations différentielles, tous les termes linéaires par rapport aux quantités z_s et contenant z à des puissances inférieures à la $m^{\text{ième}}$ disparaissent.

Pour cela il faut choisir ces formes de manière qu'elles satisfassent aux équations

$$\sum_{s=1}^{n}(p_{s1}z_1+\ldots+p_{sn}z_n)\frac{\partial U^{(k)}}{\partial z_s}+\frac{\partial U^{(k)}}{\partial t}+P^{(k)}$$
$$+\sum_{s=1}^{n}\left(P_s^{(1)}\frac{\partial U^{(k-1)}}{\partial z_s}+\ldots+P_s^{(k-1)}\frac{\partial U^{(1)}}{\partial z_s}\right)=0 \qquad (k=1, 2, \ldots, m-1)$$

(où la seconde somme, pour $k=1$, doit être remplacée par zéro); et ceci est toujours possible, les racines de l'équation (43) ayant leurs parties réelles négatives. D'ailleurs la condition que les coefficients des formes $U^{(k)}$ soient périodiques rend ce problème parfaitement déterminé.

Les formes $U^{(k)}$ étant ainsi choisies, nous choisirons la forme W conformément à l'équation

$$\sum_{s=1}^{n}(p_{s1}z_1+p_{s2}z_2+\ldots+p_{sn}z_n)\frac{\partial W}{\partial z_s}+\frac{\partial W}{\partial t}+Q=g(z_1^2+z_2^2+\ldots+z_n^2),$$

ce qui est également toujours possible.

Alors nous aurons

$$\frac{dV}{dt}=g(z^m+z_1^2+z_2^2+\ldots+z_n^2)+S,$$

en entendant par S une expression de la forme

$$S=vz^m+\sum_{s=1}^{n}\sum_{\sigma=1}^{n}v_{s\sigma}z_s z_\sigma,$$

où v, $v_{s\sigma}$ sont des fonctions des variables t, z, z_1, z_2, ..., z_n, s'annulant pour

$$z=z_1=z_2=\ldots=z_n=0,$$

périodiques par rapport à t et holomorphes par rapport à z, z_s uniformément pour toutes les valeurs réelles de t.

Notre fonction V satisfera, par conséquent, à toutes les conditions du théorème II du n° 16. Nous devons donc conclure que le mouvement non troublé est instable.

Considérons maintenant le cas de m impair.

En posant

$$V = W + \frac{1}{2}z^2 + U^{(1)}z^2 + U^{(2)}z^3 + \ldots + U^{(m-1)}z^m,$$

choisissons la forme quadratique W à coefficients constants conformément à l'équation

$$(46) \qquad \sum_{s=1}^{n}(p_{s1}z_1 + p_{s2}z_2 + \ldots + p_{sn}z_n)\frac{\partial W}{\partial z_s} = g(z_1^2 + z_2^2 + \ldots + z_n^2).$$

Puis, disposons des formes linéaires $U^{(j)}$ de façon que dans l'expression de la dérivée $\frac{dV}{dt}$, formée en vertu de nos équations différentielles, tous les termes linéaires par rapport aux quantités z_s et contenant z à des puissances inférieures à la $(m+1)^{\text{ième}}$ disparaissent; ce qui exige que ces formes soient déterminées par les équations

$$\sum_{s=1}^{n}(p_{s1}z_1 + p_{s2}z_2 + \ldots + p_{sn}z_n)\frac{\partial U^{(k)}}{\partial z_s} + \frac{\partial U^{(k)}}{\partial t} + P^{(k)}$$
$$+ \sum_{s=1}^{n}\left(P_s^{(1)}\frac{\partial U^{(k-1)}}{\partial z_s} + \ldots + P_s^{(k-1)}\frac{\partial U^{(1)}}{\partial z_s}\right) = 0 \qquad (k = 1, 2, \ldots, m-2),$$

$$\sum_{s=1}^{n}(p_{s1}z_1 + p_{s2}z_2 + \ldots + p_{sn}z_n)\frac{\partial U^{(m-1)}}{\partial z_s} + \frac{\partial U^{(m-1)}}{\partial t} + P^{(m-1)}$$
$$+ \sum_{s=1}^{n}\left(g_s\frac{\partial W}{\partial z_s} + P_s^{(1)}\frac{\partial U^{(m-2)}}{\partial z_s} + \ldots + P_s^{(m-2)}\frac{\partial U^{(1)}}{\partial z_s}\right) = 0.$$

Alors nous aurons

$$\frac{dV}{dt} = g(z^{m+1} + z_1^2 + z_2^2 + \ldots + z_n^2) + S,$$

S étant une expression de la forme

$$S = v z^{m+1} + \sum_{s=1}^{n}\sum_{\sigma=1}^{n} v_{s\sigma}z_s z_\sigma,$$

avec la même signification des lettres v, $v_{s\sigma}$ que dans le cas précédent.

De cette manière, les formes W, $U^{(j)}$ étant choisies comme il vient d'être montré, la dérivée de la fonction V sera une fonction définie des variables z, z_s, t, et son signe, quand $|z|$, $|z_s|$ sont assez petits, sera celui de g.

Par suite, en remarquant que, d'après l'équation (46), la forme W sera définie et de signe contraire à celui de g (n° 20, théorème II), nous pouvons conclure, comme au n° 29, que, dans le cas de $g < 0$, le mouvement non troublé sera stable et, dans celui de $g > 0$, instable.

Nous pouvons, en outre, affirmer que pour $g < 0$ les mouvements troublés, correspondant à des perturbations suffisamment petites quelconques, s'approcheront asymptotiquement du mouvement non troublé.

58. Considérons maintenant le système (45) dans l'hypothèse qu'il satisfait aux conditions du second cas, c'est-à-dire dans l'hypothèse que les Z, Z_s s'annulent tous pour $z_1 = z_2 = \ldots = z_n = 0$.

Comme au n° 38, on démontrera qu'il existera dans ce cas une équation intégrale complète de la forme

$$z = c + f(z_1, z_2, \ldots, z_n, c, t),$$

où c est une constante arbitraire et f une fonction des quantités z_s, c, t, qui est holomorphe par rapport aux z_s, c, et cela uniformément pour toutes les valeurs réelles de t. On suppose que cette fonction ne contient, dans son développement, ni termes du premier degré par rapport aux z_s, c, ni termes indépendants des quantités z_s, et que les coefficients y sont des fonctions réelles périodiques de t (1).

En se servant de cette équation pour éliminer la variable z et en considérant le système qu'on déduit de cette manière de (45), on démontrera facilement (n° 38) que, dans notre hypothèse, le mouvement non troublé sera toujours stable et que tout mouvement troublé, suffisamment voisin de ce mouvement, se rapprochera asymptotiquement de l'un des mouvements périodiques

$$z = c, \qquad z_1 = z_2 = \ldots = z_n = 0,$$

qui seront encore stables, tant que $|c|$ est assez petit.

Remarque. — De ce que nous venons de dire il résulte que, si l'on peut satisfaire au système (42) par des séries périodiques (44), ce système admettra une intégrale holomorphe de la forme

$$x + F(x, x_1, x_2, \ldots, x_n, t), \tag{47}$$

(1) Le système (45) est un peu plus général que celui avec lequel nous avons eu affaire au n° 38. Mais cette circonstance, d'où provient une forme plus générale de l'équation intégrale considérée ici, n'entraîne pas de modifications essentielles à la démonstration. Celle-ci reposera, comme auparavant, sur les trois hypothèses suivantes : 1° que les racines de l'équation (43) ont toutes des parties réelles non nulles et d'un seul et même signe; 2° que les fonctions Z, Z_s s'annulent toutes pour $z_1 = z_2 = \ldots = z_n = 0$; 3° que ces fonctions, par rapport à z, z_σ, sont uniformément holomorphes pour toutes les valeurs réelles de t.

où F représente une fonction holomorphe des variables x, x_1, ..., x_n, dont le développement ne contient pas de termes de degré inférieur au second et possède des coefficients périodiques par rapport à t.

Alors toute intégrale holomorphe, périodique par rapport à t, sera une fonction holomorphe d'une intégrale de la forme (47).

Il est aussi facile d'établir la proposition réciproque : si le système (42) admet une intégrale, périodique par rapport à t et holomorphe par rapport à x, x_s, il admettra également une solution périodique de la forme (44) (n° 38, remarque, et n° 44).

59. Les conclusions auxquelles nous sommes arrivé peuvent se résumer de la manière suivante :

Les équations différentielles du mouvement troublé étant ramenées à la forme (42), *on en cherchera une solution, dépendant d'une constante arbitraire* c, *sous forme des séries* (44), *ordonnées suivant les puissances entières et positives de cette constante, d'après la condition suivante, toujours possible : que les coefficients* $u_s^{(1)}$ *dans ces séries soient des fonctions périodiques de* t, *que tous les* $u_s^{(2)}$ *le soient également, si le coefficient* $u^{(2)}$ *est une fonction périodique et, en général, que tous les* $u_s^{(l)}$ *soient périodiques, si tels sont tous les* $u^{(j)}$ *pour lesquels* $j \leqq l$. *Dans cette hypothèse, admettons que* $u^{(m)}$ *est la première fonction non périodique dans la série*

$$u^{(2)},\quad u^{(3)},\quad u^{(4)},\quad \ldots. \tag{48}$$

Alors, si m *est un nombre pair, il faudra conclure que le mouvement non troublé est instable. Si, au contraire,* m *est un nombre impair, on devra, pour résoudre la question, s'adresser à l'expression de la fonction* $u^{(m)}$, *qui sera toujours de la forme*

$$u^{(m)} = gt + v,$$

où g *est une constante non nulle et* v *une fonction périodique de* t. *La question se résoudra alors selon le signe de la constante* g : *dans le cas de* $g > 0$ *le mouvement non troublé sera instable, et dans celui de* $g < 0$ *il sera stable.*

Il peut arriver que dans la série (48), *quelque loin qu'elle soit prolongée, toutes les fonctions* $u^{(l)}$ *soient périodiques. Dans ce cas, il existera une série continue de mouvements périodiques, comprenant le mouvement non troublé considéré, et tous les mouvements de cette série suffisamment voisins du mouvement non troublé, le dernier y compris, seront stables.*

Remarque I. — Pour former les fonctions (48), on peut, si l'on veut, faire usage aussi d'un procédé semblable à celui qui a été indiqué à la fin du n° 40 à l'occasion d'un problème analogue.

On considérera pour cela le système suivant d'équations différentielles partielles :

$$X\frac{\partial x_s}{\partial x}+\frac{\partial x_s}{\partial t}=p_{s1}x_1+p_{s2}x_2+\ldots+p_{sn}x_n+p_s x+X_s \qquad (s=1, 2, \ldots, n),$$

définissant les quantités x_s comme des fonctions des variables indépendantes x et t.

On s'assure facilement que, dans les conditions considérées ici, il sera toujours possible de satisfaire à ce système (au moins formellement) par des séries, ordonnées suivant les puissances entières et positives de la variable x, ne contenant pas de termes indépendants de x et possédant des coefficients périodiques par rapport à t. De plus, on voit sans peine que ce problème sera parfaitement déterminé.

En introduisant ces séries dans l'expression de la fonction X et en représentant le résultat sous forme de la série

$$X^{(2)}x^2+X^{(3)}x^3+X^{(4)}x^4+\ldots,$$

ordonnée suivant les puissances croissantes de x, on pourra ensuite calculer les fonctions (48) successivement d'après cette condition que, pour toute valeur entière de k supérieure à 1, tous les termes contenant la constante c à des puissances inférieures à la $(k+1)^{\text{ième}}$ disparaissent dans l'expression

$$\frac{dx}{dt}-X^{(2)}x^2-X^{(3)}x^3-\ldots-X^{(k)}x^k$$

après qu'on y aura posé

$$x=c+u^{(2)}c^2+u^{(3)}c^3+\ldots+u^{(k)}c^k.$$

On peut remarquer que, dans le cas où le système (42) admet une solution périodique, les séries considérées, $|x|$ étant suffisamment petit, seront certainement convergentes. Quand, au contraire, il n'existe pas de pareille solution, on ne pourra rien dire, en général, au sujet de leur convergence. Mais cette circonstance n'a pour notre problème aucune importance.

Remarque II. — Nous avons supposé que les coefficients $p_{s\sigma}$ dans les équations (42) soient des quantités constantes. Mais cette hypothèse n'a été faite que pour simplifier les démonstrations, et elle n'est nullement nécessaire pour l'applicabilité du procédé qui vient d'être indiqué.

Exemple. — Soient proposées les équations

$$\frac{dx}{dt} = ay^k, \qquad \frac{dy}{dt} + py = bx^n,$$

où p désigne une fonction périodique réelle de t, ayant pour période ω et telle que l'intégrale

$$\int_0^\omega p\,dt$$

ait une valeur positive, et a, b, k, n sont des constantes réelles, parmi lesquelles k et n représentent des nombres entiers positifs, dont celui k n'est pas inférieur à 2.

Nous supposerons que parmi les constantes a et b aucune n'est nulle, car dans le cas contraire la question de la stabilité se résoudrait de suite dans le sens affirmatif.

En opérant conformément à ce qui a été exposé, cherchons à satisfaire à nos équations par les séries

$$x = \quad c + u_2 c^2 + u_3 c^3 + \ldots,$$

$$y = v_1 c + v_2 c^2 + v_3 c^3 + \ldots,$$

en exigeant que les coefficients u_l, v_l soient des fonctions périodiques de t, sitôt que cela est possible.

Nous trouverons alors que tous les v_l, pour lesquels $l < n$, seront nuls; que v_n, comme solution périodique de l'équation

$$\frac{dv_n}{dt} + pv_n = b,$$

sera donnée par la formule

$$v_n = be^{-\int_0^t p\,dt} \int_{-\infty}^t e^{\int_0^t p\,dt}\,dt,$$

et que la première fonction non périodique dans la série u_2, u_3, ... sera celle u_{kn}, que l'on obtiendra par l'équation

$$\frac{du_{kn}}{dt} = av_n^k.$$

De là nous concluons que

$$g = \frac{ab^k}{\omega} \int_0^\omega e^{-k\int_0^t p\,dt} \left(\int_{-\infty}^t e^{\int_0^t p\,dt}\,dt \right)^k dt.$$

D'ailleurs nous obtenons

$$m = kn.$$

Par conséquent, si un, au moins, des nombres k et n est pair, le mouvement non troublé sera instable. Si, au contraire, ces nombres sont tous les deux impairs, ce mouvement sera stable ou instable, selon que les signes des constantes a et b seront différents ou les mêmes.

Deuxième cas. — *Deux racines imaginaires de modules égaux à* un.

60. Considérons maintenant le cas où l'équation caractéristique du système proposé a deux racines imaginaires conjuguées de modules égaux à 1, en supposant que toutes les autres racines de cette équation (si elle est de degré supérieur au second) aient des modules inférieurs à 1.

Soient

$$e^{\lambda\omega\sqrt{-1}} \quad \text{et} \quad e^{-\lambda\omega\sqrt{-1}}$$

les deux racines ayant des modules égaux à *un*.

On entend ici par λ un nombre réel qui n'est assujetti pour le moment à aucune restriction. Mais, dans les recherches qui vont suivre, on supposera que $\frac{\lambda\omega}{\pi}$ soit un nombre incommensurable.

A ce sujet, il est à remarquer que, si le nombre $\frac{\lambda\omega}{\pi}$ était commensurable, le cas considéré se ramènerait à celui où l'équation caractéristique a deux racines égales à 1. Il suffirait pour cela de prendre, pour période, un certain multiple entier de l'ancienne période ω.

Or, un tel cas demande une recherche spéciale à laquelle nous n'avons pas l'intention de nous arrêter ici.

On peut admettre que notre système d'équations différentielles (dont nous désignerons l'ordre par $n+2$) soit ramené, au moyen d'une substitution linéaire à coefficients périodiques, à la forme

$$(49)\quad \begin{cases} \dfrac{dx}{dt} = -\lambda y + \mathrm{X}, \qquad \dfrac{dy}{dt} = \lambda x + \mathrm{Y}, \\ \dfrac{dx_s}{dt} = p_{s1}x_1 + p_{s2}x_2 + \ldots + p_{sn}x_n + p_s x + q_s y + \mathrm{X}_s \qquad (s = 1, 2, \ldots, n), \end{cases}$$

où X, Y, X_s sont des fonctions holomorphes des variables x, y, x_1, x_2, $\ldots$, x_n, dont les développements, possédant des coefficients réels et périodiques par rapport à t, ne contiennent pas de termes de degré inférieur au second. Les coefficients p_s, q_s sont des fonctions périodiques réelles de t, et les coefficients $p_{s\sigma}$ des constantes réelles, telles que l'équation de la forme (43) n'ait que des racines à parties réelles négatives.

Nous pouvons, en outre, supposer que les fonctions X et Y, pour $x = y = 0$, deviennent nulles, car tout autre cas se ramène à celui-là à l'aide d'une transformation, semblable à celle que nous avons considérée au n° 33.

Cette transformation découle de la proposition que, dans les conditions considérées, on peut toujours satisfaire au système d'équations différentielles partielles

$$(50)\quad \left\{\begin{aligned} \sum_{s=1}^{n}(p_{s1}x_1 + p_{s2}x_2 + \ldots + p_{sn}x_n + p_s x + q_s y + X_s)\frac{\partial x}{\partial x_s} + \frac{\partial x}{\partial t} &= -\lambda y + X,\\ \sum_{s=1}^{n}(p_{s1}x_1 + p_{s2}x_2 + \ldots + p_{sn}x_n + p_s x + q_s y + X_s)\frac{\partial y}{\partial x_s} + \frac{\partial y}{\partial t} &= \lambda x + Y \end{aligned}\right.$$

par des fonctions holomorphes des variables $x_1, x_2, \ldots, x_n$, ne contenant pas dans leurs développements des termes au-dessous de la seconde dimension et possédant des coefficients périodiques par rapport à t.

Quant à cette proposition, elle se démontre facilement à l'aide des mêmes raisonnements que ceux dont nous nous sommes servi dans la démonstration du théorème du n° 30.

Pour cela, nous remarquons que, si $\varkappa_1, \varkappa_2, \ldots, \varkappa_n$ sont les racines de l'équation (43), ces racines ayant toutes des parties réelles négatives, le système (49) admettra une solution contenant n constantes arbitraires $\alpha_1, \alpha_2, \ldots, \alpha_n$, dans laquelle les fonctions x, y, x_s seront données par des séries procédant suivant les puissances entières et positives des quantités

$$(51)\qquad \alpha_1 e^{\varkappa_1 t},\quad \alpha_2 e^{\varkappa_2 t},\quad \ldots,\quad \alpha_n e^{\varkappa_n t},$$

avec des coefficients représentant soit des fonctions périodiques de t, soit des sommes d'un nombre fini de termes périodiques et séculaires (n° 34). D'ailleurs les séries par lesquelles s'exprimeront les fonctions x et y ne contiendront pas de termes de degré inférieur au second par rapport aux quantités (51). Au contraire, les séries représentant les fonctions x_s contiendront aussi des termes du premier degré, et les coefficients dans ces termes seront tels que leur déterminant sera une constante non nulle.

Par suite, en éliminant les quantités (51), on pourra déduire de cette solution, pour les fonctions x et y, des expressions sous forme de séries ordonnées suivant les puissances entières et positives des quantités x_s, avec des coefficients de même caractère qu'auparavant, et ces séries ne contiendront pas de termes de degré inférieur au second par rapport aux variables x_s.

Ces séries définiront, pour toute valeur réelle de t, des fonctions holomorphes des variables x_s satisfaisant au système (50).

Il nous reste, par conséquent, seulement à démontrer que les coefficients dans les séries ainsi obtenues seront nécessairement des fonctions périodiques de t. Or on le prouvera sans peine en considérant de plus près les équations auxquelles on aura à satisfaire pour que nos séries définissent une solution du système (50), et en tenant compte de ce que les $\varkappa_s$ ont leurs parties réelles négatives.

On verra alors aussi que le système (50) ne peut admettre qu'une seule solution du caractère considéré.

Soient u et v les expressions des fonctions x et y dans cette solution.

Alors, pour amener le système (49) à la forme requise, il n'y aura qu'à introduire, au lieu de x et y, les variables ξ et η, au moyen de la substitution

$$x = u + \xi, \qquad y = v + \eta.$$

Par cette transformation, le système (49) ne perdra aucune de ses propriétés; et, d'autre part, le problème de stabilité par rapport aux variables x, y, x_s sera entièrement équivalent à celui de la stabilité par rapport aux variables ξ, η, x_s.

Cela posé, nous pouvons considérer le système (49) dans l'hypothèse que les fonctions X et Y s'annulent quand on pose $x = y = 0$.

Dans cette hypothèse, en introduisant à la place des variables x et y les variables r et θ au moyen de la substitution

$$x = r\cos\theta, \qquad y = r\sin\theta,$$

nous arriverons à ces équations :

$$(52)\quad \begin{cases} \dfrac{dr}{dt} = r\mathrm{R}, \qquad \dfrac{d\theta}{dt} = \lambda + \Theta, \\[2mm] \dfrac{dx_s}{dt} = p_{s1}x_1 + p_{s2}x_2 + \ldots + p_{sn}x_n + (p_s\cos\theta + q_s\sin\theta)r + \mathrm{X}_s \quad (s = 1, 2, \ldots, n), \end{cases}$$

où dans les fonctions X_s les quantités x et y sont supposées être remplacées par leurs expressions en r et θ.

Nous avons désigné ici par R et Θ des fonctions holomorphes des quantités r, x_s s'annulant pour $r = x_1 = \ldots = x_n = 0$, dont les coefficients peuvent être présentés sous forme de suites finies de sinus et cosinus de multiples entiers de θ avec des coefficients périodiques par rapport à t; et il est à remarquer que les coefficients dans les développements des fonctions X_s suivant les puissances des quantités r, x_1, x_2, ..., x_n seront du même caractère.

Notre problème est ramené ainsi à celui de la stabilité par rapport aux quantités r, x_s, et, en le traitant, on pourra poser la condition $r \geqq 0$, comme nous l'avons fait au Chapitre précédent en étudiant un cas analogue (n° 33).

61. En considérant les quantités r, x_s comme des fonctions des variables indépendantes θ et t, formons le système suivant d'équations différentielles partielles :

$$\frac{\partial r}{\partial t} + (\lambda + \Theta)\frac{\partial r}{\partial \theta} = r\mathrm{R},$$

$$\frac{\partial x_s}{\partial t} + (\lambda + \Theta)\frac{\partial x_s}{\partial \theta} = p_{s1}x_1 + p_{s2}x_2 + \ldots + p_{sn}x_n + (p_s\cos\theta + q_s\sin\theta)r + \mathrm{X}_s$$
$$(s = 1, 2, \ldots, n),$$

et cherchons à lui satisfaire par les séries

$$(53)\qquad \begin{cases} r = c + u^{(2)}c^2 + u^{(3)}c^3 + \ldots, \\ x_s = u_s^{(1)}c + u_s^{(2)}c^2 + u_s^{(3)}c^3 + \ldots \qquad (s = 1, 2, \ldots, n), \end{cases}$$

ordonnées suivant les puissances de la constante arbitraire c, sous la condition que les coefficients $u^{(l)}$, $u_s^{(l)}$ se présentent sous forme de suites finies de sinus et cosinus de multiples entiers de θ, où les coefficients soient des fonctions périodiques de t ou des sommes d'un nombre fini de termes périodiques et séculaires.

Supposons dans cette recherche que $\frac{\lambda\omega}{\pi}$ soit un nombre incommensurable.

Pour déterminer les fonctions $u^{(l)}$, $u_s^{(l)}$, nous aurons des systèmes d'équations de la forme suivante :

$$\frac{\partial u^{(l)}}{\partial t} + \lambda\frac{\partial u^{(l)}}{\partial \theta} = \mathrm{U}^{(l)},$$

$$\frac{\partial u_s^{(l)}}{\partial t} + \lambda\frac{\partial u_s^{(l)}}{\partial \theta} = p_{s1}u_1^{(l)} + p_{s2}u_2^{(l)} + \ldots + p_{sn}u_n^{(l)} + (p_s\cos\theta + q_s\sin\theta)u^{(l)} + \mathrm{U}_s^{(l)}$$
$$(s = 1, 2, \ldots, n),$$

où $\mathrm{U}^{(l)}$, $\mathrm{U}_s^{(l)}$, si $l = 1$, sont identiquement nuls et, si $l > 1$, représentent des fonctions entières et rationnelles des $u^{(i)}$, $u_s^{(i)}$, $\frac{\partial u^{(i)}}{\partial \theta}$, $\frac{\partial u_s^{(i)}}{\partial \theta}$ pour lesquels $i < l$, avec des coefficients de même caractère que dans les développements des fonctions R, Θ, X_s.

En supposant que tous les $u^{(i)}$, $u_s^{(i)}$ pour lesquels $i < l$ sont déjà trouvés, présentons les fonctions $\mathrm{U}^{(l)}$, $\mathrm{U}_s^{(l)}$ sous forme de suites finies de sinus et cosinus de multiples entiers de θ, en les transformant ensuite en celles de la forme

$$(54)\qquad \sum \mathrm{F}_k e^{k\theta\sqrt{-1}}.$$

La somme s'étend ici à toutes les valeurs entières, positives et négatives de k, qui sont comprises entre certaines limites $-\mathrm{N}$ et $+\mathrm{N}$, et les coefficients F_k représentent des fonctions de t seul.

Si tous les $u^{(i)}$, $u_s^{(i)}$ sont périodiques par rapport à t, il en sera de même de tous les F_k, pour chacune des fonctions $U^{(l)}$, $U_s^{(l)}$.

Dans cette hypothèse, cherchons les fonctions $u^{(l)}$, $u_s^{(l)}$ sous forme de suites telles que (54).

On devra alors commencer par la fonction $u^{(l)}$, et si l'on pose

$$u^{(l)}=\sum f_k e^{k\theta\sqrt{-1}},$$

en entendant par les f_k des fonctions de t seul, on obtiendra, pour déterminer ces fonctions, des équations de la forme

$$\frac{df_k}{dt}+k\lambda\sqrt{-1}\,f_k=F_k. \tag{55}$$

Or, dans notre hypothèse sur λ, une telle équation, quand k n'est pas nul, fournira pour la fonction f_k une expression parfaitement déterminée du caractère requis; et cette expression, d'après ce que l'on a admis sur les F_k, représentera une fonction périodique de t. Par conséquent, la fonction $u^{(l)}$ ne pourra être non périodique par rapport à t que dans le cas où la fonction f_0 se trouve être non périodique.

Mais admettons que cette dernière soit périodique, ce qui suppose que l'on ait

$$\int_0^{\omega} F_0\,dt=0.$$

Alors, en passant aux fonctions $u_s^{(l)}$, et en tenant compte de la propriété admise des racines de l'équation (43), nous démontrerons facilement que ces fonctions seront également périodiques.

Il résulte de là que, si parmi les fonctions $u^{(l)}$, $u_s^{(l)}$, à partir d'une certaine valeur de l, il en apparaît de non périodiques par rapport à t (et cela aura lieu dans la plupart des cas), il s'en trouvera déjà de telles dans la série

$$u^{(2)},\quad u^{(3)},\quad u^{(4)},\quad \ldots, \tag{56}$$

et que, si la première fonction non périodique dans cette série est $u^{(m)}$, les fonctions

$$u_s^{(1)},\quad u_s^{(2)},\quad u_s^{(3)},\quad \ldots,\quad u_s^{(m-1)} \qquad (s=1,2,\ldots,n)$$

seront toutes périodiques, pendant que la fonction $u^{(m)}$ sera de la forme

$$u^{(m)}=gt+v,$$

où g est une constante non nulle et v une suite finie de sinus et cosinus de multiples entiers de θ à coefficients périodiques par rapport à t.

En supposant que c'est avec ce cas que l'on ait affaire et que le calcul soit conduit de manière que tous les $u^{(l)}$, $u_s^{(l)}$ soient réels pour toutes les valeurs réelles de θ et t, posons

$$r = \quad z + u^{(2)}z^2 + u^{(3)}z^3 + \ldots + u^{(m-1)}z^{m-1} + vz^m,$$

$$x_s = u_s^{(1)}z + u_s^{(2)}z^2 + u_s^{(3)}z^3 + \ldots + u_s^{(m-1)}z^{m-1} + z_s \qquad (s = 1, 2, \ldots, n)$$

et introduisons les variables z, z_s dans le système (52) à la place des variables r, x_s.

Le système transformé sera de la forme

$$(57) \qquad \begin{cases} \dfrac{dz}{dt} = zZ, \qquad \dfrac{d\theta}{dt} = \lambda + \Theta, \\ \dfrac{dz_s}{dt} = p_{s1}z_1 + p_{s2}z_2 + \ldots + p_{sn}z_n + Z_s \qquad (s = 1, 2, \ldots, n), \end{cases}$$

et les fonctions Z, Θ, Z_s (par rapport aux variables z, z_σ, θ, t) y seront du même caractère que les fonctions R, Θ, X_s (par rapport aux variables r, x_σ, θ, t) dans le système (52). Mais, par la nature de notre transformation, les fonctions Z, Z_s seront telles que, si $Z^{(0)}$, $Z_s^{(0)}$ sont ce qu'elles deviennent pour $z_1 = \ldots = z_n = 0$, le développement de $Z^{(0)}$ suivant les puissances croissantes de z ne contiendra pas de termes au-dessous du degré $m - 1$, et le terme de ce degré y sera affecté du coefficient constant g; quant aux développements des $Z_s^{(0)}$, il n'y aura pas de puissances de z inférieures à la $m^{\text{ième}}$.

Notre problème se réduira ainsi à celui de la stabilité par rapport aux quantités z, z_s, dont la première est assujettie à la condition $z \geqq 0$.

Remarque I. — Chacune des fonctions $u^{(l)}$, $u_s^{(l)}$ peut renfermer un certain nombre de constantes arbitraires. Mais toutes ces constantes se réduiront à celles qui peuvent entrer dans les fonctions $u^{(l)}$ sous forme des termes constants, et, quelles qu'elles soient, on aura toujours les mêmes valeurs pour m et g.

On peut remarquer que le nombre m sera toujours impair (numéro suivant, remarque).

Remarque II. — Si le nombre $\dfrac{\lambda\omega}{\pi}$ était commensurable, l'équation (55) pourrait ne pas avoir de solution périodique, même pour k non nul; c'est pourquoi la première fonction non périodique dans la série (56) pourrait alors ne pas être du type indiqué plus haut. Mais chaque fois que, $\dfrac{\lambda\omega}{\pi}$ étant commensurable (y compris le cas de $\lambda = 0$), on pourra disposer des calculs de façon que cette fonction devienne de ce type, la transformation précédente sera possible et l'on pourra faire les conclusions auxquelles nous arrivons au numéro suivant.

Remarquons que, dans le cas où le nombre $\frac{\lambda\omega}{\pi}$ est commensurable, le problème de la recherche des fonctions $u^{(i)}$, $u_s^{(i)}$ comporte une indétermination beaucoup plus grande que dans le cas considéré plus haut : car, si $\frac{\lambda\omega}{\pi} = \frac{\alpha}{\beta}$, où α et β sont des nombres entiers, on pourra ajouter à chacune des fonctions $u^{(i)}$ une série de sinus et cosinus de multiples pairs (et, pour α pair, aussi de multiples impairs) de $\beta(\theta - \lambda t)$ avec des coefficients constants arbitraires.

62. En entendant par $P^{(1)}, P^{(2)}, \ldots, P^{(m-1)}$ des formes linéaires des variables z_s à coefficients périodiques par rapport à θ et à t [1], supposons que l'on ait

$$zZ = gz^m + P^{(1)}z + P^{(2)}z^2 + \ldots + P^{(m-1)}z^{m-1} + \ldots,$$

les termes suivants, tant qu'ils sont au-dessous du degré $m+1$ par rapport à z, z_s, étant au moins de la deuxième dimension par rapport aux z_s.

Puis, ne considérant dans les fonctions Z_s que les termes linéaires par rapport aux quantités z_σ, et en les ordonnant suivant les puissances croissantes de z, admettons que l'on ait

$$Z_s = P_s^{(1)}z + P_s^{(2)}z^2 + P_s^{(3)}z^3 + \ldots + \ldots,$$

où les $P_s^{(j)}$ sont des formes linéaires des quantités z_σ à coefficients du même caractère que dans les formes $P^{(j)}$.

Enfin, ne considérant dans la fonction Θ que les termes indépendants des quantités z_s, et en les ordonnant suivant les puissances croissantes de z, admettons que

$$\Theta = \Theta^{(1)}z + \Theta^{(2)}z^2 + \Theta^{(3)}z^3 + \ldots + \ldots,$$

où les $\Theta^{(j)}$ sont des fonctions de deux variables seulement, θ et t, périodiques par rapport à l'une et à l'autre.

En désignant maintenant par $U^{(1)}, U^{(2)}, \ldots, U^{(m-1)}$ des formes linéaires des quantités z_s à coefficients périodiques par rapport à θ et à t et par W une forme quadratique de ces mêmes quantités à coefficients constants, posons

$$V = z + W + U^{(1)}z + U^{(2)}z^2 + \ldots + U^{(m-1)}z^{m-1},$$

et, après avoir formé, à l'aide des équations (57), la dérivée totale de cette fonction V par rapport à t, cherchons à disposer des formes linéaires $U^{(j)}$ de telle sorte que, dans l'expression de cette dérivée, disparaissent tous les termes qui sont

---

[1] Nous entendrons par fonctions périodiques par rapport à θ et à t des séries finies de *sinus* et *cosinus* de multiples entiers de θ avec des coefficients périodiques par rapport à t.

linéaires par rapport aux z_s et qui, en même temps, contiennent z à des puissances inférieures à la $m^{\text{ième}}$. Un tel problème sera toujours possible et parfaitement déterminé, car, pour le résoudre, il n'y aura qu'à satisfaire au système suivant d'équations :

$$p_{s1} z_1 + p_{s2} z_2 + \ldots + p_{sn} z_n) \frac{\partial U^{(k)}}{\partial z_s} + \frac{\partial U^{(k)}}{\partial t} + \lambda \frac{\partial U^{(k)}}{\partial \theta} + P^{(k)}$$

$$\sum_{s=1}^{n} \left(P_s^{(1)} \frac{\partial U^{(k-1)}}{\partial z_s} + \ldots + P_s^{(k-1)} \frac{\partial U^{(1)}}{\partial z_s} \right) + \Theta^{(1)} \frac{\partial U^{(k-1)}}{\partial \theta} + \ldots + \Theta^{(k-1)} \frac{\partial U^{(1)}}{\partial \theta} = 0 \quad (k = 1, 2, \ldots, m -$$

(où l'expression qui figure à la seconde ligne doit être remplacée par o quand $k = 1$).

Ces équations fourniront successivement $U^{(1)}, U^{(2)}, \ldots, U^{(m-1)}$.

Ayant ainsi déterminé les formes $U^{(j)}$, choisissons la forme W conformément à l'équation

$$\sum_{s=1}^{n} (p_{s1} z_1 + p_{s2} z_2 + \ldots + p_{sn} z_n) \frac{\partial W}{\partial z_s} = g(z_1^2 + z_2^2 + \ldots + z_n^2);$$

après quoi il viendra

$$\frac{dV}{dt} = g(z^m + z_1^2 + z_2^2 + \ldots + z_n^2) + S,$$

S étant une expression que l'on pourra présenter sous la forme

$$S = v z^m + \sum_{s=1}^{n} \sum_{\sigma=1}^{n} v_{s\sigma} z_s z_\sigma,$$

où v, $v_{s\sigma}$ sont des fonctions holomorphes des quantités $z, z_1, \ldots, z_n$, s'annulant pour

$$z = z_1 = z_2 = \ldots = z_n = 0,$$

et possédant dans leurs développements des coefficients périodiques par rapport à θ et à t. D'ailleurs, comme les fonctions Z, Θ, Z_s seront (par rapport aux quantités z, z_σ) uniformément holomorphes pour toutes les valeurs réelles de θ et t, on pourra choisir de même les fonctions v, $v_{s\sigma}$.

On voit par là que, quelle que soit la fonction réelle de t par laquelle s'exprimera θ, la dérivée $\frac{dV}{dt}$, sous la condition $z \geqq 0$, sera une fonction définie et son signe, pour des valeurs suffisamment petites de z, $|z_s|$, sera le même que celui de la constante g.

Par conséquent, en remarquant que, par la nature de la forme W (n° 20, théorème II), la fonction V, sous la même condition $z \geqq 0$, sera définie positive, si $g < 0$, et pourra changer de signe, si $g > 0$, nous concluons que le mouvement non troublé, dans le cas de $g > 0$, sera instable et, dans le cas de $g < 0$, stable.

Dans ce dernier cas, tout mouvement troublé, pour lequel les perturbations sont suffisamment petites, tendra asymptotiquement vers le mouvement non troublé.

Remarque. — Si au lieu de la condition $z \geqq 0$ nous avions admis celle $z \leqq 0$, nous aurions obtenu, comme au n° 37 (remarque), un résultat dont la comparaison avec celui précédent aurait montré que m est un nombre impair.

63. Dans ce que nous venons d'exposer est déjà contenue une méthode pour résoudre la question qui nous intéresse. Nous allons maintenant en donner une variante, sous forme d'une règle à suivre.

Prenons le système suivant d'équations aux dérivées partielles

$$(58)\qquad (-\lambda y + X)\frac{\partial x_s}{\partial x} + (\lambda x + Y)\frac{\partial x_s}{\partial y} + \frac{\partial x_s}{\partial t}$$
$$= p_{s1}x_1 + \ldots + p_{sn}x_n + p_s x + q_s y + X_s \qquad (s = 1, 2, \ldots, n).$$

On s'assure sans peine que, dans les conditions considérées, on pourra toujours y satisfaire formellement (et cela d'une seule manière) par des séries, procédant suivant les puissances entières et positives des quantités x et y et s'annulant pour $x = y = 0$, où les coefficients soient périodiques par rapport à t.

Bien que nous ne puissions rien dire sur la convergence de ces séries, cette circonstance n'est ici d'aucune importance, attendu que nous n'aurons affaire qu'avec des sommes de termes dont les degrés ne dépassent pas une certaine limite.

En supposant que m soit le nombre dont on a parlé aux numéros précédents, admettons que

$$(59)\qquad x_1 = f_1(x, y, t), \qquad x_2 = f_2(x, y, t), \qquad \ldots, \qquad x_n = f_n(x, y, t)$$

soient les ensembles de termes des séries considérées au-dessous du degré m.

Soient ensuite (X) et (Y) ce que deviennent X et Y après y avoir remplacé les quantités x_s par les expressions (59). Alors, si nous traitons comme précédemment le système d'équations

$$(60)\qquad \frac{dx}{dt} = -\lambda y + (X), \qquad \frac{dy}{dt} = \lambda x + (Y),$$

transformé au moyen de la substitution

$$(61)\qquad x = r\cos\theta, \qquad y = r\sin\theta,$$

nous rencontrerons dans la série (56), arrêtée au terme $u^{(m)}$, les mêmes fonctions qu'auparavant, et de cette manière nous arriverons à l'ancienne valeur pour la constante g.

Nous avons supposé que les fonctions X et Y dans le système (49) s'annulaient identiquement pour $x=y=0$. Nous avons aussi indiqué une transformation à l'aide de laquelle tout autre cas se ramène à celui-là (n° 60). Maintenant nous remarquerons que, si l'on ne se trouve pas dans ce cas, on pourra, au lieu de transformer le système (49), soumettre à une transformation correspondante le système (60), formé comme on vient de l'indiquer (¹). Si de plus on veut passer directement aux variables r et θ, ceci se réduira à transformer le système (60) à l'aide d'une substitution de la forme

$$(62)\quad x=r\cos\theta+F(r\cos\theta,\ r\sin\theta,\ t),\qquad y=r\sin\theta+\Phi(r\cos\theta,\ r\sin\theta,\ t),$$

où F et Φ représentent certaines fonctions holomorphes des quantités $r\cos\theta$ et $r\sin\theta$, *ne contenant pas dans leurs développements de termes de degré inférieur au second,* et possédant des coefficients périodiques par rapport à t.

Or on s'assure facilement que, si au lieu de la substitution (62) on se sert comme auparavant de celle (61), en opérant ensuite comme il a été indiqué au n° 61, bien qu'on obtienne alors une autre suite de fonctions (56), la première fonction non périodique qu'on y trouvera sera comme précédemment $u^{(m)}$, et son examen conduira à l'ancienne valeur pour la constante g.

Par suite, quel que soit le cas considéré (c'est-à-dire quelles que soient les fonctions X et Y), nous pouvons nous guider dans notre question par la règle suivante :

Les équations différentielles du mouvement troublé étant ramenées à la forme (49), *on formera le système d'équations différentielles partielles* (58) *et en y introduisant à l'aide de la substitution* (61), *à la place de x et y, les variables r et θ, on cherchera à satisfaire à ce système* (au moins formellement) *par des séries, ordonnées suivant les puissances entières et positives de r, ne contenant pas de puissance nulle et possédant des coefficients périodiques par rapport à θ et à t* (*voir* le renvoi du n° 62). *De telles séries existeront toujours et seront parfaitement déterminées; et si on les substitue aux quantités x, dans les développements suivant les puissances de ces quantités des expressions*

$$\frac{d\theta}{dt}-\lambda=\frac{Y\cos\theta-X\sin\theta}{r}\qquad\text{et}\qquad\frac{dr}{dt}=X\cos\theta+Y\sin\theta,$$

(¹) Nous avons en vue le problème pour lequel les termes de degré supérieur au $m^{\text{ième}}$ dans les équations différentielles n'ont aucune importance.

ces dernières se présenteront sous forme des séries

$$\Theta_1 r + \Theta_2 r^2 + \Theta_3 r^3 + \ldots, \qquad R_2 r^2 + R_3 r^3 + R_4 r^4 + \ldots,$$

ordonnées suivant les puissances entières et positives de r *avec des coefficients* Θ *et* R *périodiques par rapport à* θ *et à* t.

En formant ces coefficients, on formera en même temps les fonctions

$$u_2, \quad u_3, \quad u_4, \quad \ldots \tag{63}$$

des variables θ *et* t, *définies par la condition que,* k *étant un entier quelconque supérieur à* 2, *l'expression*

$$\frac{\partial r}{\partial t} + (\lambda + \Theta_1 r + \Theta_2 r^2 + \ldots + \Theta_{k-2} r^{k-2}) \frac{\partial r}{\partial \theta} - R_2 r^2 - R_3 r^3 - \ldots - R_k r^k,$$

après qu'on y pose

$$r = c + u_2 c^2 + u_3 c^3 + \ldots + u_k c^k,$$

ne renferme pas la constante arbitraire c *à des puissances inférieures à la* $(k+1)^{\text{ième}}$, *et que, d'ailleurs, chacune des fonctions* (63) *se présente sous forme d'une suite finie de sinus et cosinus de multiples entiers de* θ, *où les coefficients soient des fonctions périodiques de* t *ou des sommes d'un nombre fini de termes périodiques et séculaires.*

Supposons qu'on se trouve dans le cas de $\frac{\lambda\omega}{\pi}$ *incommensurable. Alors, en formant les fonctions* (63) *jusqu'à ce qu'on rencontre une fonction non périodique par rapport à* t, *on aura pour cette fonction, admettons* u_m (le nombre m sera impair), *une expression de la forme*

$$u_m = gt + v,$$

où g *désigne une constante non nulle et* v *une fonction périodique de* θ *et de* t. *Cela étant, la question de stabilité se résoudra immédiatement, et dans le cas de* $g > 0$, *dans un sens négatif, dans le cas de* $g < 0$, *dans un sens affirmatif.*

Remarque I. — Nous avons supposé que les coefficients $p_{s\sigma}$ dans le système (49) soient des constantes. Cela est permis, puisque le cas des $p_{s\sigma}$ périodiques se ramène à celui-là à l'aide d'une transformation linéaire. Mais, pour que la règle indiquée soit applicable, il n'est pas nécessaire d'effectuer une telle transformation.

Remarque II. — Nous avons supposé que $\frac{\lambda\omega}{\pi}$ soit un nombre incommensurable. Mais si, ce nombre étant commensurable, on avait trouvé pour la première fonction non périodique dans la série (63) une expression du type indiqué plus haut, on aurait eu le droit de faire sur la stabilité les mêmes conclusions que précédemment.

Exemple. — Soit proposé le système suivant d'équations :

$$\frac{dx}{dt} + \lambda y = z^2 \cos t, \qquad \frac{dy}{dt} - \lambda x = - z^2 \sin t, \qquad \frac{dz}{dt} + z = xy,$$

pour lequel on peut prendre $\omega = 2\pi$.

En posant

$$x = r \cos\theta, \qquad y = r \sin\theta,$$

on le transformera dans celui-ci :

$$(64) \qquad \frac{d\theta}{dt} - \lambda = -\frac{z^2}{r} \sin(\theta + t), \qquad \frac{dr}{dt} = z^2 \cos(\theta + t),$$
$$\frac{dz}{dt} + z = r^2 \sin\theta \cos\theta.$$

Cela posé, formons l'équation aux dérivées partielles

$$\frac{\partial z}{\partial t} + \left[\lambda - \frac{z^2}{r} \sin(\theta + t)\right] \frac{\partial z}{\partial \theta} + z^2 \cos(\theta + t) \frac{\partial z}{\partial r} + z = r^2 \sin\theta \cos\theta,$$

à laquelle nous chercherons à satisfaire par une série, ordonnée suivant les puissances croissantes, entières et positives, de r (dont la moindre soit la seconde), et possédant des coefficients périodiques par rapport à θ et à t.

Cette série ne contiendra évidemment ni la troisième, ni la quatrième puissance de r. Par conséquent, en écrivant seulement les deux premiers termes, nous pouvons admettre qu'elle soit

$$(65) \qquad z_2 r^2 + z_5 r^5 + \ldots.$$

Les coefficients z_2 et z_5 se calculeront à l'aide des équations

$$\frac{\partial z_2}{\partial t} + \lambda \frac{\partial z_2}{\partial \theta} + z_2 = \frac{1}{2} \sin 2\theta,$$
$$\frac{\partial z_5}{\partial t} + \lambda \frac{\partial z_5}{\partial \theta} + z_5 = z_2^2 \left[\sin(\theta + t) \frac{\partial z_2}{\partial \theta} - 2 z_2 \cos(\theta + t)\right],$$

dont la première donne pour z_2 une expression indépendante de t, savoir :

$$z_2 = \frac{\sin 2\theta - 2\lambda \cos 2\theta}{2(1 + 4\lambda^2)}.$$

En introduisant l'angle ε, défini par les égalités

$$\cos\varepsilon = \frac{1}{\sqrt{1+4\lambda^2}}, \qquad \sin\varepsilon = \frac{2\lambda}{\sqrt{1+4\lambda^2}},$$

et en posant

$$2\theta - \varepsilon = \varphi,$$

nous présenterons cette expression sous la forme

$$z_2 = \frac{\sin\varphi}{2\sqrt{1+4\lambda^2}}.$$

Si ensuite nous prenons pour variables indépendantes, au lieu de θ et t, φ et $\tau = \theta + t$, et si nous nous servons de l'expression trouvée de la fonction z_2, la seconde des équations écrites ci-dessus se réduira à la forme

$$(1+\lambda)\frac{\partial z_5}{\partial\tau} + 2\lambda\frac{\partial z_5}{\partial\varphi} + z_5 = \frac{\sin^2\varphi(\cos\varphi\sin\tau - \sin\varphi\cos\tau)}{4(1+4\lambda^2)^{\frac{3}{2}}}.$$

De là on tire

$$z_5 = P\cos\tau + Q\sin\tau,$$

en entendant par P et Q des fonctions périodiques de φ, définies par les équations

$$2\lambda\frac{dP}{d\varphi} + P + (1+\lambda)Q = -\frac{\sin^3\varphi}{4(1+4\lambda^2)^{\frac{3}{2}}},$$

$$2\lambda\frac{dQ}{d\varphi} + Q - (1+\lambda)P = \frac{\sin^2\varphi\cos\varphi}{4(1+4\lambda^2)^{\frac{3}{2}}}.$$

En posant $\sqrt{-1} = i$, on trouve ensuite

$$P + Qi = ae^{i\varphi} + be^{-i\varphi} + ce^{3i\varphi}, \tag{66}$$

où a, b, c sont des constantes dont les deux premières sont données par les formules

$$a = \frac{\lambda - 1 + i}{8[1+(\lambda-1)^2](1+4\lambda^2)^{\frac{3}{2}}}, \qquad b = \frac{3\lambda + 1 - i}{16[1+(3\lambda+1)^2](1+4\lambda^2)^{\frac{3}{2}}}. \tag{67}$$

Introduisons maintenant la série (65) à la place de z dans les seconds membres des équations (64) et ordonnons les résultats suivant les puissances croissantes de r.

Dans les séries obtenues de cette manière,

$$\Theta_3 r^3 + \Theta_6 r^6 + \ldots, \qquad R_4 r^4 + R_7 r^7 + \ldots,$$

les coefficients Θ_3, R_4 et R_7 auront les expressions suivantes :

$$\Theta_3 = -z_2^2 \sin\tau, \qquad R_4 = z_2^2 \cos\tau, \qquad R_7 = 2 z_2 z_5 \cos\tau.$$

En opérant ensuite suivant la règle, formons l'expression

$$\frac{\partial r}{\partial t} + (\lambda - z_2^2 \sin\tau\, r^3)\frac{\partial r}{\partial \theta} - r^4(z_2^2 + 2 z_2 z_5 r^3)\cos\tau,$$

et, en faisant

$$r = c + u_4 c^4 + u_7 c^7,$$

cherchons à disposer des fonctions u_4 et u_7 de telle façon que, dans cette expression, tous les termes disparaissent qui contiennent la constante c à des puissances inférieures à la huitième.

Pour cela nous devons assujettir ces fonctions à vérifier les équations

$$\frac{\partial u_4}{\partial t} + \lambda \frac{\partial u_4}{\partial \theta} = z_2^2 \cos\tau,$$

$$\frac{\partial u_7}{\partial t} + \lambda \frac{\partial u_7}{\partial \theta} = 4 u_4 z_2^2 \cos\tau + 2 z_2 z_5 \cos\tau + z_2^2 \sin\tau \frac{\partial u_4}{\partial \theta}.$$

En supposant que λ soit un nombre incommensurable, nous satisferons toujours à la première de ces équations par une fonction périodique de θ et t, et cette fonction, étant exprimée en φ et τ, se présentera sous la forme

$$u_4 = \mathrm{M}\cos\tau + \mathrm{N}\sin\tau + \text{const.},$$

où

$$\mathrm{M} = -\frac{\lambda \sin 2\varphi}{2(1+4\lambda^2)(5\lambda+1)(3\lambda-1)},$$

$$\mathrm{N} = \frac{(\lambda+1)\cos 2\varphi}{8(1+4\lambda^2)(5\lambda+1)(3\lambda-1)} + \frac{1}{8(1+4\lambda^2)(\lambda+1)}.$$

Dans la même hypothèse, nous satisferons à la seconde équation par une expression de la forme

$$u_7 = gt + 2u_4^2 + v,$$

où g est une constante et v une fonction périodique de θ et t.

D'ailleurs, en considérant l'équation

$$g + (1+\lambda)\frac{\partial v}{\partial \tau} + 2\lambda \frac{\partial v}{\partial \varphi} = 2 z_2 z_5 \cos\tau + z_2^2 \sin\tau \left(\frac{\partial u_4}{\partial \tau} + 2\frac{\partial u_4}{\partial \varphi}\right),$$

à laquelle doit satisfaire v, comme fonction des variables φ et τ, nous obtenons

$$g = \frac{1}{4\pi^2}\int_0^{2\pi} d\varphi \int_0^{2\pi}\left[2 z_2 z_5 \cos\tau + z_2^2 \sin\tau\left(\frac{\partial u_4}{\partial\tau} + 2\frac{\partial u_4}{\partial\varphi}\right)\right] d\tau$$

$$= \frac{1}{2\pi}\int_0^{2\pi}\left[P z_2 + z_2^2\left(\frac{dN}{d\varphi} - \frac{1}{2}M\right)\right] d\varphi,$$

et de cette manière nous arrivons à l'expression suivante pour la constante g :

$$g = \frac{1}{2\pi}\int_0^{2\pi} P z_2\, d\varphi = \frac{A}{4\sqrt{1+4\lambda^2}},$$

où A désigne le coefficient devant $\sin\varphi$ dans le développement de la fonction P suivant les sinus et cosinus de multiples entiers de φ.

Cette expression, après y avoir substitué la valeur de A, qui s'obtient facilement par les formules (66) et (67), se réduit à

$$g = -\frac{1}{64(1+4\lambda^2)^2}\left[\frac{1}{1+(3\lambda+1)^2} + \frac{2}{1+(\lambda-1)^2}\right]$$

et donne, par conséquent, pour g une valeur toujours négative.

Nous concluons, par suite, que le mouvement non troublé sera toujours stable.

Cette conclusion a été obtenue dans l'hypothèse que λ est un nombre incommensurable. Mais elle sera également vraie pour toutes les valeurs commensurables de λ, pour lesquelles on peut supposer les fonctions u_4 et v périodiques.

En considérant l'expression de la fonction u_4, on s'aperçoit de suite qu'il n'y a sous ce rapport que trois valeurs singulières de λ qui doivent être exclues, à savoir : -1, $\frac{1}{3}$ et $-\frac{1}{5}$. Et si l'on se reporte à la fonction v, on devra y associer encore celles-ci : 0, 1 et $-\frac{1}{3}$; et ce seront les seules valeurs singulières de λ.

Notre conclusion sera donc certainement exacte pour toutes les valeurs réelles de λ, à l'exception des six suivantes :

$$0, \quad 1, \quad -1, \quad \frac{1}{3}, \quad -\frac{1}{3}, \quad -\frac{1}{5},$$

qui demanderont une discussion spéciale.

64. Dans l'hypothèse que $\frac{\lambda\omega}{\pi}$ est un nombre incommensurable, nous avons examiné complètement un des deux cas possibles, celui où, parmi les fonctions (63), il s'en rencontre de non périodiques. Maintenant, il faut considérer l'autre, celui où toutes ces fonctions sont périodiques.

Dans ce cas, tous les coefficients $u^{(l)}$, $u_s^{(l)}$ dans les séries (53) seront également périodiques.

Dans des cas analogues dans ce qui précède, chaque fois que l'on a pu démontrer que l'on s'y trouvait, la question de la stabilité se résolvait dans le sens affirmatif. Ici il n'en sera pas de même et, en général, le cas dont il s'agit restera douteux.

Une telle différence provient de ce que les séries périodiques que nous avons rencontrées précédemment dans des cas semblables pouvaient toujours être rendues convergentes; tandis que les séries (53) ne jouissent pas de cette propriété, et, en général, la discussion de leur convergence présente de grandes difficultés.

Ces difficultés ne disparaissent pas même dans le cas de $n = 0$, c'est-à-dire quand le système proposé est du second ordre.

De pareils systèmes ont été étudiés par M. Poincaré, et il a montré que, $\frac{\lambda\omega}{\pi}$ étant incommensurable, le cas considéré se présente pour tout système canonique (¹).

Cette circonstance se fait voir immédiatement par les équations qui définissent les fonctions (63).

En effet, soit proposé le système suivant :

$$\frac{dx}{dt} = -\lambda y - \frac{\partial F}{\partial y}, \qquad \frac{dy}{dt} = \lambda x + \frac{\partial F}{\partial x},$$

dans lequel F désigne une fonction holomorphe de x et y, ne contenant pas dans son développement de termes de degré inférieur au troisième et possédant des coefficients périodiques par rapport à t à période ω, et λ est une constante telle que $\frac{\lambda\omega}{\pi}$ soit un nombre incommensurable.

En posant

$$x = r\cos\theta, \qquad y = r\sin\theta,$$

formons l'équation aux dérivées partielles

$$\frac{\partial r}{\partial t} + \left(\lambda + \frac{1}{r}\frac{\partial F}{\partial r}\right)\frac{\partial r}{\partial \theta} = -\frac{1}{r}\frac{\partial F}{\partial \theta}, \tag{68}$$

à laquelle doit satisfaire r, comme fonction des variables θ et t, obtenue par la résolution par rapport à r d'une équation intégrale complète quelconque, contenant une constante arbitraire.

(¹) POINCARÉ, *Sur les courbes définies par les équations différentielles* (*Journal de Mathématiques*, 4ᵉ série, t. II, 1886, p. 199 et 200). Ici on démontre une proposition un peu plus générale.

Nous devons montrer que, dans la série du type connu

$$c + u_2 c^2 + u_3 c^3 + \ldots, \tag{69}$$

satisfaisant formellement à cette équation, tous les coefficients u_l, que l'on suppose périodiques par rapport à θ, seront également périodiques par rapport à t.

Supposons que la substitution de cette série à r dans les fonctions F et r^2 conduit aux développements suivants :

$$F_3 c^3 + F_4 c^4 + F_5 c^5 + \ldots \quad \text{et} \quad c^2 + v_3 c^3 + v_4 c^4 + \ldots.$$

Les coefficients F_m, v_m se déduiront d'une certaine manière des coefficients u_l. D'ailleurs

$$F_m \quad \text{et} \quad v_m - 2u_{m-1}$$

ne dépendront, évidemment, que des u_l pour lesquels $l < m - 1$.

Par conséquent, en remarquant que l'équation (68), qui peut être écrite ainsi :

$$\frac{\partial r^2}{\partial t} + \lambda \frac{\partial r^2}{\partial \theta} = -2\left(\frac{\partial F}{\partial \theta} + \frac{\partial F}{\partial r}\frac{\partial r}{\partial \theta}\right),$$

fournit pour toute valeur de m (de la suite 3, 4, ...) une équation de la forme

$$\frac{\partial v_m}{\partial t} + \lambda \frac{\partial v_m}{\partial \theta} = -2\frac{\partial F_m}{\partial \theta}, \tag{70}$$

nous calculerons par cette dernière v_m, et nous aurons ensuite u_{m-1}, après que l'on aura trouvé tous les u_l pour lesquels $l < m - 1$.

Or, si nous présentons le second membre de l'équation (70) sous la forme d'une série de sinus et cosinus de multiples entiers de θ, cette série ne renfermera pas, évidemment, de terme indépendant de θ. Par suite, si tous les $u^{(l)}$, pour lesquels $l < m - 1$, sont périodiques par rapport à t, il en sera de même de la fonction v_m (n° 61) et, par conséquent, aussi de la fonction u_{m-1}.

Ainsi, pour tout système canonique, la série (69) sera toujours périodique, pourvu que $\frac{\lambda\omega}{\pi}$ soit incommensurable.

Dans les questions de stabilité, on aura dans ce cas à commencer par l'étude de la convergence de cette série, et si l'on réussit à démontrer que, $|c|$ étant suffisamment petit, cette série converge uniformément pour toutes les valeurs réelles de θ et de t, la question sera résolue dans le sens positif.

Il en sera de même, comme nous allons le démontrer, dans le cas général.

En revenant au système (52), admettons que dans tel ou tel cas on ait réussi à trouver des séries périodiques (53) et à démontrer que, $|c|$ étant suffisamment petit, elles convergent uniformément pour toutes les valeurs réelles de θ et de t.

En supposant que tous les $u^{(l)}$ et $u_s^{(l)}$ soient des fonctions réelles, faisons

$$r = z + u^{(2)}z^2 + u^{(3)}z^3 + \ldots,$$
$$x_s = z_s + u_s^{(1)}z + u_s^{(2)}z^2 + \ldots \qquad (s = 1, 2, \ldots, n)$$

et, au lieu des variables r, x_s, introduisons dans notre système les variables z, z_s.

Nous arriverons ainsi à un système de la forme (57), dans lequel les fonctions Z, Z_s s'annuleront pour $z_1 = \ldots = z_n = 0$, tout en conservant les autres propriétés signalées au n° 61.

De cette façon, notre problème se réduira à celui de la stabilité par rapport aux quantités z, z_s.

En laissant de côté, dans le système (57), l'équation contenant la dérivée $\frac{d\theta}{dt}$, considérons, dans les autres, θ comme une fonction *donnée* de t, continue et réelle, mais d'ailleurs arbitraire.

Alors, s'il est démontré que, pour toute valeur positive donnée de ε, on peut assigner, *indépendamment du choix de la fonction* θ, un nombre positif a, tel que, les conditions

$$|z| < a, \qquad |z_1| < a, \qquad |z_2| < a, \qquad \ldots, \qquad |z_n| < a$$

étant remplies à l'instant initial, les inégalités

$$|z| < \varepsilon, \qquad |z_1| < \varepsilon, \qquad |z_2| < \varepsilon, \qquad \ldots, \qquad |z_n| < \varepsilon$$

le soient dans tout le temps qui suit, notre problème sera résolu, et cela dans le sens positif.

Nous démontrerons au numéro suivant une proposition, d'où le postulat que nous venons d'énoncer découlera effectivement, vu que les fonctions Z, Z_s, dans nos équations, seront *uniformément* holomorphes (par rapport à z, z_σ) pour toutes les valeurs réelles de θ et de t.

UNE GÉNÉRALISATION.

65. Posons la question d'une manière un peu plus générale.

Supposons que le système proposé soit le suivant :

$$(71) \quad \begin{cases} \dfrac{dz_1}{dt} = Z_1, \qquad \dfrac{dz_2}{dt} = Z_2, \qquad \ldots, \qquad \dfrac{dz_k}{dt} = Z_k, \\ \dfrac{dx_s}{dt} = p_{s1}x_1 + p_{s2}x_2 + \ldots + p_{sn}x_n + X_s \qquad (s = 1, 2, \ldots, n), \end{cases}$$

où X_s, Z_j sont des fonctions holomorphes des variables $x_1, x_2, \ldots, x_n$, $z_1, z_2, \ldots, z_k$ s'annulant pour

$$x_1 = x_2 = \ldots = x_n = 0$$

et ne contenant pas, dans leurs développements, de termes de degré inférieur au second.

Nous supposerons les coefficients dans ces développements des fonctions quelconques de t, continues, réelles, limitées et telles que tous les X_s, Z_j soient des fonctions holomorphes uniformément pour toutes les valeurs réelles de t ([1]). Quant aux coefficients $p_{s\sigma}$, nous supposerons que ce soient des constantes réelles, telles que toutes les racines de l'équation (43) possèdent des parties réelles négatives.

Si telles sont les équations différentielles du mouvement troublé, on peut démontrer que le mouvement non troublé est stable.

Dans ce but, montrons tout d'abord que le système (71) admettra toujours une intégrale de la forme

$$L + F(x_1, x_2, \ldots, x_n, z_1, z_2, \ldots, z_k, t),$$

où L représente une forme linéaire des quantités $z_1, z_2, \ldots, z_k$ à coefficients constants arbitraires et F une fonction holomorphe de x_s, z_j, ne contenant pas dans son développement de termes de degré inférieur au second, s'annulant pour $x_1 = x_2 = \ldots = x_n = 0$ et ayant pour coefficients des fonctions limitées de t.

Reportons-nous pour cela à l'équation

$$\sum_{s=1}^{n}(p_{s1}x_1 + p_{s2}x_2 + \ldots + p_{sn}x_n)\frac{\partial F}{\partial x_s} + \frac{\partial F}{\partial t} = -\sum_{s=1}^{n} X_s \frac{\partial F}{\partial x_s} - \sum_{j=1}^{k} Z_j\left(\frac{\partial F}{\partial z_j} + \frac{\partial L}{\partial z_j}\right),$$

que devra vérifier la fonction F.

Soit

$$(72) \qquad F = \sum P_m^{(l_1, l_2, \ldots, l_k)} z_1^{l_1} z_2^{l_2} \ldots z_k^{l_k},$$

où les $P_m^{(\ldots)}$ sont des formes du $m^{\text{ième}}$ degré des quantités x_s, et où la sommation s'étend à toutes les valeurs des entiers non négatifs $m, l_1, l_2, \ldots, l_k$ satisfaisant aux conditions

$$m > 0, \qquad m + l_1 + l_2 + \ldots + l_k > 1.$$

([1]) Si l'on veut, on peut ne pas considérer toutes les valeurs réelles de t, mais seulement celles qui sont supérieures à une certaine limite t_0.

En portant cette expression de la fonction F dans notre équation, nous en présenterons le second membre sous la forme

$$-\sum Q_m^{(l_1, l_2, \ldots, l_k)} z_1^{l_1} z_2^{l_2} \ldots z_k^{l_k},$$

où la sommation s'étend aux valeurs indiquées ci-dessus des nombres m, l_j, et où $Q_m^{(l_1, l_2, \ldots, l_k)}$ représente une forme du $m^{\text{ième}}$ degré des quantités x_s, qui se déduit d'une certaine manière de celles des formes $P_{m'}^{(l'_1, \ldots, l'_k)}$, pour lesquelles

$$m' + l'_1 + l'_2 + \ldots + l'_k < m + l_1 + l_2 + \ldots + l_k. \tag{73}$$

Cela posé, les équations

$$\sum_{s=1}^{n} (p_{s1} x_1 + p_{s2} x_2 + \ldots + p_{sn} x_n) \frac{\partial P_m^{(l_1, \ldots, l_k)}}{\partial x_s} + \frac{\partial P_m^{(l_1, \ldots, l_k)}}{\partial t} = -Q_m^{(l_1, \ldots, l_k)}, \tag{74}$$

auxquelles on aura à satisfaire, permettront de calculer tous les $P_m^{(l_1, \ldots, l_k)}$ dans une succession quelconque, telle que le nombre $m + l_1 + l_2 + \ldots + l_k$ ne décroisse pas.

Supposons que tous les $P_{m'}^{(l'_1, \ldots, l'_k)}$, pour lesquels l'inégalité (73) est remplie, soient trouvés et qu'ils possèdent des coefficients limités. Alors il en sera de même des coefficients du second membre de l'équation (74), et cette équation, dans notre hypothèse au sujet des $p_{s\sigma}$, admettra toujours pour solution une forme $P_m^{(l_1, \ldots, l_k)}$ à coefficients limités; une telle solution sera d'ailleurs unique. C'est ce qu'on verra facilement en considérant une certaine transformée de l'équation (74).

De cette manière, pour tout choix déterminé de la forme L, la série (72) sera parfaitement déterminée. D'ailleurs, si la forme L possède des coefficients réels, il en sera de même des coefficients de la série considérée.

Venons à la question de la convergence.

Soient $\varkappa_1, \varkappa_2, \ldots, \varkappa_n$ les racines de l'équation (43).

Ne s'en tenant plus à la supposition que les coefficients dans les équations considérées soient réels, on pourra, en effectuant une certaine transformation linéaire, ramener le cas général à celui où tous les $p_{s\sigma}$, non compris dans la série

$$p_{11} = \varkappa_1, \quad p_{22} = \varkappa_2, \quad \ldots, \quad p_{nn} = \varkappa_n, \qquad p_{21} = \sigma_1, \quad p_{32} = \sigma_2, \quad \ldots, \quad p_{n\,n-1} = \sigma_{n-1},$$

soient nuls.

Arrêtons-nous donc à cette hypothèse au sujet des $p_{s\sigma}$ et cherchons la forme P satisfaisant à l'équation (74). Les coefficients de cette forme se calculeront dans une certaine succession facile à établir, et le coefficient A devant

$$x_1^{m_1} x_2^{m_2} \dots x_n^{m_n}$$

s'obtiendra par une équation de la forme

$$\frac{dA}{dt} + (m_1 \varkappa_1 + m_2 \varkappa_2 + \dots + m_n \varkappa_n) A = -B,$$

d'où l'on tire

$$A = e^{-(m_1 \varkappa_1 + m_2 \varkappa_2 + \dots + m_n \varkappa_n) t} \int_t^{\infty} e^{(m_1 \varkappa_1 + m_2 \varkappa_2 + \dots + m_n \varkappa_n) t} B \, dt.$$

La fonction B qui figure ici dépendra d'une certaine manière des coefficients A trouvés auparavant : à savoir, d'après son origine même, elle sera nécessairement une fonction entière et rationnelle de ces coefficients. D'ailleurs, les coefficients de cette fonction seront des sommes de produits : des quantités σ_i, des coefficients de la forme L, des coefficients des développements des fonctions X_s, Z_j et de certains nombres entiers positifs.

Par suite, en remplaçant dans la fonction B les quantités que l'on vient d'énumérer par des limites supérieures constantes de leurs modules, convenant à toutes les valeurs réelles de t, et en désignant le résultat par $\mathbf{B}$, nous aurons, pour le module du coefficient considéré A, la limite supérieure suivante :

$$\frac{\mathbf{B}}{m_1 \lambda_1 + m_2 \lambda_2 + \dots + m_n \lambda_n}, \tag{75}$$

où $\lambda_1, \lambda_2, \dots, \lambda_n$ sont les parties réelles des nombres $-\varkappa_1, -\varkappa_2, \dots, -\varkappa_n$.

Nous pouvons, en outre, remplacer ici chacun des nombres λ_s par un nombre positif inférieur, et ces nouveaux nombres peuvent tous être choisis distincts.

De cette façon notre question sera ramenée à une question semblable où tous les $\varkappa_s$ seront différents, et dans ce cas on peut toujours supposer la transformation linéaire préalable telle que tous les σ_i soient nuls.

Or, en considérant la question dans une telle hypothèse, nous pouvons ensuite, dans les formules de la forme (75), remplacer tous les λ_s par le plus petit d'entre eux.

On voit donc par là qu'il suffira d'examiner la convergence de notre série dans l'hypothèse : que tous les $p_{s\sigma}$, pour lesquels s et σ sont différents, soient nuls, que

$$p_{11} = p_{22} = \dots = p_{nn} = -\lambda,$$

λ étant un nombre positif, et que les coefficients dans les développements des fonctions X_s, Z_j soient des constantes.

Nous pouvons en outre supposer ces coefficients tels que tous les X_s, Z_j

deviennent des fonctions des deux arguments seulement

$$x_1 + x_2 + \ldots + x_n \quad \text{et} \quad z_1 + z_2 + \ldots + z_k,$$

et qu'on ait, d'ailleurs, les égalités

$$X_1 = X_2 = \ldots = X_n, \qquad Z_1 = Z_2 = \ldots = Z_k;$$

car tout autre cas se ramène à celui-là en remplaçant les coefficients par des limites supérieures de leurs modules, choisies d'une manière convenable.

Enfin, pour la forme L, on pourra prendre la suivante :

$$L = z_1 + z_2 + \ldots + z_k.$$

En faisant ces hypothèses, et tenant compte de ce que les X_s et les Z_j doivent s'annuler pour $x_1 = x_2 = \ldots = x_n = 0$, posons

$$X_s = (x_1 + x_2 + \ldots + x_n)X, \qquad Z_j = (x_1 + x_2 + \ldots + x_n)Z.$$

Alors l'équation définissant la fonction F, que nous devons supposer maintenant indépendante de t, se réduira à la forme

$$\lambda \sum_{s=1}^{n} x_s \frac{\partial F}{\partial x_s} = (x_1 + x_2 + \ldots + x_n)\left(X \sum_{s=1}^{n} \frac{\partial F}{\partial x_s} + Z \sum_{j=1}^{k} \frac{\partial F}{\partial z_j} + kZ\right).$$

Or, on pourra toujours satisfaire à cette équation en admettant que la fonction F ne dépende que de deux arguments

$$x_1 + x_2 + \ldots + x_n = x \qquad \text{et} \qquad z_1 + z_2 + \ldots + z_k = z;$$

auquel cas notre équation devient

$$(\lambda - nX)\frac{\partial F}{\partial x} = kZ\left(1 + \frac{\partial F}{\partial z}\right)$$

et donne ainsi, pour $\frac{\partial F}{\partial x}$, une expression holomorphe par rapport à x, z, $\frac{\partial F}{\partial z}$. Donc, d'après un théorème connu de Cauchy, elle admet toujours une, et seulement une, solution, telle que la fonction F, s'annulant pour $x = 0$, se présente sous forme d'une série procédant suivant les puissances entières et positives de x et z, tant que les modules de ces variables sont assez petits.

Cette série, si l'on y remplace x et z par leurs expressions, en la considérant ensuite comme ordonnée suivant les puissances de x_s, z_j, sera précisément celle dont il fallait examiner la convergence.

Par suite, les $|x_s|$ et les $|z_j|$ étant assez petits, la convergence de la série (72), dans les conditions que nous venons de considérer, est établie. Donc, d'après ce qui a été exposé plus haut, elle est également établie dans les conditions les plus générales. D'ailleurs, en y revenant, nous pouvons affirmer que la série (72) représente une fonction des variables x_s, z_j *uniformément* holomorphe pour toutes les valeurs réelles de t.

De cette manière, en nous arrêtant à un choix quelconque de la forme L, nous trouverons pour le système (71) une intégrale parfaitement déterminée du caractère requis.

En prenant pour L successivement $z_1, z_2, \ldots, z_k$, nous obtiendrons k intégrales de cette espèce. Ces intégrales, qui seront évidemment indépendantes, peuvent être appelées *élémentaires*, puisque toute intégrale holomorphe à coefficients limités en sera nécessairement une fonction holomorphe.

Revenons maintenant à notre question.

Considérons l'intégrale égale à la somme des carrés des intégrales élémentaires. Elle sera de la forme suivante :

$$z_1^2 + z_2^2 + \ldots + z_k^2 + \mathrm{R},$$

où R ne renferme que des termes de degré supérieur au second par rapport aux variables x_s, z_j.

Considérons ensuite la forme quadratique W des quantités $x_1, x_2, \ldots, x_n$ définie par l'équation

$$\sum_{s=1}^{n} (p_{s1} x_1 + p_{s2} x_2 + \ldots + p_{sn} x_n) \frac{\partial \mathrm{W}}{\partial x_s} = -(x_1^2 + x_2^2 + \ldots + x_n^2).$$

Cette forme sera, comme on sait, définie positive (n° 20, théor. II).

Il en sera de même, par conséquent, de la fonction

$$\mathrm{V} = z_1^2 + z_2^2 + \ldots + z_k^2 + \mathrm{W} + \mathrm{R}.$$

Formons la dérivée totale de cette fonction, par rapport à t, à l'aide des équations (71). Cette dérivée sera

$$\frac{d\mathrm{V}}{dt} = -(x_1^2 + x_2^2 + \ldots + x_n^2) + \sum_{s=1}^{n} \mathrm{X}_s \frac{\partial \mathrm{W}}{\partial x_s}.$$

Or, les fonctions X_s s'annulant toutes pour $x_1 = x_2 = \ldots = x_n = 0$, on peut écrire

$$\sum_{s=1}^{n} \mathrm{X}_s \frac{\partial \mathrm{W}}{\partial x_s} = \sum_{s=1}^{n} \sum_{\sigma=1}^{n} v_{s\sigma} x_s x_\sigma,$$

en entendant par les $v_{s\sigma}$ des fonctions holomorphes des quantités x_s, z_j à coefficients limités, s'annulant quand toutes ces quantités sont simultanément nulles et d'ailleurs holomorphes uniformément pour toutes les valeurs réelles de t.

Donc la dérivée considérée représentera une fonction négative, et notre fonction V satisfera, par conséquent, à toutes les conditions du théorème I du n° 16.

De cette manière, la stabilité du mouvement non troublé, dans le cas considéré, se trouve être démontrée.

On voit facilement que tout mouvement troublé, pour lequel les perturbations sont suffisamment petites, s'approchera asymptotiquement d'un des mouvements définis par les équations

$$(76) \qquad z_1 = c_1, \quad z_2 = c_2, \quad \ldots, \quad z_k = c_k; \quad x_1 = x_2 = \ldots = x_n = 0,$$

où $c_1, c_2, \ldots, c_k$ sont des constantes arbitraires.

On s'en assure en considérant celles des équations du système (71) qui contiennent les dérivées $\frac{dx_s}{dt}$, et en y regardant les quantités z_j comme des fonctions réelles données de t, dont les valeurs absolues ne dépassent jamais des limites suffisamment petites pour des valeurs de t supérieures à sa valeur initiale.

On démontrera aussi facilement que les mouvements de la série (76), pour lesquels les $|c_j|$ sont suffisamment petits, seront stables.

Remarque. — On peut ramener aux systèmes de la forme (71) certains systèmes plus généraux :

$$(77) \qquad \begin{cases} \dfrac{dz_j}{dt} = q_{j1} z_1 + q_{j2} z_2 + \ldots + q_{jk} z_k + Z_j & (j = 1, 2, \ldots, k), \\[2ex] \dfrac{dx_s}{dt} = p_{s1} x_1 + p_{s2} x_2 + \ldots + p_{sn} x_n + X_s & (s = 1, 2, \ldots, n), \end{cases}$$

dans lesquels les coefficients q_{ji}, $p_{s\sigma}$, au lieu d'être des constantes, sont des fonctions limitées de t.

Considérons le cas où tous les coefficients dans le système (77) sont des fonctions périodiques de t.

En supposant, comme précédemment, que tous les X_s, Z_j s'annulent pour $x_1 = x_2 = \ldots = x_n = 0$, admettons ensuite que l'équation caractéristique du système

$$(78) \qquad \frac{dz_j}{dt} = q_{j1} z_1 + q_{j2} z_2 + \ldots + q_{jk} z_k \qquad (j = 1, 2, \ldots, k)$$

n'ait que des racines de modules égaux à 1, et que celle du système

$$\frac{dx_s}{dt} = p_{s1}x_1 + p_{s2}x_2 + \ldots + p_{sn}x_n \qquad (s = 1, 2, \ldots, n)$$

n'ait que des racines de modules inférieurs à 1.

Alors, si à chaque racine ρ de l'équation caractéristique du système (78) ne correspondent que des solutions

$$z_1 = f_1(t)\,\rho^{\frac{t}{\omega}}, \qquad z_2 = f_2(t)\,\rho^{\frac{t}{\omega}}, \qquad \ldots, \qquad z_k = f_k(t)\,\rho^{\frac{t}{\omega}},$$

où tous les $f_s(t)$ sont des fonctions périodiques de t, on pourra, d'après ce qui vient d'être exposé, affirmer que le mouvement non troublé sera stable et que tout mouvement troublé, pour lequel les perturbations sont suffisamment petites, s'approchera asymptotiquement de l'un des mouvements pour lesquels $x_1, x_2, \ldots, x_n$ sont tous nuls et $z_1, z_2, \ldots, z_k$ satisfont au système (78).

Tel sera, par exemple, le cas où l'équation caractéristique de ce système n'a pas de racines multiples.

Quand, au contraire, il existe de telles racines, et qu'on rencontre des termes séculaires dans les fonctions $f_s(t)$ qui leur correspondent, le mouvement non troublé sera instable.

NOTE.

COMPLÉMENT AUX THÉORÈMES GÉNÉRAUX SUR LA STABILITÉ.

Dans ce qui précède (nº 26), en supposant que dans les équations différentielles du mouvement troublé, ramenées à la forme normale, les seconds membres sont des séries procédant suivant les puissances entières et positives des fonctions inconnues, et en faisant de plus certaines hypothèses générales, j'ai indiqué une condition sous laquelle la question de la stabilité ne dépend pas de termes de degré supérieur au premier dans ces séries; mais j'ai démontré seulement que cette condition est suffisante. Maintenant, je me propose de montrer qu'elle est aussi nécessaire.

Soient $x_1, x_2, \ldots, x_n$ les quantités par rapport auxquelles la stabilité est étudiée, et qui doivent jouer, dans les équations différentielles du mouvement troublé, le rôle de fonctions inconnues du temps t.

Ces quantités sont certaines fonctions données des coordonnées et des vitesses du système matériel considéré, dont les expressions peuvent, de plus, dépendre explicitement du temps t.

Je suppose que ces fonctions sont choisies de telle façon que, pour le mouvement dont on étudie la stabilité, et que j'appelle le mouvement non troublé, elles deviennent toutes nulles, et que, pour les mouvements troublés, elles satisfassent à des équations différentielles de la forme

$$(1) \qquad \frac{dx_s}{dt} = p_{s1}x_1 + p_{s2}x_2 + \ldots + p_{sn}x_n + X_s \qquad (s = 1, 2, \ldots, n),$$

où $p_{s\sigma}(s, \sigma = 1, 2, \ldots, n)$ sont des constantes réelles et $X_1, X_2, \ldots, X_n$ des fonctions connues des quantités $x_1, x_2, \ldots, x_n$ et t, représentées pour des valeurs suffisamment petites des $|x_s|$ par des séries

$$X_s = \sum P_s^{(m_1, m_2, \ldots, m_n)} x_1^{m_1} x_2^{m_2} \ldots x_n^{m_n} \qquad (m_1 + m_2 + \ldots + m_n > 1),$$

procédant suivant les puissances entières et positives des quantités x_s et ne contenant pas de termes de degré inférieur au second. Je suppose, en outre, que es coefficients $P_s^{(\ldots)}$ dans ces séries, qui représentent soit des constantes réelles, soit des fonctions réelles continues du temps, soient tels qu'on puisse trouver des constantes positives M et A pour lesquelles soient satisfaites des inégalités de la forme

$$|P_s^{(m_1,m_2,\ldots,m_n)}| < \frac{M}{A^{m_1+m_2+\ldots+m_n}}$$

pour toutes les valeurs de t supérieures à celle qui est prise pour sa valeur initiale.

Le problème de la stabilité par rapport aux quantités x_s se réduit à reconnaître si l'on peut assigner, pour tout nombre positif donné l, un autre nombre positif ε, tel que, les fonctions x_s ayant à l'instant initial des valeurs réelles quelconques satisfaisant aux conditions

$$|x_1| \leqq \varepsilon, \quad |x_2| \leqq \varepsilon, \quad \ldots, \quad |x_n| \leqq \varepsilon,$$

les inégalités

$$|x_1| < l, \quad |x_2| < l, \quad \ldots, \quad |x_n| < l$$

soient satisfaites pendant toute la durée du mouvement qui suit.

Quand cette question se résout dans le sens affirmatif, le mouvement non troublé par rapport aux quantités x_s est stable; dans le cas contraire, il est instable.

Dans ce qui précède, a été indiquée la condition à laquelle doivent satisfaire les constantes $p_{s\sigma}$, pour que cette question ne dépende pas d'hypothèses particulières faites au sujet des fonctions X_s.

Cette condition s'impose aux racines de l'équation

$$\begin{vmatrix} p_{11}-x & p_{12} & \ldots & p_{1n} \\ p_{21} & p_{22}-x & \ldots & p_{2n} \\ \ldots & \ldots\ldots & \ldots & \ldots \\ p_{n1} & p_{n2} & \ldots & p_{nn}-x \end{vmatrix} = 0,$$

et, si

(2) $$\lambda_1, \quad \lambda_2, \quad \ldots, \quad \lambda_n$$

sont les parties réelles de ces racines prises avec le signe moins, elle s'énonce ainsi : *le plus petit des nombres* (2) *ne doit pas être nul.*

Que cette condition est suffisante, cela se démontre en faisant voir que, dans les cas où le plus petit des nombres (2) est positif, le mouvement non troublé est stable, tandis que, dans les cas où ce nombre est négatif, il est instable, et cela indépendamment de toute hypothèse particulière au sujet des fonctions X_s.

Pour établir que la même condition est nécessaire, je dois maintenant démontrer ce qui suit :

Quelles que soient les constantes $p_{s\sigma}$, pourvu qu'elles soient telles que le *plus petit des nombres* (2) *soit nul, on peut toujours choisir les fonctions* X_s *de façon que la stabilité ou l'instabilité ait lieu à volonté.*

Que l'on peut toujours choisir, dans cette hypothèse, lesdites fonctions de façon que l'instabilité ait lieu, cela découle déjà de quelques résultats obtenus précédemment, et il est d'ailleurs très facile de le démontrer directement. Il ne reste donc qu'à démontrer que, si le plus petit des nombres (2) est nul, on peut toujours choisir les fonctions X_s de façon que le mouvement non troublé soit stable.

Je vais d'abord considérer deux cas particuliers où les nombres (2) seront tous nuls.

Supposons que le système (1) ait la forme suivante :

$$(3)\quad \begin{cases} \dfrac{dx_1}{dt} = X_1, \\ \dfrac{dx_i}{dt} = x_{i-1} + X_i \qquad (i = 2, 3, \ldots, n). \end{cases}$$

En entendant par $\varphi_1, \varphi_2, \ldots, \varphi_n$ les fonctions, calculées successivement (pour $s = n, n-1, \ldots, 2, 1$) par des équations de la forme

$$\varphi_s = x_s^2 + \varphi_{s+1}^2,$$

avec la condition

$$\varphi_{n+1} = 0,$$

il est facile de se convaincre que, si

$$X_s = -2x_{s+1}\varphi_{s+1} \qquad (s = 1, 2, \ldots, n);$$

la fonction φ_1 sera une intégrale du système (3).

Or, cette fonction (représentant un polynome entier) est telle que, pour des valeurs réelles des x_s, elle ne peut s'annuler que pour

$$x_1 = x_2 = \ldots = x_n = 0.$$

Par conséquent, avec le choix indiqué des fonctions X_s, le mouvement non troublé sera certainement stable.

J'admettrai maintenant que le système (1) soit d'ordre pair $n = 2m$ et ait la forme suivante :

$$(4)\quad \begin{cases} \dfrac{dx_1}{dt} = -\mu y_1 + X_1, & \dfrac{dy_1}{dt} = \mu x_1 + Y_1, \\ \dfrac{dx_i}{dt} = -\mu y_i + x_{i-1} + X_i, & \dfrac{dy_i}{dt} = \mu x_i + y_{i-1} + Y_i \qquad (i = 2, 3, \ldots, m), \end{cases}$$

où y_s, Y_s sont de nouvelles notations des quantités x_{m+s}, X_{m+s}.

Soient $\varphi_1, \varphi_2, \ldots, \varphi_m$ les fonctions, calculées successivement par des équations de la forme

$$\varphi_s = x_s^2 + y_s^2 + \varphi_{s+1}^2,$$

avec la condition

$$\varphi_{m+1} = 0.$$

Alors, si

$$X_s = -2x_{s+1}\varphi_{s+1}, \qquad Y_s = -2y_{s+1}\varphi_{s+1} \qquad (s = 1, 2, \ldots, m),$$

la fonction φ_1 sera, comme il est facile de s'en assurer, une intégrale du système (4); et, comme cette fonction, pour des valeurs réelles des x_s, y_s, ne peut s'annuler que si

$$x_1 = x_2 = \ldots = x_m = y_1 = y_2 = \ldots = y_m = 0,$$

on doit conclure, comme précédemment, qu'avec le choix indiqué des fonctions X_s, Y_s le mouvement non troublé sera stable.

En passant maintenant au cas général, j'observe que, quelles que soient les constantes $p_{s\sigma}$, il y aura toujours une substitution linéaire à coefficients réels constants, qui transformera le système (1) dans un système se décomposant en groupes d'équations, appartenant à l'un des deux types suivants :

$$(5)\qquad \begin{cases} \dfrac{dy_1}{dt} = -\lambda y_1 + Y_1, \\[2ex] \dfrac{dy_i}{dt} = -\lambda y_i + y_{i-1} + Y_i \qquad (i = 2, 3, \ldots, k) \end{cases}$$

ou

$$(6)\qquad \begin{cases} \dfrac{dy_1}{dt} = -\lambda y_1 - \mu z_1 + Y_1, & \dfrac{dz_1}{dt} = \mu y_1 - \lambda z_1 + Z_1, \\[2ex] \dfrac{dy_i}{dt} = -\lambda y_i - \mu z_i + y_{i-1} + Y_i, & \dfrac{dz_i}{dt} = \mu y_i - \lambda z_i + z_{i-1} + Z_i \qquad (i = 2, 3, \ldots, k), \end{cases}$$

où Y_s, Z_s désignent les ensembles des termes de degré supérieur au premier par rapport aux fonctions inconnues.

Je n'exclus pas ici le cas de $k = 1$, où le groupe de la forme (5) se réduit à une seule équation, la première, et où le groupe de la forme (6) se réduit aux deux équations de la première ligne.

Dans ces équations, λ représente un des nombres (2).

Par suite, si parmi ces nombres il ne s'en trouve pas de négatifs, on arrivera au cas de la stabilité, si, dans les groupes d'équations pour lesquels $\lambda > 0$, ainsi que dans ceux où $k = 1$, on pose $Y_s = Z_s = 0$, et que, dans les groupes où l'on a simultanément $\lambda = 0$, $k > 1$, on choisisse les termes de degré supérieur au premier comme il a été indiqué dans les deux cas particuliers considérés plus haut.

On peut donc regarder comme démontrée la nécessité de notre condition.

Il est toutefois à remarquer que cette condition ne sera nécessaire que lorsqu'on considère des systèmes généraux de la forme (1); et, si l'on ne voulait considérer que des systèmes d'un type particulier déterminé, notre condition, tout en restant suffisante, pourrait ne pas être nécessaire.

C'est ainsi que, si l'on considère exclusivement des systèmes d'équations canoniques à coefficients constants, elle ne sera certainement pas nécessaire.

TABLE DES MATIÈRES.

CHAPITRE I.

ANALYSE PRÉLIMINAIRE.

Généralités sur la question étudiée.

Sur certains systèmes d'équations différentielles linéaires.

Sur un cas général d'équations différentielles du mouvement troublé.

Quelques propositions générales.

CHAPITRE II.

ÉTUDE DES MOUVEMENTS PERMANENTS.

Des équations différentielles linéaires à coefficients constants.

Étude des équations différentielles du mouvement troublé.

PREMIER CAS. — *Équation déterminante à une racine égale à zéro.*

DEUXIÈME CAS. — *Équation déterminante à deux racines purement imaginaires.*

CHAPITRE III.

ÉTUDE DES MOUVEMENTS PÉRIODIQUES.

www.ingramcontent.com/pod-product-compliance
Ingram Content Group UK Ltd.
Pitfield, Milton Keynes, MK11 3LW, UK
UKHW042228130125
453571UK00001B/45